SEO 白話文

贏得免費流量，創造長期營收的
「SEO 行銷指南」

邱韜誠 Frank Chiu

專家聯合推薦

《SEO 超入門》作者　嚴家成博士：「很不錯的初學者入門書籍，很適合沒有經驗，但想開始操作 SEO 的人閱讀。」

網路行銷老師的老師　邱煜庭（邱小黑）：「對於長年以 SEO 為行銷基礎的我深知：網路行銷的長期策略，如果沒有規劃逐漸從付費流量轉以自然流量為主，對想要長期發展的品牌而言絕對是不利的。Frank 的 SEO 白話文在網路上早已是眾多 SEO 學習者必看網站，現在他花了一年多時間將知識整理成書，勢必是你實體書架或電子書架必備書籍。」

數據與 SEO 技術資深專家│新加坡 Shopee　蘇宣齊 Max Su：「學習新領域時，有人將架構和地圖交給你是一件很幸福的事。這是本實踐 SEO 必備指南，Frank 用淺顯易懂的舉例，說明搜尋引擎工作原理，並將複雜的流量密碼拆解成簡單公式，若是我初學 SEO 時就能讀到它，一定能少走很多彎路。」

SEO Manager│Overdose Digital　黃泓勳 Darren Huang：「本書由淺入深引領讀者探索 SEO 起源，Google 等具有搜尋功能的莊家背後思考模式，以及 SEO 與其他行銷渠道的交融，和其對商業的影響。通篇如同與作者對話，容易踏入的誤區已明確標註，複雜概念也透過生活化案例加以解釋，誠摯推薦給每位讀者！」

推薦序

長線耕耘 SEO，商業累積總有一天實現

透鏡數位內容創辦人，原詩涵（喊涵）

　　身為一個線上課程設計師與接案公司老闆，我不僅為客戶製作課程，也銷售自己的知識產品。在直面市場的幾年間，我嘗試過很多行銷手法，從社群廣告、部落格文章，實體講座、免費直播，甚至還有學生口碑文章、KOL 推薦文、到朋友的 Podcast 節目當來賓等等。然而做了這麼多曝光，能「立即」促成轉換的卻很少。

　　雖然能立即轉換的不多，但長期觀察下來，這些行銷曝光最終還是能帶來效益。我透過數據與訪談發現，即使消費者最初沒有行動，但是在未來的某一天，他會想起聽過一位名叫喊涵的人，好像在教知識萃取，可以幫別人做線上課程。

　　當人們想找東西的時候，直覺反應就是搜尋。所以消費者會憑藉著模糊的印象，到 Google 搜尋「喊涵」、「知識萃取」、「線上課程製作」、「知識變現」……等等關鍵字，並在搜尋結果第一頁找到我，最終促成轉單。而這一切都要歸功於 SEO。

　　但一開始也不是這麼順利，我的 SEO 學習之路可說是非常顛簸。我是一個在學習「How 如何做」之前，一定要知道「為什麼 Why」的人。對於當時的我來說，眼前有很多教我 How 的課程與網路文章，卻很少人願

意告訴我 Why。在教育產業裡有一個名詞叫「知識詛咒」，通常用來形容專家因為太過厲害，所以無法同理初學者的狀態。也許，當時產業裡的 SEO 專家們，不是不願意講 Why，而是因為知識詛咒使然，無法用初學者也能理解的方式來解釋。

直到 2021 年，我遇見了 Frank 開設的線上課程《SEO 白話文：不懂程式也能學會的 SEO 秘密》。他直指核心，告訴大家 SEO 的終極目標是為了商業，在開始累積內容、衝刺排名之前，他請學生停下來思考自己的商業模式是什麼？是要賣商品、賣服務還是賣廣告？

這是我第一次遇到把「SEO 與商業獲利之間的關聯」講得這麼通透的老師，對於一個本業不是行銷、剛開始透過網路銷售產品的課程設計師來說，就是需要一位老師幫我把知識點連起來。

此外，Frank 也擅長運用生活化的舉例，把各種 SEO 重要原則與觀念，例如搜尋引擎的本質、Google 如何爬取網站、流量公式等，講得清楚好懂。

打破知識詛咒很難，要花費大量心力與初學者相處，解答他們的「笨問題」才有機會完成這個逆向工程。所以我特別感謝 Frank 在這個時代，還願意為了初學者努力，堅持把 SEO 專業翻譯成白話文。甚至為了讓更多人受惠，將線上課程的精華與最新的演算法更新、AI 新技術，集結成這本全新著作。

回到最一開始分享的故事，做生意最難的是喚起消費者的購買慾望，但如果消費者已經有明確需求，自己找上門了，此時不去成交他就太可惜了。

商業世界很殘酷，但 SEO 不會背叛你。無論你經營的生意是賣服務、賣產品還是賣廣告，只要願意按部就班累積、優化，就可以在排名與你的生意上看到效果。說一句老生常談的，機會永遠只留給準備好的人，跟著這本書的引導，把 SEO 做好，不再放過任何一位主動走上門的客人。

作者序

這一次眞正學會 SEO──
贏得免費流量，創造長期營收

邱韜誠 Frank Chiu

或許你也聽過 SEO（Search Engine Optimization），也就是搜尋引擎優化。簡單來說，人們常常使用各種搜尋工具，像是 Google、Bing 這類搜尋引擎，而讓網站在搜尋引擎獲得高排名，進而獲得流量的技術，就是 SEO。

SEO 的好處很多，如果企業或個人有網站，只要願意撰寫內容、修改網站，可以近乎零預算的獲得大量免費流量，而且是長期免費流量，進而替品牌帶來長期營收與訂單。因此，SEO 可以替品牌帶來信任感、帶來業績，還可以成為行銷規劃的流量組合之一，讓你不會一停廣告就沒有流量。

懂了 SEO，Google 就可以變成你的流量提款機，用的更好一點，Google 還能成為你的印鈔機。

SEO 獲利：願你透過 SEO 獲得更大的成功

本書比起 SEO 的技術細節，我會先從 SEO 對於商業的意義、SEO 與商業模式的關聯開始談起，接著我們再了解 SEO 流量邏輯、技術原理、排名原理、KPI 設定，將 SEO 流程走完。而在過程中，我也會多次提醒

你 SEO 要如何與商業結合，因為 SEO 是為商業服務、為你服務的。

我不只期待你可以獲得 SEO 的成功，更希望你是可以透過 SEO，獲得更大的商業回報及影響力。

然而，儘管許多人都很明白 SEO 的優點，在學習 SEO 之路上卻碰到重重阻礙，這是為什麼？

為什麼入門者學習 SEO 非常艱難？

市面上的 SEO 書籍、免費資源、付費資源都非常的多，多數人卻對 SEO 依然很有距離感、不敢自信的說自己懂 SEO，為什麼？

這個狀況就像是第一次學數學的朋友，不小心拿到微積分、三角函數的教材，卻沒有基礎的數學知識，學起來當然挫折很大。

SEO 學習資源也容易有這樣的狀況，許多 SEO 的技巧跟概念看似很酷炫，也的確對於執行 SEO 有幫助，但卻沒辦法幫助新手建立起必要的底層邏輯，導致新手學習非常困難，只能硬記、硬用。

而我由於工作需要，必須大量跟對 SEO 一無所知的客戶、學生、新員工講解 SEO 是什麼，又要如何做好 SEO。在過程中我整理出一套好懂、好用的 SEO 學習系統，也就是你手上的這本《SEO 白話文：贏得免費流量，創造長期營收的「SEO 行銷指南」》。

這一次，真正學會 SEO

本書萃取了我個人網站上廣受好評的 SEO 教學文、我擔任 SEO 部門主管的內部培訓方法、SEO 線上課程《SEO 白話文：不懂程式也能學會的 SEO 秘密》、《SEO 流量煉金術》等經驗，重新撰寫出一本入門且好懂、能幫助你建立起堅實基礎的 SEO 著作。

本書有以下特點：

- **層層堆疊的學習順序**：本書的順序環環相扣，幫助你在學習過程中能累積越來越多的必要 SEO 知識，到越後面的章節你就能越來越輕鬆，SEO 大局觀也能更加清晰。
- **白話文解釋**：在我這些年的教學經驗中，測試出一些好懂白話的 SEO 案例，透過這些經典案例，艱澀的 SEO 知識也會變成異常好懂，這是一套被數千人驗證過的學習系統。
- **英文名詞幫助你查找資料**：由於 SEO 國外的學習資源遠遠比繁體中文多，因此本書在重要的詞彙上都會盡量標註英文詞彙，這樣你如果想要找到更深入的討論資訊，都能用英文找到詳細的資料。
- **完善 Google 資料出處**：本書都在討論 Google SEO，而 Google 官方資料也是最可靠、最權威的資料來源，若該章節內容有 Google 的資源，我也都會提供資料來源，讓你方便參閱。

我的許多客戶、線上課學生，都能透過這套學習體系掌握 SEO，不再把 SEO 當成艱難的技術，而是能看懂、能活用的行銷工具，並且獲得流量跟生意上的增長。

而且我相信看完本書的內容，你後續無論是聘請 SEO 人員、或是閱讀網路上 SEO 資料與新聞、聘請 SEO 公司，都有更高的掌握度，因為你已經是 SEO 的內行人。

SEO 真的不難，只要有步驟、有方法、有耐心，多數人都能因為 SEO 變得更好。

接下來，請跟我一起享受這場 SEO 排名遊戲，一同破解遊戲規則，朝向搜尋結果第一頁邁進吧！

目錄

第一章　SEO 快速入門

第二章　SEO 流量邏輯

第三章　SEO 關鍵字研究

第四章　SEO 先備常識與網址技術

第五章　SEO 搜尋引擎技術

第六章　SEO 爬取優化技術

第七章　SEO 索引優化技術

第八章　SEO 排名優化技術

第九章　AI 對 SEO 的現在未來影響

作者提醒：如果您覺得本書截圖閱讀上不夠清楚，本書已將高畫質的圖片檔案都放置於雲端，讓您可以使用電腦觀看圖片細節。有需要的讀者可以在每個章節開頭 QR code 觀看高畫質圖片。連結內還有本書的數位學習資源、導讀影片，強烈推薦使用。

第一章

SEO 快速入門

查看本書教學圖片數位高解析版

 https://tao.pse.is/
seo-book-notion

1-1 ｜爲何搜尋行爲與 SEO 對品牌很重要？

我想願意翻閱、購買這本書的你，一定多少認為 SEO 很重要吧？不然我們也不會在這裡見面。

儘管如此，請容許我稍微花一點篇幅跟你介紹一下：為何搜尋行為對於品牌很重要，以及為何 SEO（搜尋引擎優化）很重要，這會是後續內容重要的先備知識。

搜尋行為帶來流量與消費者的注意力

案例解說

小法發現情人節要到了，於是趕快上網搜尋「情人節推薦禮物」，發現香氛蠟燭好像是不錯的選擇。

決定要送女友香氛蠟燭之後，認真的小法又開始研究要送哪款香氛蠟燭；在搜尋「香氛蠟燭推薦」、「香氛蠟燭品牌」之後，在眾多品牌中，小法決定選擇 J 牌香氛蠟燭。

為了讓女友開心小法做了最後把關，搜尋了「J 牌香氛蠟燭」、「J 牌香氛蠟燭 dcard」、「J 牌香氛蠟燭評價」。

最後，小法又搜尋了「J 牌香氛線上購買」，找到了最划算的價格，準備下單，他如釋重負地吐出一口氣，希望女友會喜歡自己精心挑選的禮物。

　　請問上述的流程跟故事，你是否也很熟悉？以我自己來說，每天都會進行大量的搜尋行為，無論是工作，還是生活中的食衣住行育樂，都跟 Google 搜尋密切相關。

生活中相較於 Facebook，我們可能更依賴 Google

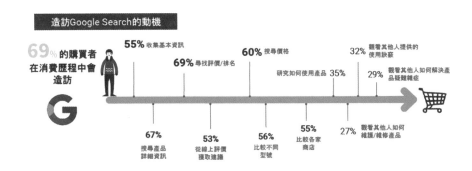

資料來源：Google 台灣

圖：1-1-01

　　而 Google 台灣《使用者搜尋行為報告》[1] 則分享了幾個有趣的搜尋數據。

- 84% 台灣使用者每天都會使用 Google 搜尋
- 54% 台灣使用者面對問題時，第一件事就是透過 Google 搜尋相關資訊
- 29% 認為他們生活中不能沒有 Google 搜尋（顯然我就是這種人）

　　撇除台灣，那麼全球的人又多愛使用 Google 呢？

　　根據資料指出，在 2022 年，全球 Google 每秒鐘至少會處理 99,000 個以上的查詢行為，一天至少會有 85 億次的查詢行為[2]。可以說，Google

一天的查詢次數，就遠遠超過地球的人口了。

這麼多的搜尋行為，就會產生大量的流量，並且讓 Google 搜尋佔領使用者的注意力，Google 就可以藉由此機會，銷售關鍵字廣告（Google Ads）來獲得利潤，這也成為 Google 的核心營收來源。

同樣的道理，對品牌來說，就是因為人們熱愛搜尋來尋找資訊，所以搜尋引擎優化（Search Engine Optimization）才格外有意義。

搜尋行為和其他行銷管道的關鍵差別

上述我們了解到，因為使用者都很仰賴搜尋引擎，因此產生了大量的流量。而搜尋引擎的流量，跟別的行銷管道又有什麼樣的區別呢？

一、消費者需求精準

由於大家在搜尋時，都必須要輸入精確的關鍵字，搜尋引擎才能提供給使用者對應的搜尋結果頁跟資訊。換句話說，這背後意味著我們能很清楚知道，這個使用者在搜尋的當下「想要什麼」。

好比說，一個使用者搜尋「口紅推薦」，這就代表：這個人對口紅有興趣，但是他不確定要買哪一家的口紅。這個資訊看起來很單純，但卻是非常的珍貴，能幫助我們判斷這個使用者的需求，進而推播給他相關的廣告。

> 結論：這意味著品牌主的內容，會更容易被搜尋而來的消費者所接受，也更容易成交。

二、消費者主動搜尋

由於搜尋是一個很主動的行為，消費者都是自己憑著自由意志，主動

輸入關鍵字來獲得結果的，因此，看到廣告內容或品牌官網，使用者也會比較有耐心把它看完：畢竟他們本來就在找解決方案。

因此，通常搜尋廣告、SEO 的跳出率，會比其他主動推播廣告成效要更好。

結論：搜尋引擎行銷的回報率，通常會比一般行銷管道更出色。

三、搜尋引擎貫穿消費者的購買歷程

如同上面小法想買情人節禮物的例子，當我們打算要購物時，搜尋引擎也是我們的必經之路。根據 Google 台灣的《使用者搜尋行為報告》指出 [2]：

- 49% 台灣使用者在購入產品前大多會「先研究再購買」
- 69% 台灣使用者認為 Google 搜尋，能夠幫助他們取得更多資訊以做出決策
- 其中，使用者最關注的類別有：產品的評價和回饋（69%）、詳細資訊（67%）、價格 （60%）

也就是說，消費者購買產品前多半都會利用搜尋進行研究，那麼品牌的正面訊息是否能在消費者搜尋時出現就相當關鍵了。就算你的產品只有在線下販售，但如果大家在網路上都無法搜尋到品牌、又或者都搜尋到負面訊息，銷售狀況自然會大打折扣。

結論：經營好搜尋引擎，對於整體的銷售都會有幫助；而如果沒經營好搜尋引擎，就會導致負面效果。

搜尋引擎行銷：如何把握住搜尋引擎的商機？

理解了搜尋引擎的特點後，相信你一定會很好奇，我們要如何把握住搜尋引擎的商機呢？

要把握搜尋引擎的商機，要做的事情就是：「出現在搜尋引擎上」。

這聽起來有點像是廢話，但所有廣告的本質，都是盡可能在正確的時間、正確的地點、正確的人群面前出現，才是一個好的廣告。

而要出現在搜尋引擎上，我們有兩種工具來幫助我們達成目的：分別是付費搜尋結果（Paid Search Result），或是自然搜尋結果（Organic Search Result）。

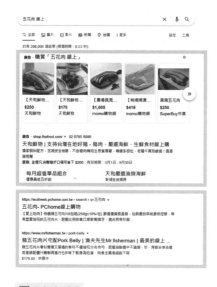

付費搜尋結果

- Paid Search Result
- 搜尋引擎廣告（Search Engine Advertising，SEA）
- 付費

自然搜尋結果

- Organic Search Result
- 搜尋引擎優化（Search Engine Optimization，SEO）
- 免付費

圖：1-1-02

畫面中你可以看到，我們有兩種方式可以「出現」在搜尋引擎上。

一種就是上面會標記「廣告」的搜尋結果，這個是花錢買到的，所以又稱做付費搜尋結果（Paid Search Result）。操作付費搜尋結果的工具，

叫做搜尋引擎廣告（Search Engine Advertising，SEA）。

另一種常見的搜尋結果，也是最主要的搜尋結果，就是所謂的自然搜尋結果（Organic Search Result）。而操作自然搜尋結果的排序，我們稱為搜尋引擎優化（Search Engine Optimization，SEO）。

當我們整合搜尋引擎廣告（SEA），外加上搜尋引擎優化（SEO），結合這兩種能出現在搜尋引擎上的工具，就等於我們在做搜尋引擎行銷（Search Engine Marketing，SEM）。

換句話說：SEA+SEO=SEM

（備註：台灣俗稱關鍵字廣告為 SEM，我個人認為這是不準確的描述，國外通常不會將 SEM 當作關鍵字廣告，但台灣的習慣通常如此，也同步分享給讀者朋友知道。）

重點一、搜尋很重要，所以 SEO 很重要

上述這一套推論下來，我希望表達的重點是：因為搜尋行為很重要，所以 SEO 才很重要，換句話說，SEO 的價值是依賴在搜尋行為之上，而非相反過來，這是非常重要的觀念。

倘若有一天搜尋引擎不再重要，那麼 SEO 也會失去商業價值；如果有一天出現比 Google Search 更強的搜尋引擎，完全取代掉了 Google，那麼做 Google SEO 的價值就銳減。

但我認為就算 Google SEO 會滅亡，到時候也會出現一個更好用的搜尋引擎，**因為只要人們有獲得資訊、篩選資訊的需求，就永遠有搜尋行為、就永遠需要搜尋引擎**，而 SEO 就永遠會存在。

重點二、搜尋引擎行銷才是重點，SEO 只是一半的主角

前面我們提到，想要把這麼優秀的搜尋通路給吃下來，可以靠搜尋引擎行銷（SEM），而 SEM 本身就包含了搜尋引擎優化（SEO）跟搜尋引擎廣告（SEA）。

換句話說，想要經營好搜尋引擎，只偏重 SEO 或 SEA，都稱不上是非常健康的作法。可能品牌會因為預算或人力等種種限制，一開始只能先從 SEO 或 SEA 開始做起，但如果條件允許，應該盡量把 SEO 跟 SEA 一起並進，這才是更健康、更穩健的經營方式。

關於 SEO 跟 SEA 的詳細定義，我們會在下個章節跟你仔細說明。

 作者提醒：如果您覺得本書截圖閱讀上不夠清楚，本書已將高畫質的圖片檔案都放置於雲端，讓您可以使用電腦觀看圖片細節。有需要的讀者可以在每個章節開頭 QR code 觀看高畫質圖片。

---

[1] Google 搜尋面面觀：台灣使用者行為大解密
https://www.thinkwithgoogle.com/intl/zh-tw/consumer-insights/consumer-journey/search-user-profiling/

[2] 10 GOOGLE SEARCH STATISTICS YOU NEED TO KNOW IN 2023
https://www.oberlo.com/blog/google-search-statistics

1-2 ｜ SEO 是什麼？
白話文解析

了解完搜尋引擎、搜尋行為的重要性後，下一步我們就要正式介紹「SEO 是什麼」。在我的執業過程中，有些客戶聽到 SEO 三個字就覺得有點艱澀、很害怕自己會聽不懂，但請不要擔心，SEO 真的非常好理解，就讓我們一起看下去。

我們都喜歡點擊前面的搜尋結果

請各位回想一下，當我們在 Google 時，我們是不是通常會優先點前三名的搜尋結果呢？

而統計的數據也確實支持這樣的感受，根據國外機構 Advanced Web Ranking 的統計[1]，自然搜尋結果前 3 名的 CTR（Click Through Rate，點擊率）加總約莫為 50~70% 之間；換句話說，多數人都願意點更前面的搜尋結果。

資料來源：Advanced Web Ranking

圖：1-2-01

相對的，極少數人會從後面的搜尋結果開始點，我至今還沒有看過有人一打開 Google，馬上就跳到第 3 頁（21~30 名）開始點，畢竟這又不是在超商買牛奶，越後面的牛奶越新鮮。在搜尋引擎中，我們都喜歡更前面的搜尋結果。

上述的討論意味著什麼？這代表網站排名越前面，我們越容易獲得更多的曝光跟點擊。那麼要怎麼讓網站排名得更前面呢？這就是「搜尋引擎優化」（SEO）要努力的地方了。

搜尋引擎優化（SEO）是什麼？

如果你查閱維基百科的定義，你會發現它對於 SEO 的定義是：

「搜尋引擎優化（SEO）是透過了解搜尋引擎的運作規則來調整網站，以及提高目的網站在有關搜尋引擎內排名的方式。由於不少研究發現，搜尋引擎的用戶往往只會留意搜尋結果最前面的幾個條目，所以不少網站都希望透過各種形式來影響搜尋引擎的排序，讓自己的網站可以有優秀的搜尋排名。」

這邊我想要提供更簡單的定義。

我們把「搜尋引擎優化（Search Engine Optimization）」這個詞，拆開來理解，就會發現非常的單純。

搜尋引擎優化

= 「搜尋引擎」的「優化」

= 針對「搜尋引擎」的「優化行為」

S E O

Search Engine Optimization

搜尋　　　　引擎　　　　　　的優化

搜尋引擎＝ Google Search、YouTube Search、Amazon Search....etc

優化行為＝各種調整項目，希望創造更好的成果

所謂的 SEO，就是針對特定搜尋引擎所做的優化行為，然後希望可以藉此提升自己的排名。

我們都愛點前面的搜尋結果

讓網站排名提升，

就是SEO的主要目標。

圖：1-2-02

更粗暴的說，SEO 就是一場在搜尋引擎上的排名遊戲。

舉例一：我認為調整「網頁內部連結」（優化行為），可以幫助我的網站在 Google 搜尋引擎獲得更好的排名（搜尋引擎），這就是 Google SEO。

舉例二：我認為增加「影片描述」（優化行為），可以幫助我的影片，在 YouTube 搜尋引擎獲得更好的排名（搜尋引擎），這就是 YouTube SEO。

Google 官方如何描述 SEO

了解了上述的概念後，我們來看一下 Google 官方對於 SEO 的描述：

「搜尋引擎最佳化（SEO）通常是指對網站的某些部分進行小幅修改。如果分開來看，這些變更可能並不明顯，但是在結合其他最佳化措施的情況下，它們對您網站的使用者體驗以及自然搜尋結果中的表現有顯著影響。」

現在，你應該能理解這一段有點文言文的描述了。

其中「對網站的某些部分進行小幅修改」，是指優化行為；而「它們對您網站自然搜尋結果中的表現有顯著影響」，即是指提升搜尋結果的排名。

只要把 SEO 拆開來看，其實簡單又可愛，這也是我創辦《SEO 白話文》的初衷。

SEO 不只可以在 Google Search 做

從上述 SEO 的定義，聰明的你應該發現：SEO 不只可以在 Google 做，只要有搜尋引擎的地方、只要有排名的地方，其實都跟 SEO 有關。

所以說，YouTube 可以做 SEO、IG 可以做 SEO、蝦皮可以做 SEO、甚至履歷都有 SEO。儘管不同搜尋引擎的運作原理十分雷同，但到了具體的排名遊戲規則，可能就會大大的不同，在 Google Search 可以使用的規則，到了 IG 可能完全不適用，這點要特別注意。

而本書最主要會討論 Google Search 的 SEO 遊戲規則，其中的一些觀念，讀者可以靈活的套用到別的搜尋引擎看看，或許會有意想不到的結果！

---

[1] Advanced Web Ranking
　　https://www.advancedwebranking.com/ctrstudy/

1-3 | 搜尋引擎廣告（SEA）是什麼？ 白話文解析

　　在了解 SEO 是什麼意思之後，我們再來聊聊搜尋引擎廣告（SEA），也就是俗稱的關鍵字廣告。

　　在 1-1 的章節中我們提到，只要認為搜尋引擎對於你的生意有幫助，那麼出現在搜尋引擎版面的兩種方式：搜尋引擎優化（SEO）跟搜尋引擎廣告（SEA），你都不應該錯過。

　　透過 SEO，我們可以卡位自然搜尋結果，一般來說每頁會有 10 個自然搜尋結果。

　　透過 SEA，我們可以卡位付費搜尋結果，一般來說每頁會有 0~4 個左右的付費搜尋結果。

SEA、SEO分配比例

搜尋結果數量

SEA：開頭的0~4個

SEO：10個

圖：1-3-01

儘管本書 95% 內容都在討論 SEO，但這不代表我們不應該重視關鍵字廣告；沒有 SEA 的搜尋引擎行銷，就像是只用單隻手吃飯——可以吃、但很不方便。

因此請容我用這個章節，讓我們快速了解搜尋引擎行銷的另外一塊拼圖——搜尋引擎廣告（SEA）。

搜尋引擎廣告（SEA）是什麼？

搜尋引擎廣告，顧名思義，就是出現在搜尋引擎上的廣告。好比下面的畫面所示，我們可以發現畫面上半部出現的網址，左上角有標註「廣告」，這些就是搜尋引擎廣告。另一種則是有圖片的格式，這也是一種搜尋引擎廣告，它的格式為購物廣告。

圖：1-3-02

搜尋引擎廣告會出現在哪裡？

搜尋引擎廣告原則上跟 SEO 相同，會出現在特定關鍵字的搜尋結果頁上。

跟 SEO 比較不同的事情是，只要你的網站、文案、關鍵字沒什麼大問題，基本上你的關鍵字廣告，一定會出現在那個關鍵字的搜尋結果頁（SERP）上，而且幾乎是馬上出現——這就是課金的力量！（額外花錢）

因此對於需要即刻成效的客戶，我會優先推薦他們去做搜尋引擎廣告，這樣對於生意才能有即時性的幫助。

搜尋引擎廣告的收費方式

搜尋引擎廣告，又稱關鍵字廣告，有著很特別的收費方式，也就是按照點擊收費（Pay-Per-Click，PPC）。

一般廣告通常是按曝光收費，也就是我看到 10 次廣告，要收我 10 次的錢，大家常看到的 YouTube 廣告，通常都是按曝光收費。

而搜尋引擎廣告的狀況中，我看過 10 次廣告，但一次都沒有點擊廣告，那麼廣告主將一毛錢都不用出！相對的，如果我最後點擊了廣告，那麼廣告主就要針對這個點擊，付錢給廣告平台。這個方案對於廣告主來說提供了很大的安全感，等於我確保了有成效我才要出錢，因此深受廣告主喜愛。

而 Google Ads 就是 Google 推出的搜尋引擎廣告（關鍵字廣告）。上面搜尋結果頁中的截圖，便是 Google Ads 的廣告。

搜尋引擎廣告的別稱

搜尋引擎廣告有很多的別稱，如果你要在行銷江湖闖蕩，了解這些別稱會對你很有幫助。在台灣常見的就有：關鍵字廣告、PPC 廣告（點擊計費廣告）、SEM。

「關鍵字廣告」：這個名稱很容易理解，因為搜尋引擎廣告是針對關鍵字所設計的廣告，所以叫做關鍵字廣告。

「PPC 廣告」：PPC 廣告全名為 Pay-Per-Click 廣告；Pay-Per-Click 的意思就是按點擊收費的意思；因為搜尋引擎廣告通常是按照 PPC 收費，因此也叫做 PPC 廣告。

「SEM」：SEM 全名是搜尋引擎行銷（Search Engine Marketing，SEM），理論上 SEM 應該包含 SEO+SEA，但台灣會直接叫關鍵字廣告 SEM。為何會發生這樣的狀況？我也不得而知，但當別人說 SEM 廣告，我們需要知道對方 95% 都在指關鍵字廣告。

做搜尋引擎廣告的優點

優點一、必定出現

SEA（搜尋引擎廣告）的最大優點，我認為就是花錢必定出現在搜尋結果頁上。關鍵字廣告只要你肯出錢，你就是可以卡在最前面的位置上。（儘管會被標示「廣告」）

而且如果在手機上，關鍵字廣告更有機會占滿你的第一個畫面（俗稱第一屏），這也是很有價值的事情。

SEO 則不確定有沒有機會爬到第一頁，需要靠技術及運氣。

第一個畫面（第一屏）

看不到自然搜尋結果

圖：1-3-03

優點二、很快出現

SEA 只要審核通過後，很快就會出現在搜尋結果頁上，有時候一兩小時就會出現了，非常迅速。

SEO 則可能光是要索引到你的網頁就需要 1~3 天，要獲得好排名更需要 6 週，有時候甚至更長。

優點三、更彈性的廣告內容

SEA 廣告撰寫可以更彈性、更符合消費者的需求，畢竟是廣告。今天你想要修改什麼文案、想要更換哪個到達網頁，也能都能很即時的修正上去。

SEO 則較難控制搜尋結果頁上是哪一個網頁，文案撰寫也會受限於排

名規則，較為侷限。

優點四、品牌保護

SEA 為什麼勢必要做？因為就算你今天 SEO 做到第一名，對手還是可以在你頭上蓋關鍵字廣告；這個時候品牌可以選擇自己也做關鍵字廣告，與競爭對手抗衡。

SEO 則就算做到第一名，也無法參與 SEA 的戰場。

案例解說

關於上述幾點，我這邊用一個案例來做一個呼應。今天如果搜尋「臉部保養」，我們看到了這個搜尋結果頁。

優點一、必定出現

其中上面的品牌，如 SKII、Lynn 美妍坊都透過關鍵字廣告卡到了最前面的位置，儘管他們 SEO 沒有那麼好，但不妨礙他們可以讓對於「臉部保養」有興趣的消費者，注意到他們品牌的廣告。

優點二、很快出現

臉部保養是個非常競爭的字詞，如果要從零開始做 SEO，估計也

圖：1-3-04

要花個三個月才有機會到第一頁吧！但只要下關鍵字廣告、肯花錢，你馬上可以獲得很前面的排名了。

優點三、更彈性的廣告內容

另一方面，聰明的讀者是否有注意到：關鍵字廣告的文案，會比自然搜尋結果的文案來得更吸引消費者？

好比說：「瞬效補水 NO.1 的《○○○》- 百萬口碑熱銷推薦，12 折體驗價」，這樣的文案在下面的搜尋結果都很難找到，原因是因為這樣撰寫的標題，通常很難在 SEO 獲得好排名。但如果使用關鍵字廣告，就可以下這樣比較吸睛的標題了。

優點四、品牌保護

針對品牌保護，我這邊想舉另一個例子。

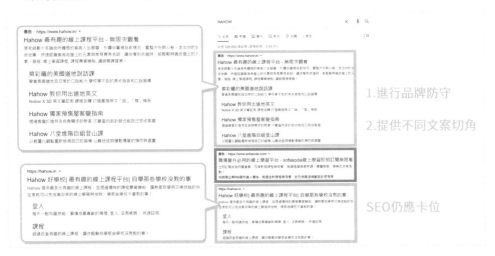

圖：1-3-05

今天搜尋 Hahow（一個線上課程平台），不出意外，Hahow 當然是 SEO 第一名，如果不是可就糟糕了；因此使用者搜尋 Hahow，都能順利找到它的首頁。

　　但另一方面，我們也發現 sofasoda 這個線上課程平台，也對 Hahow 這個關鍵字下了關鍵字廣告，因爲這個品牌認爲會搜尋 Hahow 的人，對於自己應該也會很有興趣才對，所以投資廣告。

　　此時如果 Hahow 自己不下自己的品牌字（Hahow）關鍵字廣告的話，就有機會被對方劫走部分的生意，因此爲了品牌保護，Hahow 也投資了關鍵字廣告，並且在文案上撰寫近期主打的課程，這也是「優點三、更彈性的廣告內容」的應用範例。

做關鍵字廣告有沒有缺點？

　　上面講了這麼多關鍵字廣告的優點，難道關鍵字廣告都沒有缺點嗎？顯然是有的，不然我們也沒必要學 SEO 了。

缺點一、要錢

　　SEA：這樣說有點直白，但要錢的確就是關鍵字廣告最大的缺點了。上述所有好處，只要你今天不花錢，馬上、立刻，全部消失。尤其是某一些競爭激烈的關鍵字，每一次點擊費用可能高達 100 塊台幣，這真的是所費不貲。

　　SEO：不付錢也能持續出現在搜尋引擎上，網頁還在，就永遠能找到。這也是 SEO 最迷人的地方。

缺點二、部分字詞無法使用

　　SEA：由於 SEA 會受到 Google 廣告系統的審核，因此某些特定的關鍵字跟用詞，會被 Google 擋下來。好比說，有一些癌症用詞文案不能寫，某一些健康的關鍵字不能購買（意味著你不能在這個關鍵字上出現

廣告）。

SEO：幾乎不會被 Google 規範，只要不違法，你文案想寫什麼就寫什麼。

SEO 與 SEA 比較

	SEO	SEA
生效時間	久（3～24周）	馬上
存續性	長	不付費即消失
流量品質	較好	較差
彈性	低	高
費用	帳面上免費	廣告費用

在這個段落最後我想強調：SEO 跟 SEA 不是拿來分出優劣的，而是要一起合作，打造更好的搜尋成效，這才是搜尋引擎行銷（Search Engine Marketing）的意義。

不是有了 SEA 就要放棄 SEO，又或者做了 SEO 後就不肯花錢做 SEA。

SEO 跟 SEA 都是為了搜尋引擎行銷服務——而搜尋引擎行銷，則是為行銷跟商業服務。希望讀者朋友都能兼顧好 SEO 與 SEA，掌握搜尋引擎的所有商機！

1-4 | 從關鍵字廣告理解 Google 對搜尋引擎的想法

前面提到，關鍵字廣告的收費方式是點擊才收費（PPC，Pay-Per-Click）。換句話說，如果消費者不點廣告，品牌就不用付錢。看起來這對品牌是利多，但其實這個商業模式讓 Google 賺翻了，那 Google Ads 有多賺呢？

根據資料指出，2020 年 Google 搜尋引擎廣告的業務收入，占了 Google 廣告收入的 71%、Alphabet 總收入的 57%。[1] 顯而易見的，如果沒有關鍵字廣告的收入，Google 這間公司絕對會遭受毀滅性的打擊。

為了賺廣告錢，Google 會盡可能確保搜尋引擎的使用體驗

了解 Google Ads 對於 Google 來說很重要，這件事情對於做 SEO 有著巨大的意義，為什麼？

請你思考一下，為何大家愛用 Google Search，而非一個不知名的搜尋引擎？

答案很簡單，因為好用啊！

好用、能解答使用的問題，這才是大家持續使用 Google Search 的核心原因。當有足夠的使用者出現在這個管道（搜尋引擎），這個管道才有商業價值，我們放廣告才有人看、這樣 Google 才能跟消費者收錢。

如果有一天，大家使用 Google 的反應都很糟糕、認為 Google 已經不

能提供有價值的資訊給使用者了，那麼使用者將會逃離 Google 搜尋引擎、不再點擊廣告，這也就意味著 Google 將會減少大筆的廣告收入。

前面也提到了，這筆收入至少占了 Google 整個集團（Alphabet）總收入的 50% 以上，Google 不能容許這件事發生。因此，Google 會確保 Google 搜尋引擎必須是非常好用的！因為只有好用的搜尋引擎，他們才能賺到廣告費。

好用的搜尋引擎與 SEO 有何關聯？

那麼 Google 要怎麼確保搜尋引擎是好用的呢？這個時候 Google 就會準備各種的演算法、排名標準，確保排名到前面的文章，都盡可能是使用者會喜歡的文章、讓使用者覺得很讚的資訊。

從這個概念，你就可以理解為什麼 SEO 專家總是提到：**要撰寫對使用者有幫助的內容、不要提供垃圾內容給讀者。**

因此，提供好內容並不是基於崇高的道德考量，而是基於實際的商業考量，因為只有提供好內容給使用者，Google 才有機會靠廣告賺錢；而只有提供 Google 跟使用者認為的好內容，網站主才有機會靠 SEO 免費獲得流量。

我常提到的：「只要你懂 Google，Google 就會幫你」，也就是上述的意思；只有成為 Google 的朋友、滿足 Google 的需求、跟 Google 站在同一陣線，我們才有機會獲得 Google 流量的贈禮。

如果你想要了解哪種內容是 Google 喜歡的，可以參考章節《8-12 E-E-A-T 原則：什麼是高品質的內容？》。

不要做黑帽 SEO，因為你在對 Google 的核心產品上下其手

另一方面，了解 Google 對於維護搜尋引擎利益的決心後，還能幫助我們搞懂一件事情：為何不要做黑帽 SEO ？

所謂的黑帽 SEO，簡單來說就是用作弊、投機取巧的方式來欺騙搜尋引擎，藉此獲得好排名跟流量。關於黑帽 SEO 的章節，可以參考《8-2 SEO 派別：白帽 SEO 與黑帽 SEO》。

舉例來說，當今天我們搜尋臉部保養這個關鍵字，結果有人投機取巧，用了一些黑魔法（黑帽 SEO），讓一篇劣質文章出現在臉部保養的搜尋結果頁上，內容是賣奇怪假藥的網站，這個時候你是不是會覺得使用者體驗很差呢？

儘管網站主獲得了流量，但 Google 非常不樂見這件事情！因為這樣的垃圾搜尋結果會影響他的門面跟廣告生意，因此 Google 會大力撻伐作弊行為。

自古以來 Google 的演算法目標相當一致，無論他做了什麼調整，都是為了提升使用者的搜尋體驗，以及避免一些不良分子透過投機取巧的方式影響到搜尋結果頁的品質。關於 Google 演算法的討論，可以參考章節《8-3 經典演算法介紹，以及如何順應演算法》。

所以隨著 Google 越來越進步，黑帽 SEO 的生存空間也越來越少了，畢竟 Google 搜尋引擎，可是由世界上最天才、薪水最高的一群專家不斷改進的產品。

當今天你選擇做黑帽 SEO，就是在對 Google、對這些專家宣戰，我認為勝算真的不大，因此不建議你做黑帽 SEO。這本書則會跟你分享做白帽 SEO 的方法，讓我們站著把流量掙了，一起加油！

1-5 | 做好 SEO，就可以不做 SEA 嗎？

在我的 SEO 從業生涯中不少客戶想做 SEO 的理由，就是為了可以不做搜尋引擎廣告（SEA）或關鍵字廣告。好比說，如果我在 SEO 上已經獲得了前三名、甚至是第一名，這已經是非常好的排名了，客戶就會問：那這樣我還有必要再花錢買關鍵字廣告嗎？這不是顯得很多此一舉嗎？

因此，很多 SEO 做得好的客戶，會想把關鍵字廣告預算下修。客戶有這個期待，我也完全能理解，畢竟如果能少花錢，何必多花錢呢？又不是每個企業主家裡都有礦，能省則省。

我是 SEO 顧問，自然會多替 SEO 說好話，儘管如此我依然不建議做好了 SEO，就停掉 SEA 廣告。有以下幾點原因：

原因一、停掉廣告後，總流量會變少

1　How often is an ad impression accompanied by an associated organic result?

66%　Within the first Google results page, percentage of ad clicks not associated with related organic results.

81%　Within the first Google results page, percentage of ad impressions not associated with related organic results

For ad impressions with no associated organic results, 100% of ad clicks are incremental.

圖：1-5-01

資料來源：Google，這份資料的結論是：「就算你在搜尋結果頁第一頁有自然搜尋結果的名次，此時如果你把關鍵字廣告停掉，你會損失 66% 的點擊、81% 的曝光。」如果你對 Google 的這份研究有更多興趣，歡迎參考我的解析文章 [1]。

在我們正常人的預期中，如果停掉關鍵字廣告，使用者就會到自然搜尋結果找品牌官網的連結。但根據 Google 的研究《Impact Of Ranking Of Organic Search Results On The Incrementality Of Search Ads》[2]指出：**SEO+SEA 的總流量，是會大於純粹靠 SEO 的流量**。

原因二、你不下廣告，不代表對手不會下廣告

就算我們品牌自己不下關鍵字廣告，這也不意味著對手不會下關鍵字廣告。此時，就算我們已經很努力搶到了自然搜尋結果的前三名，但對手可以靠關鍵字廣告排在更上面，此時就有機會被對手「搶斷」生意。

因此，重要的關鍵字除了能靠 SEO 保護之外，靠 SEA 來保護也很重要。

原因三、SEA 有更多的廣告彈性

如同前面提到的，因為 SEO 文案通常會比較制式化一些，SEA 文案可以揮灑的空間更大；在下品牌字廣告時，品牌可以放自己主打的產品、期間特定的產品，讓 SEA 發揮更大的效益！

重點筆記

- 就算你的 SEO 做得很好，品牌字還是建議下廣告
- 而且因為品牌字關聯度很高，通常下廣告也不會花很多錢，投資報酬率通常很理想

---

[1] SEO 第一名以後，就不用下 SEM 關鍵字廣告了？來看 Google 研究報告怎麼說
https://frankchiu.io/seo-how-sem-affect-seo/
[2] Impact Of Ranking Of Organic Search Results On The Incrementality Of Search Ads
https://research.google/pubs/pub37731/

1-6 | 做 SEO 對品牌的五大好處

前面分享了 SEO 是什麼，也介紹過搜尋引擎行銷的好處，這邊我想更仔細的介紹一下 SEO 的五大好處，我們也能從其中了解 SEO 可以達成的效果。

好處一、SEO 帶來免費流量

SEO 很直接的好處，就是能帶來流量，而且幾乎是免費的流量。這是我部落格的舊版 GA，約莫三年半的時間，我拿到了 50+ 萬近乎免費的流量，沒有下任何廣告，卻是未來透過產品變現的基礎。

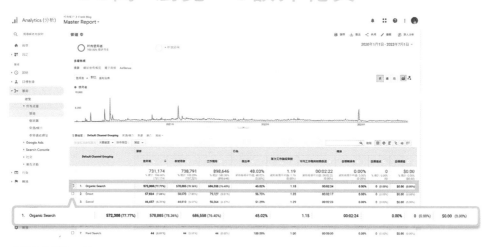

圖：1-6-01

好處二、SEO 帶來被動流量

財務上很流行的一個概念叫做「被動收入」，也就是什麼事情都不做，躺著就會有錢進來。

而 SEO 就是一種可以替你帶來被動收入的方法。想像一下，今天如果你一個月什麼事情都不做，不在臉書 PO 文、不在 IG PO 文，你是否有辦法獲得基本的流量進帳？ SEO 帶來的流量是相對穩定的，只要排名經歷過震盪期，每一個網頁能帶來的流量是蠻穩定的，而且你什麼事情都不做，還是能有流量收入。

不過，SEO 流量不應該成為你網站的所有流量來源，這不健康。**但 SEO 流量可以是品牌的流量基本盤，不管品牌經歷廣告震盪期或有其他因素，SEO 流量都能默默挹注流量給品牌。**

然而我也要提醒大家，SEO 是「相對」穩定，不是「絕對」穩定；SEO 流量還是要定期監測、定期維護、定期調整，就像是被動收入也需要我們照顧一樣，相信你也明白天下沒有白吃的午餐。

好處三、SEO 帶來訂單

在 2023 年，如果你搜尋「SEO 課程」，自然搜尋結果第一名，即是我的 Hahow SEO 課程。而每個月搜尋「SEO 課程」的次數為 590，所以每個月就能穩定替我帶來訂單。**更好的事情是這件事幾乎沒有成本，就能替我帶來持續曝光跟實際收益**，只要體驗過一次這種好事，你就再也沒辦法放棄 SEO 了。

因此，如果你能在一些很有商業價值的關鍵字上獲得高排名，對於你的品牌無疑有很大幫助，期待你也能體會到。

好處四、SEO 帶來信任感

SEO 是個信任感很重要的來源。請你想想看：如果你今天對於某個產品很感興趣，但上網搜尋，卻完全搜尋不到這個產品的任何資訊，你是不是會有點怕怕的，乾脆就不買這個產品了？

相對的，假設你今天搜尋一個產品，發現 Google 上面這家產品有在三四個平台上架，同時也有不少的開箱文、甚至有新聞報導。這樣的情況下，作為消費者的我們是不是會比較放心，進而提升購買意願？

「被找到」、「被看見」就是信任的基礎建設，而 SEO 能很好的幫助品牌被找到，提升信任感。另一方面，如果是 SEA 或下廣告就很難提供這樣的信任感，因為上面會標註廣告，信任感就會被大幅削減。

很多品牌甚至會跟消費者強調自己在特定關鍵字的排名，展示自己「Google 認可」的功績。

好處五、掌握消費者的真實需求

在 SEO 中我們可以做關鍵字研究，找到很多消費者真正會搜尋的字詞。我們可以藉此了解消費者的真實需求，並且能透過關鍵字的每月搜尋量來量化這個需求。

在這邊想請問你：你認為每月搜尋「啤酒、葡萄酒、威士忌、香檳」的搜尋數量排序會是如何呢？請你稍微想一下，答案會在下面。

透過 Google Ads 的工具，我們可以查詢一個關鍵字在每月被搜尋過多少次，這稱作關鍵字搜尋量。舉例來說，以 2022.09~2023.08 這段區間，「啤酒」平均每月搜尋量為 33,100；「威士忌」平均每月搜尋量為 33,100；「香檳」平均每月搜尋量為 8,100；「葡萄酒」平均每月搜尋量為 6,600。

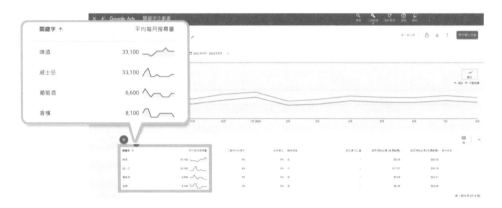

圖：1-6-02

　從上述的資料，我們可以知道：啤酒＝威士忌＞香檳＞葡萄酒。以往我們都是憑感覺判斷消費者最想要什麼，現在可以有憑有據的提出證據，而且超快。**這個資料不只對於 SEO 執行很有幫助，同時對於一些商業決策、社會觀察來說，更是相當客觀且誠實的參考資料。**

　在熱門著作《數據、謊言與真相：Google 資料分析師用大數據揭露人們的真面目》中，就是利用 Google 的數據、也包含前面提到的關鍵字搜尋量，來推測人們的各種真面目與真實行為，非常值得一讀。

　以上就是 SEO 的種種好處，希望你有感受到 SEO 的迷人之處；你會發現 SEO 從行銷漏斗的最上端到最下端都有可以發力的地方。

　接下來再透過本書的引導，只要你認真執行，相信你也能享受到 SEO 的各種效益！

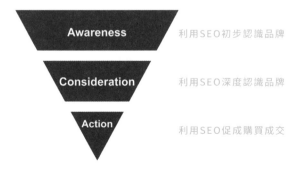

1-7 | 做 SEO 會有高回報的八種人

哪種人適合做 SEO ？我歸納了八種適合做 SEO 的族群，根據經驗，這八種人都有機會透過 SEO 獲得回報。

一、資金少的新創公司

想要獲得流量，不是花錢下廣告，就是花時間產內容。而 SEO 可以用非常低的成本，替網站帶來流量，很適合剛起步資源不多的公司或個人，利用 SEO 將人力時間轉換成長期流量。

二、非營利組織

非營利組織的預算較少，可以利用 SEO 的低成本特性，幫助組織獲得曝光跟流量。讓一般民眾搜尋特定議題時，可以發現非營利組織，進而產生捐款或支持行為。

三、部落客與自媒體

部落客與自媒體需要大量流量來變成廣告收入或業配收入，而且部落格的文章屬性，本身就是最適合做 SEO 的載體，因此 SEO 可以說是部落客的必修課。

四、專家個人品牌

撰寫許多專業內容，是專家獲得信任感很重要的方法；而 SEO 可以讓專家個人品牌撰寫的內容，透過 SEO 被更多人知道，並且以此建立信任。像是許多的醫師、律師、老師、會計師、行銷顧問……，都能透過 SEO 獲得流量與信任感。

五、電商品牌

對於某些品類的電商網站來說，SEO 可以降低部分的廣告支出，SEO 會是公司的流量組合中一個穩定流量來源，也能幫助公司帶來更多的業績。

六、行銷人與行銷經理

如果你是行銷人，希望增加技能的廣度，那麼 SEO 會是很棒的投資，許多公司的職位說明都希望行銷經理能管理 SEO，或執行部分的 SEO 項目，了解 SEO 原理也能幫助你管理 SEO 外包團隊。

七、文字工作者及內容編輯

SEO 可以放大文字的影響力，讓你的內容不只在網站、社群媒體上看到，還能在全世界最大的曝光管道之一——Google 獲得曝光，因此非常推薦文字工作者、內容編輯要把握 SEO 強大的效果。

八、網站工程師

網站工程師如果能了解 SEO，就可以幫助網站獲得更多流量，取得更直接的商業成果，能變成更有商業價值的網站工程專家。

1-8 | 不適合做 SEO 的六種情況

儘管我很喜歡 SEO，享受 SEO 帶來的諸多好處，但我也需要客觀的說明哪些情況下不適合做 SEO，又或者哪種情境下做 SEO 容易失望。

一、追求短期成效

SEO 的成效至少 3~6 個月才能看到初步結果；針對比較競爭的產業，如醫美、美妝，有時候甚至需要 9~12 個月才能看到成果。如果你的公司需要短期成效，如果公司在 3 個月內沒有業績就會倒掉，這個情況下我不建議做 SEO。

二、沒有網站可用

Google SEO 一定需要一個網站，不管你用 WordPress、Pixnet、Medium、vocus、Wix，還是用 Shopline、91APP，你需要一個自己可以調整的網站。如果你完全沒有任何網站可用，也不願意去申辦網站，那麼 Google SEO 就無法發揮效果；而在章節《1-11 架站資源：如果沒有網站，要如何開始做 SEO ？》我會分享怎麼快速幫自己打造一個網站的選項。

三、不願意在內容跟技術上動手

SEO 需要我們動手，需要出人出力，需要改文章、改網站，才能獲得成效。SEO 不像是 Facebook 廣告，只要願意花錢就會有流量；SEO 需

要網站主跟品牌主花費更多人力去處理，才能獲得好成效。

四、高層不理解或不支持

執行 SEO 需要耐心、需要等待，需要高層主管的支持跟信任。

在我服務諸多的客戶，**SEO 成效好的，通通都是行銷主管對於 SEO 有信心，願意提供資源跟時間給執行單位的公司，並且對於 SEO 內涵也都有中上程度的理解。**

因此如果你所在的單位主管非常不能理解 SEO，以為 SEO 可以很快速獲得結果，或是只要改幾個字就能獲得前三名，我會建議你要很小心的導入 SEO，不然你可能會做得很辛苦。

五、追求超高轉換

相較於廣告可以提供非常吸引人的廣告 landing page（著陸頁），SEO 通常都是文章資訊頁、產品分類頁，這些頁面都比較樸素，也未必直接連結到特定產品。

因此 SEO 相較於廣告，不見得能有那麼高的轉換率，SEO 之後也會需要搭配廣告再行銷，來幫助品牌獲得銷售；相對的，SEO 也要在文章中多增加銷售點，盡可能提升轉換率。

六、產業不適合

關鍵字是 SEO 的基礎，因此如果你的產業找不到任何關鍵字，那你就沒辦法做 SEO 了，但還好這件事情非常少見。不過在一些很特殊的 B2B 產業，或是新興產業，有的時候確實很難找到足夠好的關鍵字，這個情況下我就不會建議做 SEO，等找到字詞再開始。

1-9 | SEO 獲利：
SEO 如何與商業模式搭配？

我們做 SEO 的出發點是什麼呢？

是想炫耀你做到第一名嗎？

是想炫耀網站能拿到很多流量嗎？

是想證明自己 SEO 的技術分數滿分嗎？

我想多數人最主要的初衷，**就是想要透過 SEO 被看見，進而獲得商業成就**。這個概念我會反覆不斷提及，直到打入你的 DNA 為止。

「我們永遠要記得自己做 SEO 的初衷。」因為 Google 不會幫你記得這個初衷、使用者不會幫你記得、某些 SEO 顧問也不會幫你記得；Google 只會在意你的內容是否符合公司的需要，使用者只會在意內容是否對他有幫助，某些顧問只在意能不能結案。

想要走上賺錢之路，需要靠品牌主自己把路鋪好，才有機會走到終點。

SEO 的終極目標是為了商業

SEO 既然是一種行銷手段，那麼就應該為了商業服務。因此：

- SEO 不應該只看重排名，因為排名不等於流量
- SEO 不應該只看流量，因為有流量不代表會有營收

SEO 想要的流量，是「可以帶來商業機會的流量」。

儘管在實務上，比較難直接用營收來判斷 SEO 操作的好壞，所以通常會用其他更接近執行端的指標來評估 SEO 做得好不好，如：關鍵字排名、網站流量、SERP 佔有率、網站索引、網站速度 …… 等等指標。但 SEO 人依然要時時提醒自己，網站最後需要的是商業成果，而不只是流量。SEO 做得好，不代表商業成果一定會好，畢竟商業成果有太多要素需要注意，也未必是 SEO 人能掌控的；**但 SEO 人永遠不能放棄對商業成果的追求。**

因此我們需要了解商業模式如何與 SEO 結合，藉此設計出對應的 SEO 策略。

在商業上，能賺錢的會是商業模式，不是行銷方法，而 SEO 是一種行銷方法。**SEO 要能賺錢，就需要讓 SEO 結合你的商業模式，讓 SEO 幫助你被對的人找到、被對的人看見。**這邊我簡要介紹兩種商業模式的大類別，分別是「流量型」跟「產品型」，幫助你更容易評估自己做 SEO 的注意事項。

流量型商業模式與 SEO 策略

流量型商業模式特徵：流量越多越好。

所謂流量型，就是指將流量轉換成廣告收益的商業模式。好比 YouTuber、媒體網站、部落客、自媒體，許多都是依靠廣告收入，而廣告收入的基礎，正是流量。換句話說，越多流量就等於越多收入，SEO 正是帶來流量的好工具，因此很多媒體跟部落客都非常認真做 SEO，特別是旅遊、美食、金融領域，SEO 都能帶來很好的收益。

如果你的目標是要做流量型，希望盡可能獲得更多的流量，那麼選擇的關鍵字搜尋量就要夠多，不能選擇太小眾的主題，不然帶來的流量根

本不夠多。好比說，「台中美食推薦」月搜尋量有 14,800，「羽球技巧」月搜尋量則有 590，儘管說 590 也是相對高的數字，但如果希望靠廣告費把自己養活，選擇更大眾的關鍵字，對於獲利會更有幫助。

> **流量型商業模式，需要盡可能挑選搜尋量更高、大眾的關鍵字。**

而這時候，流量型商業模式會有以下的 SEO 策略。

一、搜尋量非常重要

由於流量型就是靠流量多寡吃飯，**因此選擇關鍵字的時候搜尋量很重要**，如果關鍵字太小眾，你很可能沒辦法靠流量帶來的廣告費養起自己。

因此靠流量為生的部落客會選擇民眾比較在意且流量大的主題，像是在地美食、餐廳、景點、旅遊、親子、3C、美妝、健康相關內容，因為這些主題的關鍵字搜尋量都比較高。

二、關注哪些流量特別值錢

流量型除了廣告費以外，還可以靠導單跟聯盟行銷來獲利，常見像是信用卡、虛擬貨幣、股票、高價 3C、旅遊等主題，網站主可以利用 SEO 流量轉換成聯盟行銷的收入。**網站主可以持續挖掘有哪些流量特別值錢，** 而又有哪些關鍵字可以帶來這些流量。

三、更新內容頻率要高

由於流量型的網站是相對多的，因此通常競爭會比較激烈；**我會建議網站更新內容頻率要高，且舊的文章也要更勤加維護**，確保網站競爭力。至於這個頻率跟內容品質要怎麼掌握，我會建議參考一下跟你撰寫同領域的 TOP 3 網站的更新狀態，盡可能持平或超越。

四、累積領域權威度

部落客除了撰寫文章獲得流量以外，**也能設法變成特定領域的權威，增加話語權跟商業影響力**。好比說，一個部落客在空氣清淨機領域的文章非常強勢，消費者很容易搜尋到他的空氣清淨機文章，那麼如果有廠商想找他業配相關產品，就能獲得更高的議價能力。

五、熱點要追

自媒體會更需要追熱點，**因為熱點就是高流量的保證**。如果評估一個主題會是近期熱點，條件允許建議要追，而且盡快讓內容被索引。

> **小結：流量型商業模式通常就是媒體之路，一方面可以獲得更多流量來增加廣告收入；另一方面可以成為行業專家、或者導購專家，讓別人願意花更多錢購買你的流量。**

產品型商業模式與 SEO 策略

產品型商業模式特徵：流量需要準確才能成交。

我這邊指的「產品」，泛指可以被交易的服務跟商品，像是賣 SEO 顧問服務、SEO 線上課程、SEO 書籍，都屬於我這邊定義的產品。而像是賣香水、裝潢顧問、健身教練、起重機、寵物食品、皮鞋、筆電，也都是產品。

產品型是多數生意的本質，商家提供產品，消費者提供金錢，銀貨兩訖。而多數的產品都會有特定的目標消費者，就像不會所有人都想學 SEO，可能是對於行銷、廣告、SEO 有興趣的品牌主、行銷人員、想要入行的族群，才會想購買 SEO 課程跟書籍。

　　我想你也能理解：「不同的消費者，會搜尋不同的關鍵字。」因此，選擇不同的關鍵字，就意味著選擇不同的消費族群。

　　同樣的道理，今天如果我們賣女性香水，我們應該選擇哪種關鍵字、選擇哪種消費者呢？第一步我們會想到是對於「女性香水會有興趣的人」，**這看似廢話，但這個正是最低垂的果子，我們一定要好好把握**，因此我們會找到相關字詞：

- 香水
- 香水品牌
- 香水推薦
- 202X 香水
- 女性香水
- 雪松香水

　　會搜尋這些關鍵字的，有更高的機會購買我們的女性香水，這就是有機會幫你賺錢的關鍵字策略。

　　接下來我們再往外延展，女性想購買香水的動機還會有哪些？可能是想改善自己的體味、想提升自己的魅力、想要當作別人的生日禮物？由此我們可以再展開更多的關鍵字：

- 如何聞到自己的體味
- 怎麼知道自己有體味
- 體味很香
- 體味種類
- 體味改善
- 體味突然變重

這些關鍵字看起來離香水有一點遠,但會搜尋這些關鍵字的人,有更高的可能性會購買我們的產品;相對的,如果今天我們的關鍵字選擇的是:

- 台北美食
- 不動產行情
- 螢幕推薦
- 牛肉麵作法

這些關鍵字就算流量很高,就算我們能排名到前三名,也非常難幫助我們的產品銷售,這就是不適合品牌的關鍵字。相對的,就算關鍵字搜尋量很小,但如果很精準,能幫助轉單,那也是好的關鍵字。

產品型商業模式,需要挑選與產品、目標消費者相關的關鍵字。

那麼 SEO 要如何替產品型商業模式服務呢?我在這邊提出五大方向,供你參考。

一、選擇跟品牌有關聯的關鍵字

SEO 想要追求商業成果,選擇關鍵字就是最重要的一環。因為選擇不同的關鍵字,就是選擇了不同的消費者。

好比說,如果我是賣「健身課程的品牌」,出現在「減脂飲食」這個關鍵字上面就很有意義,因為會搜尋「減脂飲食」的消費者,很高的機率會需要健身課程。

相對的,如果我是賣「鍵盤滑鼠的品牌」,出現在「減脂飲食」這個關鍵字上面就幾乎沒有意義,就算每個月能替我帶來很多流量,這群消費者也不會想跟我買鍵盤滑鼠。

因此，**思考「搜尋關鍵字的消費者是誰」，以及「有沒有機會跟這樣的消費者做生意」**，就是在設定 SEO 策略相當重要的一環了。

備註：關鍵字廣告也可以幫助我們測試哪種關鍵字，對於品牌來說容易轉換。

二、確保關鍵字搜尋量足夠

流量是一切的基礎，如果沒有任何流量，怎麼有機會促成訂單？因此選擇關鍵字時，要盡量選擇關鍵字搜尋量足夠的字詞。

好比說，「減脂飲食」平均每月搜尋量約為 1,600，而「減脂飲食 食物」平均每月搜尋量為 0；此時就算在「減脂飲食 食物」獲得第一名也沒有多大的意義——因為沒有流量。

每月搜尋量多少才夠，這根據產業、品牌經營狀況都有所不同，我沒辦法提供一個很明確的標準。有些 B2B 產業，因為關鍵字很精準，而且成交一筆都是上千萬的營收，所以每月搜尋量只有 30 也值得爭取。對於 B2C 產業，對於搜尋量的要求就比較高，可能期待每月搜尋量至少要 200、500、1,000……才足夠多；但某一些 B2C 的產業，可能產業最大的關鍵字也不到 1,000，因此沒辦法一概而論。

但可以確定的是，趨近於 0 的關鍵字幾乎沒有商業上的價值；如果你發現有 SEO 廠商提供給你的關鍵字搜尋量都很少，那麼就需要提高警覺，因為過少的搜尋量，很難達成商業上的目標。

備註：關於關鍵字搜尋量的詳細討論，我們會在《2-3 關鍵字搜尋量是什麼？》跟你詳細介紹，那是本書非常重要的章節。

三、卡位品牌重要關鍵字

關鍵字搜尋量足夠固然很重要，不過在有些情況下，有一些關鍵字的

搜尋量儘管非常少，甚至趨近於零，還是值得品牌去爭取。

好比說，像是我的線上課程《SEO 白話文》，一開始的時候「SEO 白話文」沒有任何搜尋量，畢竟沒有人知道這個詞彙；但這個字詞對我來說依然超級超級重要，因為想要了解這堂課程、想要購買這堂課程的人，都會搜尋「SEO 白話文」。

此時，我需要確保搜尋「SEO 白話文」的朋友都可以看到很優質的資訊，包含課程購買連結、課程介紹、課程推薦等等，因此就算這個關鍵字的搜尋量不多，我依然需要認真經營。

對於特定品牌、特定產品來說，掌控特定關鍵字的搜尋結果頁是非常重要的。舉例來說，假設我開了一間法蘭克減脂門診，我規劃了一種療程叫做「法式減脂餐」，因為這個詞彙是我創造的，一般人並不清楚，所以搜尋量很少。但我知道會搜尋「法式減脂餐」的朋友，一定對我的門診很感興趣，因此就算搜尋量很少，我也應該經營好這個關鍵字的 SEO，讓使用者搜尋這個關鍵字的時候，整頁都盡可能是正面的資訊。

四、確保網站內的銷售流程順利

今天消費者願意點進來你的網站，然後呢？產品是否適合消費者、有足夠的競爭力嗎？網站是否有引導消費者進行購買，或者留名單的地方？想要讓 SEO 的流量發揮最大效益，品牌就要將網站的購物流程設計好，每篇文章加入好的 call to action（行動呼籲），讓流量進來不會白白浪費。

五、記得做再行銷

你覺得消費者會一進站、第一次認識你就馬上下單嗎？有可能，但大多時候不會。因此這是不切實際的期待，我們已經長這麼美，商業上就別想這麼美。

　　行銷理論中，一般認為消費者要經過 7 次接觸才會下單，因此我會建議品牌主要針對網站做再行銷，**讓因為 SEO 而造訪網站的人，可以在 Facebook、Instagram、Google 的環境重複看到品牌的廣告，藉此達成更高的轉換機會。**

> **小結：產品型商業模式就是生意之道，要把行銷漏斗的每個面向做好，並且做好產品獲得客戶的金錢報酬。SEO 主要是協助建立行銷漏斗的流量工具，品牌主需注意關鍵字的選擇，避免選擇一些無效的關鍵字，造成空有流量、卻無訂單的窘境。**

練習題目

　　以下提供課後作業，幫助你釐清自己的商業模式，進而決定後續你的 SEO 策略。

1. 自己的商業模式，是流量型、還是產品型？
2. 你的消費者是誰？
3. 他們會搜尋什麼關鍵字，來解決他們碰到的問題呢？請舉例至少 5 個關鍵字。

1-10 | 做好 SEO 兩大原則：內容面與技術面

掌握「遊戲規則」的人勝出

聊完了 SEO 是什麼、SEO 好處後，我們來聊聊 SEO 要做好的大原則。

開始之前，我們可以先看一個案例，你會發現光是搜尋一個「SEO 課程」，就有 2,740,000 多個有關聯的搜尋結果（網頁）。但是第一頁的搜尋結果，也不過就 10 名，Google 要怎麼從這成千上萬的搜尋結果中，排出前 10 名、前 20 名呢？

此時 Google 就需要一個遊戲規則，SEO 專業術語叫做演算法（Algorithm），藉由這個規則來評估哪些搜尋結果最可以滿足使用者，進而給他更好的排名。

對於 Google 來說，搜尋引擎好不好用是非常重要的；從《1-4 從關鍵字廣告理解 Google 對搜尋引擎的想法》這個章節，我們就明白一個好用的搜尋引擎不只是道德考量，更是商業考量。

當初有這麼多的搜尋引擎，Google 搜尋引擎是 1998 年誕生，其實很晚才出道，台灣的蕃薯藤 1995 年就出來了，Google 還要叫蕃薯藤一聲前輩。但 Google 透過日益精進的演算法，不斷提供給使用者更好的搜尋結果、更好的資訊，逐漸成為搜尋引擎的霸主，才讓 Google 成長到至今如此龐大的商業巨頭。

為了繼續維持這個優勢，Google 會想辦法透過演算法提供最好的內容給使用者。

　　因此對於 SEO 人來說，我們要不斷思考，**如何提供給 Google 友善的內容、提供給使用者有興趣的內容，最後也要符合品牌的商業目的**，不然就是白白幫 Google 打工了。使用者需求、Google 需求、品牌商業需求，平衡這三者之間，正是 SEO 人最重要的智慧與能力。

內容面 SEO 與技術面 SEO

　　要做好 SEO，就要掌握遊戲規則；而在 SEO 的遊戲規則中，我們通常會分成內容面 SEO（Content SEO）跟技術面 SEO（Technical SEO）兩大面向。

內容面 SEO（Content SEO）：跟使用者交朋友

　　內容面 SEO 著重的是關鍵字研究、內容撰寫、搜尋意圖研究等等，這些項目都是為了使用者服務，關注使用者需要哪些內容，進而去滿足使用者的需求。

技術面 SEO（Technical SEO）：跟 Google 爬蟲交朋友

　　技術面 SEO 著重網站技術面的指標，像是爬取、索引、網站速度、網站架構、網址結構等等，技術面主要是為 Google 搜尋引擎的爬蟲服務，

讓你的網站對於 Google 來說可以更加友善。

做好哪類 SEO 比較重要？

技術面 SEO 是網站的基礎，就像是我們的身體健康是事業的基礎，如果身體太差，根本無法做任何事情。當網站技術面過於糟糕時，再好的內容也無法發揮效益。**因此技術面 SEO 未必要做到非常頂尖，但基本盤一定要有，才能維持網站最基本的運作。**

但對於大型網站來說，像是 Pchome、momo、Yahoo，因為網站頁面繁多，網站技術面的影響會更加顯著。

內容面 SEO 則是網站流量的基礎，如果把技術做到 100 分，沒有合適的內容、沒有做關鍵字研究，網站依然不會有多少流量。**假如我們希望網站流量很多的話，內容面 SEO 絕對值得好好鑽研。**

- 如果網站技術過於糟糕，內容再好也沒用
- 如果網站技術堪用，那麼就需要有及格的內容才能獲得流量
- 對於大型網站，整體網站技術優化會大於少數頁面的內容優化

白話來說，我們要跟 Google 交朋友，也要跟使用者交朋友，當這兩點都能做到，你就可以說你的網站是 SEO-Friendly（搜尋引擎友善）了。

而本書也會分成「內容面 SEO」跟「技術面 SEO」兩大塊進行介紹，會讓各位明白其中的最必要概念跟調整項目。我個人認為，如果把 SEO 當成一場遊戲，學習的過程會更加有趣；所有的 SEO 人都在黑暗森林中摸索規則，想辦法把這個遊戲破關，搶佔先機。而內容跟技術就是兩大關卡，只要突破就能通關。

歡迎你加入 SEO 排名遊戲。

1-11 ｜架站資源：如果沒有網站，要如何開始做 SEO？

前面我們提過：做 Google SEO 一定需要網站，如果沒有網站，可以怎麼開始？以下提供四個方法，讓你能有網站練習 SEO。

一、第三方部落格平台

如果你今天想要最快、最便宜起步，那麼很多的第三方部落格平台都可以使用。像是 Pixnet、vocus、Medium、Google Blogger 都可以免費創立帳號，讓你早上申請，中午就能開始寫文章。

其中如果你選擇 vocus 或 Medium，因為網域權重很高，特別容易獲得好排名，對於新手來說會更有成就感。如果你想要使用 Google Search Console，觀看很多技術指標跟網站成效，那麼就要使用 Google Blogger 跟 Pixnet，他們都能很簡單的串接 Google Search Console。

使用這類平台的缺點就是限制非常多，如果要做長期的生意來說容易綁手綁腳，也比較難製作產品銷售頁。因此會建議是用來讓自媒體試水溫、新手練手、個人品牌起步階段使用。

第三方部落格平台

費用 基本上免費，除非要選擇特殊功能

適合對象 1.適合想要做自媒體、個人品牌起步階段使用

2.如果打算做長期的生意，就會建議你自己架網站

二、自學 WordPress

如果你想要做一個長期經營的網站，獲得長期的回報，那麼目前最推薦的還是使用 WordPress.org 體系，也就是大家俗稱的 WordPress。

WordPress 有很成熟的 SEO 支援體系跟使用者社群，多數的生意都能靠 WordPress 處理，許多你常用的部落格跟網站都是 WordPress 建置的。另一方面，網路上也有非常多教你自建 WordPress 的免費教學跟付費課程，也有很多人可以問，只要有意願跟時間，一定能學會。

備註：這邊說的是 WordPress.org，而非 WordPress.com。

自學 WordPress

費　　用 基本網站架設費用，包含網域、主機、外掛、主題等費用，每年約莫5,000～7,000元

適合對象 1.有意願自己架站，願意學習網頁程式技術
2.不想花錢請人做網站

三、外包 WordPress

如果你今天不想要折騰自己設定這些麻煩的網站項目，市場上有非常多 WordPress 網站公司能替你服務，價格約莫 3~20 萬之間，根據不同的規格有所差異，我自己就是請網站公司架站，然後我再去開 SEO 需求跟調整。

這部分會建議你多問問身邊有架站的朋友，看看哪一個是好口碑的網站製作公司；同時也要想清楚自己的需求，像是網站有沒有要做電商？做會員？訂閱制？這些需求想越清楚，報價單就越能符合你的要求。

想要了解更多，可以在 Google 上搜尋「WordPress 網站費用」，就能找到非常多的討論，記得多看幾家，並選擇有口碑的廠商。

外包 WordPress

費　用 **根據規格不同，一次性費用約莫3萬~ 20萬元**
會有每年的維護費用跟固定成本

適合對象 **1.想要單純做生意、品牌、SEO的人**
2.不想花時間處理網站問題的人
3.生意模式清晰，知道後續怎麼靠網站獲利的人

四、電商平台

如果你今天是做電商網站，那麼直接選擇電商平台的服務也是很好的方法。常見的電商平台如：91APP、Shopline、EasyStore、Cyberbiz、WACA...... 等。

這些平台的網站技術都會相對穩定，比較少會碰到網站技術很差勁的狀況，網站主可以專心做生意，經營網站、處理 SEO。而每個平台的 SEO 支援程度也不同，有一些比較好、有一些比較差。

但在這個狀況下，我並不想特別去強調 SEO，因為當你選擇電商平台，SEO 不應該是你最優先考慮的，你更應該考慮進行電商生意，你需要哪些功能？那些對你的生意影響最大？其他支援如何？而這些事情通常比 SEO 更重要一點，SEO 不要太差就好，做生意的本質跟相關需求才是品牌主更要在意的地方。

電商平台

費　用 根據規格不同，每年約莫1萬~15萬元。

適合對象
1. 做電商生意者
2. 追求更多特定功能，如虛實整合功能、POS串接、庫存管理
3. 想要單純做生意、品牌的人
4. 不想花時間處理網站問題的人
5. 商業模式清晰，知道後續怎麼靠網站獲利的人

補充章節

為什麼內容行銷與 SEO 是濃情密意的好夥伴？

許多書籍跟文章都提到：內容行銷跟 SEO 必須結合在一起，而這兩者就像是燻鮭魚佐酸豆一樣天造地設，萬萬不能分開。

「內容行銷」（Content Marketing）是指「透過消費者有興趣的內容」，藉此吸引人流，轉換成客戶、達成銷售；像是撰寫西裝挑選的 10 個注意事項，藉此吸引到訂購西裝的客戶，這就是內容行銷。

SEO 內容因為是從消費者的搜尋需求出發，每個有搜尋量的關鍵字，都代表消費者貨真價實的意願，而根據這個意願撰寫出來的文章，可以肯定是對消費者有價值的「內容」。

而這種利用內容吸引消費者，藉此「讓消費者主動想認識品牌」的方式，也被稱做「集客式行銷」（Inbound Marketing）；SEO 內容都是消費者主動點擊、主動尋找的，因此也屬於「集客式行銷」。

這就是為什麼 SEO 與內容行銷、集客式行銷有密切關聯的原因；善用 SEO 挖掘出來的關鍵字，搭配上品牌的優勢，就能撰寫出非常優秀的 SEO 內容行銷文囉！

第二章

SEO 流量邏輯

查看本書教學圖片數位高解析版

https://tao.pse.is/
seo-book-notion

2-1 | SEO 流量公式：
自然流量從哪裡來？

　　大家做 SEO 都是希望獲得自然搜尋流量，那麼我想問你一個問題：我們網站是透過怎麼樣的流程，來獲得這些自然流量呢？畢竟每一個流量都不是憑空出現的，流量不會像是餡餅，會忽然從天上掉下來。

　　這個章節我們來討論「自然搜尋流量」的來源跟原理。這可以說是本書最重要的章節之一，也是我認為 SEO 最基礎且重要的底層邏輯，甚至只要了解這個原理，我認為這本書對你就值回票價了。

流量從哪裡來？

　　我們先以大家都很常使用的 Facebook 來舉例。今天，我在 Facebook 上貼了一則來自「Frank Chiu 網站的連結」。這個時候有個好心的讀者點了連結，進入到了網站，這個時候在 Google Analytics 上，就會有一個來自 Facebook 的流量。

相信聰明的你一定能了解這個例子，讓我們把這樣的概念套到 SEO 上面。

網站獲得 SEO 流量的流程

你可以先想一下，平常自己是怎麼用 Google Search 的？一般來說，先輸入一個關鍵字，然後選擇一個自己看得上眼的標題，進去看看這個網站說些什麼。

好比說，我先輸入了「文章排版」，然後看到了第一頁十個搜尋結果，選擇了其中一個標題「文章排版入門指南」，就進入到了 Frank Chiu 的網站。此時 Frank Chiu 的網站就獲得了一個來自 SEO 的流量。

如果我們用比較 SEO 術語的說法，就會變成以下的描述。

- 先輸入一個關鍵字（Keyword）
- 接著會看到一個搜尋結果頁（Search Engine Results Page，SERP）
- 然後你點了一個搜尋結果（Search Engine Result）
- 進去這個網站觀看內容
- 此時，這個網站也就獲得了一個點擊（Clicks）

如果你理解了上面案例，那我們再來稍微進階一點。

假設說每個月有 500 個人來搜尋這個關鍵字，那會發生什麼事呢？這 500 個人看到 1~10 名的搜尋結果，每個人想點的搜尋結果並不相同，多數人會想點第 1 名，只是很多人也會想點第 3 名、第 5 名。而排名越後面，點的人越少，導致點閱率（CTR）會越來越低。

在這個例子的 500 個人中：

- 有 40% 的人會點擊第一名，如此一來，第一名獲得：500×0.4 =200 個點擊。
- 有 10% 的人會點擊第四名，如此一來，第四名獲得：500×0.1=50 個點擊。
- 有 3% 的人會點擊第八名，如此一來，第八名獲得：500×0.03=15 個點擊。

在我們這個例子中，A 網站排名第四名，所以會獲得 50 個點擊。而前面提到「每個月有 500 個人次搜尋這個關鍵字」，這就是指「這個關鍵字」的每月搜尋量有 500。

SEO 關鍵字流量計算公式

基於上述的資訊，我們就能統整成一個流量公式：

SEO 流量公式

在前面的例子中，每個月有 500 個人搜尋 α 關鍵字，其中約莫 10% 的人會願意點 A 網站的連結。A 網站透過這個 α 關鍵字，獲得了 50 個自然流量。

練習題目

如果關鍵字「減脂飲食」每月搜尋量為 1,900，小法網站在「減脂飲食」的點閱率為 15%、排名約為第 3 名。請問小法網站可以透過「減脂飲食」這個關鍵字，每個月獲得多少流量呢？

答案：1,900*0.15=285

如何計算整個網站的自然流量？

前面我們了解單一關鍵字的流量計算了。那麼，我們要如何了解整個網站的自然流量有多少呢？一棟房子是靠一塊一塊的磚塊堆成的，**而 SEO 中的網站自然流量，也是靠一個又一個的關鍵字所堆成的。**

假設我整個網站有六篇文章 1、2、3、4、5、6，這六篇文章分別獲得了以下的關鍵字流量：

一篇文章 / 網頁，往往會跟著不只一個關鍵字

文章6	關鍵字F-1流量	關鍵字F-2流量	關鍵字F-3流量	
文章5	關鍵字E-1流量			
文章4	關鍵字D-1流量	關鍵字D-2流量	關鍵字D-3流量	關鍵字D-4流量
文章3	關鍵字C-1流量	關鍵字C-2流量	關鍵字C-3流量	
文章2	關鍵字B-1流量	關鍵字B-2流量		
文章1	關鍵字A-1流量	關鍵字A-2流量	關鍵字A-3流量	關鍵字A-4流量

其中每一個關鍵字流量，都可以按照我們上述的關鍵字流量公式進行計算：「關鍵字 α 搜尋量」×「關鍵字 α 排名點閱率」=「關鍵字 α 自然流量」。

所以針對文章 3，關鍵字 C-1 我們可以算出來一個流量數字，假設是210；關鍵字 C-2、C-3 我們也能算出來一個流量數字，假設是 80 跟 50。按照上面的例子，文章 3 的總流量就會等於 210+80+50=340。

透過這樣的算法，我們就能知道文章 1、2、3、4、5、6 各自的流量。而整個網站的自然流量，就等於文章 1、2、3、4、5、6 的總流量。

網站流量加總

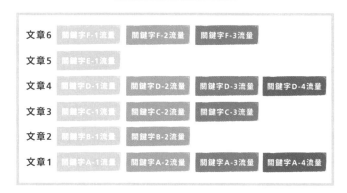

SEO 網站流量公式：網站總流量計算

基於上述的資訊，我們就能統整成一個流量公式：

網站總 SEO 流量

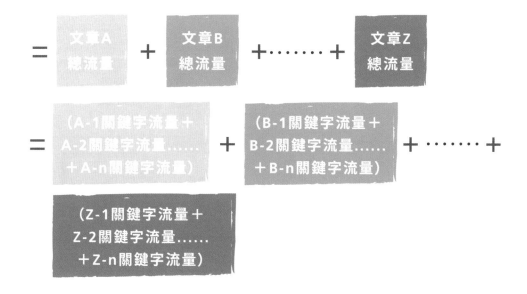

上述的這些公式，後台系統都可以幫我們計算，不需要我們自己動手費力計算。而 Google Search Console 就是按照這樣的方式，計算出整個網站的自然流量。

案例解說

下方是我網站 Frank Chiu 的 Google Search Console 後台。你可以看到「網頁」的部分，這代表我透過這些網頁獲得了多少點擊。當我們把每篇文章的點擊加總，約莫這 833 篇網頁，就會很接近最上面的總點擊次數 31,200。

也就是前面提到的網站流量公式：**網站總 SEO 流量＝文章 A 總流量＋文章 B 總流量＋......＋文章 Z 總流量**

備註：加總後的數字跟總點擊次數不會完全相同，因為 Google 會把某些細部資料隱藏起來，但數字不會差太多。

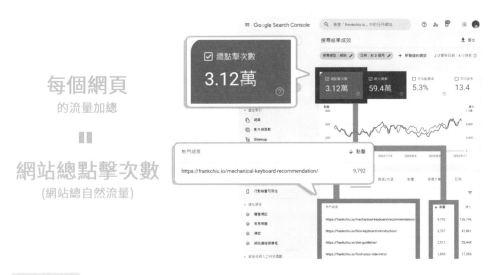

圖：2-1-01

　　另一方面，如果我們從關鍵字的角度來看。你會發現整個網站其實獲得了超過 1,000 個關鍵字，但畫面中只會顯示 1,000 個關鍵字，這是 Google Search Console 的系統限制，沒有辦法顯示更多的關鍵字。如果我們把 1,000 多組關鍵字的點擊全部加總，也會得到接近最上面的總點擊次數 31,200。

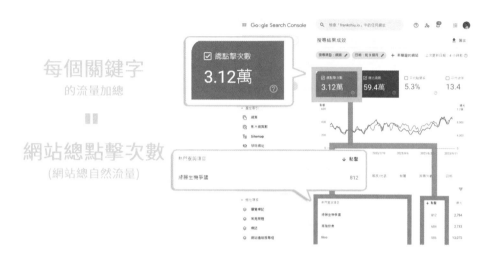

圖：2-1-02

　　相信透過上面兩個實務的例子，應該能更加理解流量公式的計算方法了吧！

為什麼需要學習 SEO 流量公式？

　　這時候，或許你會提問：為什麼我們需要學習這樣的流量公式呢？實際上，學習這個公式的重點，除了幫助我們估算一個關鍵字可能替網站帶來多少流量之外，更重要的是要讓我們知道這三件事情。

重點一、對應關鍵字的重要性

如果沒有對應的關鍵字，網頁就無法獲得任何自然流量（必須針對關鍵字做內容規劃）。

流量公式：「關鍵字 α 搜尋量」×「關鍵字 α 排名點閱率」＝「關鍵字 α 自然流量」；如果沒有選擇任何關鍵字，此公式將無法使用。

重點二、關鍵字搜尋量的重要性

如果選擇的關鍵字搜尋量為 0，那麼就算獲得第一名也沒意義，仍然沒辦法帶來任何流量。

舉例：假設排名點閱率為 40%；$0 \times 40\% = 0$

重點三、排名點閱率的重要性

如果沒辦法讓網頁在特定關鍵字獲得好排名，那就算選擇的關鍵字搜尋量再大也沒用。

舉例：假設關鍵字搜尋量為 5,000，該關鍵字排名 60 名，排名點閱率為 0%；$5,000 \times 0\% = 0$

關於上述三點，我接下來的篇章會詳細說明。

SEO 常見問答：到底該選「高搜尋量 × 低排名」，還是「低搜尋量 × 高排名」

SEO 有一個很常見的討論，那就是到底該選擇：「高搜尋量 × 低排名」還是「搜低尋量 × 高排名」？這簡直就是 SEO 版本的：「要選你愛的人，還是要選愛你的人」的難題。但現在你已經學會了 SEO 流量公式了，相

信你對於這個問題能很輕易地回答。

我的回答如下：

一、從 SEO 流量公式估算流量

假設一：
- A 組：高搜尋量（2,000）× 低排名（3%）
- B 組：低搜尋量（200）× 高排名（35%）

從 SEO 流量公式我們可以得知，A 組流量為 60、B 組流量為 70，此時選 B 是比較好的。

假設二：
- C 組：高搜尋量（2,000）× 低排名（5%）
- D 組：低搜尋量（100）× 高排名（40%）

從 SEO 流量公式我們可以得知，C 組流量為 100、D 組流量為 40，此時選擇 C 組比較好

根據上面兩個假設，**你會發現「高搜尋量 × 低排名」還是「低搜尋量 × 高排名」是假議題，只要靠流量公式算出來，答案是什麼就一目了然。**

二、為何不兩個都要？

愛一個人不需要理由，但兩個人總要選一個愛，感情裡面我們需要忠貞。但在 SEO 中可以不用呀！小孩子才做選擇，我們全都要。如果品牌有能力跟資源的話，當然可以多吃下幾個重要的關鍵字，一定是多多益善。

不用糾結高搜尋量、低搜尋量，只要對品牌生意有幫助、最後流量算出來是可以接受的，都是值得品牌經營的關鍵字！

2-2 | 為何關鍵字
對 SEO 那麼重要？

　　如果我們去洽詢市面上多數的 SEO 公司，多數公司都會詢問你：「想要做什麼關鍵字？」在前面章節提到過流量公式，裡面我提到兩個重點，分別是：

- **重點一、對應關鍵字的重要性**：如果沒有對應的關鍵字，網頁就無法獲得任何自然流量（必須針對關鍵字做內容規劃）
- **重點二、關鍵字搜尋量的重要性**：如果選擇的關鍵字搜尋量為 0，那麼就算獲得第一名也沒意義，仍然沒辦法帶來任何流量

　　其中「關鍵字」都是裡面的共同點，因為關鍵字正是 SEO 核心關鍵。這個章節我們就針對「關鍵字」進行討論。

沒有設定關鍵字
關鍵字沒有搜尋量　➡ 沒有成效

搜尋行為正是從關鍵字開始

　　回想一下，今天我們打開 Google，第一個行為就是輸入關鍵字，接著開始搜尋。如果希望別人給自己一些特定資訊的提示，我們也會詢問：可以告訴我關鍵字嗎？我自己去找一下資料。

由此可見，**關鍵字就是搜尋行為的起點，因此要做好 SEO，就需要對於關鍵字有深刻的理解。**

讓我們再次回想起流量公式：「關鍵字 α 搜尋量」×「關鍵字 α 排名點閱率」＝「關鍵字 α 自然流量」。

今天如果沒有任何一個關鍵字，那麼就會沒有「搜尋量」，也沒有「點閱率跟排名」，自然也就會沒有「流量」。因此，倘若我們優化網站時，沒有瞄準任何的關鍵字，那麼簡直像是黑暗中開槍，難以打到目標。

SEO 並不是只有關鍵字，但不能沒有關鍵字。

SEO 中關鍵字的組成

那麼關鍵字是怎麼組成的呢？接下來我們來詳細剖析。當今天有人搜尋一個關鍵字的時候，以 SEO 角度會有兩個很重要的資料產生，分別是「關鍵字資訊」跟「關鍵字搜尋量」。

一、關鍵字資訊

關鍵字資訊，就是關鍵字它字面上的意思，好比「減脂飲食」就是減脂的飲食資訊；「機械鍵盤推薦」就是機械鍵盤的推薦資訊。

透過關鍵字資訊，我們可以了解消費者想要搜尋什麼樣的內容、對什麼樣的主題有興趣。如果我們發現很多人都在搜尋「電子發票中獎如何兌換」，那就代表大家對於電子發票中獎要怎麼兌換獎金這件事非常好奇，這就是關鍵字資訊。

藉由關鍵字資訊，我們能更加了解消費者想要什麼資訊，並且選擇對品牌有意義的關鍵字。好比說，今天我是一個沙發品牌，「沙發推薦」對我是有意義的，但「螢幕推薦」就是比較不合適的，我們就是透過「關鍵字資訊」進行的判斷。

更重要的是，透過關鍵字資訊，我們可以得知 SEO 中非常重要的訊息——「搜尋意圖」（Search Intent），也就是使用者搜尋關鍵字，希望獲得什麼答案。 能夠掌握搜尋意圖的人，可以說掌握了 SEO 好成效的秘密，而搜尋意圖的基礎，正是關鍵字資訊！

這部分我們會在《8-10 搜尋意圖：最重要的 SEO 概念｜SEO 操作實務》跟大家詳細介紹。

二、關鍵字搜尋量

當今天一個關鍵字被搜尋很多次，就會產生該關鍵字的「搜尋量」（Search Volume），這個搜尋量也就是流量公式中有提到的「關鍵字 α 搜尋量」。

為了評估一個關鍵字被搜尋多少次，Google 有一個指標叫做「每月搜尋量」（Monthly Searches），就是來量化一個關鍵字在該月被搜尋多少次。如果是一段時間內每月搜尋量的平均值，就是「平均每月搜尋量」（Average Monthly Searches），這也是多數 SEO 人喜歡用的搜尋量指標，熟記這個名詞，可以說是成為專業 SEO 人的一大步！

由於關鍵字搜尋量的概念實在太重要，下個章節我們繼續探究！

2-3 │ 關鍵字搜尋量
是什麼？

　　在流量公式：「關鍵字 α 搜尋量」×「關鍵字 α 排名點閱率」＝「關鍵字 α 自然流量」，我們提到了關鍵字搜尋量。

　　而**關鍵字搜尋量我認為正是區別內行跟外行的重要分野，一個外行人可能不懂關鍵字的每月搜尋次數，而內行的 SEO 人會**。接下來就讓我們來了解關鍵字搜尋量吧！

關鍵字搜尋量的定義

　　當今天有人搜尋一個關鍵字，就會被記錄一次的搜尋次數；如果一個月被搜尋 100 次，那這個關鍵字的「月搜尋量」就是 100 次。以 SEO 來說，我們會關注一個關鍵字的「平均每月搜尋量」，好比說 2021.11~2022.10 月，「減脂飲食」的平均每月搜尋量 1,600 次；「機械鍵盤」的平均每月搜尋量 2,400 次。

　　月搜尋量的英文是 Monthly Searches 或 Monthly Search Volume，我個人習慣簡稱 SV，在本書中也會用 SV 代表平均每月搜尋量。關鍵字的「平均每月搜尋量」對於 SEO 的策略、執行來說，都有至關重要的影響，我認為搜尋量的觀念，絕對能排上本書的重要觀念前三名！

關鍵字搜尋量的重要性

案例解說

開始之前我想先考考你,請看看下面這三組關鍵字:

- 分手改變自己
- 分手後當朋友
- 分手安慰

你認為哪一組關鍵字,每個月被搜尋的次數是最高的?哪個是最低的?你認為每組關鍵字大概會被搜尋多少次數呢?

答案揭曉:

關鍵字	每月搜尋量
分手改變自己	0
分手後當朋友	880
分手安慰	110

不曉得這跟你想的是否相同呢?在我上課時常會舉這個例子,很多朋友都會認為「分手改變自己」可能不會是第一名,但應該不至於完全沒有人搜尋吧?但很遺憾,以搜尋的資料顯示,「分手改變自己」就是沒有搜尋量!

這意味著什麼呢?如果今天你在「分手改變自己」這個關鍵字上面獲得第一名的成績,這聽起來很厲害,但根據流量公式:「關鍵字 α 搜尋量」×「關鍵字 α 排名點閱率」=「關鍵字 α 自然流量」,0x60%=0,所以你無法獲得任何的流量。

　　從這個案例中我們就可以發現關鍵字搜尋量的重要性了，**如果沒有關鍵字搜尋量，我們只能「憑感覺」猜測每個關鍵字會不會有人搜尋，但卻無法量化、排序關鍵字。**

　　因此我認為：關鍵字搜尋量是區別一般人跟 SEO 人員的關鍵，因為一般人並沒有關鍵字搜尋量的觀念以及取得數據的方法。所以當今天我們學會了關鍵字搜尋量的觀念後，離成為合格的 SEO 人員，又邁進了一大步！

關鍵字搜尋量的常見用途

　　下面我就來分享關鍵字搜尋量的常見用途：排除、排序、分析。

用途一、排除：排除掉無價值的字詞

　　透過關鍵字搜尋量的數據，我們可以排除掉沒有搜尋量的字詞，或者搜尋量對於你來說過少的字詞。好比說我今天找了幾個關鍵字：

關鍵字	每月搜尋量
枕頭推薦	14800
枕頭高度	1600
枕頭清洗	320
3 歲枕頭	40
枕頭可以烘乾嗎	0

　　今天如果目標是獲得流量的話，「枕頭可以烘乾嗎」會優先排除，因為搜尋量趨近於零；而「3 歲枕頭」因為搜尋量只有 40，我可能也會排除掉。「枕頭清洗」就有相對高的搜尋量了，我就可以納入考量。

　　因此透過搜尋量，我們可以排除掉不需要、不適合的關鍵字。

用途二、排序：安排關鍵字優先順序

以上面的例子來說，如果不知道搜尋量，我們可能會不小心選擇到沒有搜尋量的關鍵字。而且專案要先優化哪個關鍵字、先寫哪個主題的文章，很有可能也只是憑感覺而已。

但現在我們每個關鍵字都有了清晰的數據，我們可以從搜尋量的關鍵字往下排，先做搜尋量高的，慢慢做到低的。**有了關鍵字搜尋量，就能讓我們做到專案的排序。**

用途三、分析：分析關鍵字需求變化

關鍵字搜尋量還有個非常好的地方，就是它能讓我們評估一個關鍵字、一個議題的變化趨勢。

好比說，以「火影忍者」來說，2020.1 月的搜尋量是 90,500，到了 2023.6 月，每月搜尋量剩下 49,500，我們可以發現這個議題的趨勢在走下坡。

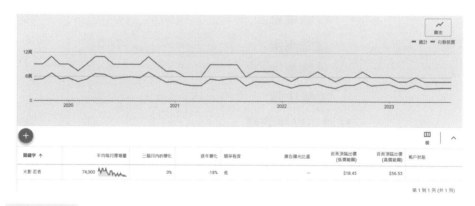

圖：2-3-01

以「虛擬貨幣」而言，在 2020.1 月的搜尋量是 5,400，到了 2021.5 月達到高峰 74,000，2022 年景氣反轉後，2023.6 月剩下 22,000。

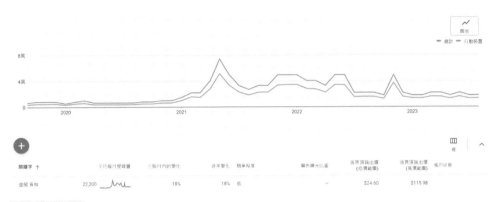

圖：2-3-02

　　上述這些數據，如果對於時事有敏感度、或者喜歡分析趨勢的朋友，應該能發現無窮的妙用，**我自己在寫報告、做媒體提案、分析時事時，也都很喜歡利用關鍵字搜尋量。**

　　在《數據、謊言與真相：Google 資料分析師用大數據揭露人們的真面目》這本書中，該作者就是利用類似關鍵字搜尋量的數據，來進行各種社會研究跟分析，只要申辦一個 Google Ads 帳號來調閱搜尋量，我們也能做到類似的事情。

　　因此如果想要分析一個議題的演進、需求的變化，關鍵字搜尋量真的是你的好朋友。

關鍵字搜尋量的延伸思考

　　關鍵字搜尋量還有一些常見的討論，這些內容對於瞭解觀念跟應用都很有幫助，在下方也一併提供給你參考。

思考一、了解搜尋量，就能避開不少江湖術士？

　　有少數人很喜歡吹噓自己在特定關鍵字獲得排名，好比說「SEO 密

技」、「行銷白皮書」這類字詞獲得第一名，這聽起來好像很厲害。但實際上，這些關鍵字搜尋量都是零，換句話說，根本沒有人搜尋這些字詞、沒有人在意這些字詞——做到這件事沒什麼了不起的。

又或者是一些行為可議的廠商，會跟客戶保證說：我可以幫你在ＸＸＸ、ＯＯＯ關鍵字獲得排名，但此時你需要了解：這些關鍵字到底有沒有價值？到底有沒有搜尋量？是不是都低於 100、甚至是 0 ？

相對的，如果對方是在很厲害的關鍵字獲得排名，像是：「公關」（SV = 4,400）、「文案」（SV = 40,500），或是承諾你要獲得很高搜尋量的關鍵字，那就是真的內行人。

了解關鍵字搜尋量的觀念後，你就能更加清晰的判斷對方到底對 SEO 有沒有概念，有沒有辦法替你的生意帶來幫助，這正是該指標的價值。

思考二、做搜尋量最高的字詞就好了嗎？

根據流量公式，搜尋量越高的字詞，理論上我們就能拿到越高的流量回報，因此大家都喜歡做「大字」，也就是搜尋量很高的字詞。這點概念是沒錯的，但此時我們會碰到另一個問題：排名做不上去。今天你想做大字，你的競爭對手當然也想做大字，所以大字通常都是非常競爭的狀況，想要擠到前 20 名都是很不容易的事情。

倘若我們今天選擇一個搜尋量 10,000 的字詞，可能的結果就是：

▪ 獲得高排名：流量為 10,000x20%=2,000
▪ 獲得中排名：流量為 10,000x3%=300
▪ 獲得低排名：流量為 10,000x0%=0

所以為何多數 SEO 人員都不會建議只做大字，因為大字難做，而且一但失敗，我們是有可能「一點流量都無法獲得」。**因此我們要選擇一個搜尋量足夠，同時又有機會獲得前 20 名的關鍵字。**

思考三、搜尋量為零的字詞真的沒人在意嗎？

在這個篇章我強調搜尋量為零的字詞，幾乎代表沒有人在意，自然也就沒有 SEO 上的商業價值。這個狀況我認為 90% 都是成立的，在這個段落我想分享一下另外 10% 的狀況，幫助大家更客觀、全面的評估搜尋量過低時的情況。

1. 系統故意隱藏或故障

我們在 Google Ads 跑「電子菸」的平均每月搜尋量，會發現居然是 0。或是我們跑「皮鞋」，會得到平均每月搜尋量是 10。這種顯然跟常識牴觸的狀況，我就會評估是 Google 的後台有 bug 或被 Google 刻意隱藏了。根據經驗，有一些醫療、黃賭毒相關的字詞，系統有時候會隱藏搜尋量，但不代表沒有人搜尋。

至於像是皮鞋這種非常正常的字詞，只能說是碰到系統 bug 了，可以考慮透過第三方工具查詢搜尋量，可以參考附註文件 [1]。

2. 使用者不會這樣搜尋

以前面「分手改變自己」這個關鍵字來說，人們分手後當然有可能會改變自己，但他們可能會直接去查詢：怎麼減肥、怎麼化妝、怎麼健身、怎麼愛自己，而不會去查詢「分手改變自己」。這個情況下就是我們沒有找到使用者真正會搜尋的那個字，但實際上使用者對於這類主題依然有需求。

如果今天你在 YouTube 或 IG 是製作了一個「歷經分手後，我做了這些改變」，這篇內容有可能大受好評，因為很多人想要知道這件事該怎麼做，只是大家不會「主動」在搜尋引擎上搜尋。

思考四、多少關鍵字搜尋量才算夠？

多少關鍵字搜尋量才夠，這一直是客戶及學生很常跟我討論的問題。在讀過國內外的討論、跟同行的交流、執業的經驗後，我給出的答案是：這會因產業跟個人狀況而定。

對於一個月流量 100,000 的網站來說，一個關鍵字月搜尋量沒有 1,000 以上不值得他做，不然對於流量影響太小了。對於一個才剛起步的品牌來說，每月的流量從 0 變成 200 已經是很好的進步了，此時一個月搜尋量 200、有機會獲得排名的關鍵字，為何不好好好爭取呢？對於一個 B2B 企業來說，某個關鍵字月搜尋量只有 30，但如果有機會從中獲得一筆訂單，就能創造數百萬、千萬的營收，那搜尋量 30 還會少嗎？

因此我認為這要看個人跟公司的判斷而定，我給出的標準往往都是：**排除掉搜尋量 0，然後在有機會獲得排名的範圍內，盡可能爭取搜尋量最高的字詞。**

重點筆記

- 關鍵字搜尋量是學習 SEO 非常重要的核心觀念。
- 關鍵字是無限的，我們也能自己創造出無盡的關鍵字，但有商業價值的關鍵字並不多！
- 透過關鍵字搜尋量，我們能剔除無效的關鍵字。
- 透過關鍵字搜尋量，可以量化消費者的需求。
- 透過關鍵字搜尋量，安排專案優化的優先順序。

延伸教材

如果你希望了解 Google Ads 搜尋量是否準確，你可以閱讀我寫的分析文《如何評估關鍵字的「真實搜尋量」？讓我拿實際案例算給你看》。

https://frankchiu.io/seo-measure-search-volume/

---

[1] 如果 Google Ads 跑不出搜尋量，可以參考此篇文章解法：
https://frankchiu.io/seo-how-to-guess-keywords-search-volume/

2-4 | 如何查詢 關鍵字搜尋量？

前面理解了關鍵字搜尋量的重要性，那麼我們要如何查詢關鍵字的搜尋量呢？這篇就是要討論如何查詢關鍵字的搜尋量。

查詢關鍵字搜尋量，我們需要用 Google Ads 這個工具，由於工具可能會變化，我目前的截圖是 2023.9 月的資料。後續如果有大的更新，你可以在我的部落格找到更新版[1]。

要查詢關鍵字搜尋量有兩個階段，第一個階段是申請好 Google Ads（不用錢），第二個階段是查詢數據。

Google Ads 申請

只需要短短五步驟，五分鐘內可以申請完成，且完全免費。

步驟 1. 找到 Google Ads

第一步請搜尋 Google Ads[2]，點選網址，不要點到別的網址：https://ads.google.com/intl/zh-TW_tw/home/

步驟 2. 點開 Google Ads

按下「立即開始」。

圖：2-4-01

步驟 3. 按下「直接建立帳戶」

如果你只是 SEO 考量，可以直接點擊最下方的「直接建立帳戶（不建立廣告活動）」。如果你會下關鍵字廣告，我很推薦品牌這麼做，那麼會建議你把廣告資訊都填寫完畢。

圖：2-4-02

步驟 4. 確認帳單國家

帳單國家應該都是正確的，確認無誤後可以直接按提交。

圖：2-4-03

步驟 5. 恭喜申請完成

就這樣，恭喜你申請完成了，是不是很簡單！

圖：2-4-04

查詢關鍵字搜尋量

下一步我們就要查詢關鍵字搜尋量了。

步驟 1. 打開關鍵字規劃工具

請你打開關鍵字規劃工具，位置在上方（或左方）的「工具與設定」，然後點開「規劃 > 關鍵字規劃工具」。

圖：2-4-05

步驟 2. 選擇「取得搜尋量與預測」

選擇右邊的「取得搜尋量與預測」。

圖：2-4-06

步驟 3. 輸入想要搜尋的關鍵字

這邊就可以輸入你想要看的關鍵字了，就算關鍵字重複也別擔心，系統會自動幫你排除。

圖：2-4-07

步驟 4. 獲得關鍵字搜尋量數據

恭喜你獲得了關鍵字搜尋量的數據了！畫面中的「平均每月搜尋量」就是我們要的數據了，因為我們沒有花錢下關鍵字廣告，所以數字只是區間。

但這個區間的數據對於新手、剛起步的品牌，已經可以評估哪些關鍵字有價值了，畢竟是免費的。以下面的數據來說，我們已經知道 Bing AI、Bard AI 的搜尋量是裡面關鍵字最少的，ChatGPT、Bard 是更高的。

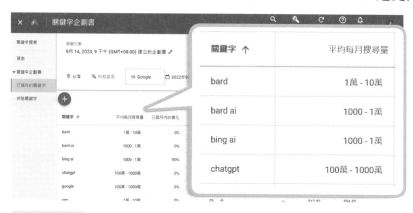

圖：2-4-08

這邊也提供付費版（課金版）的 Google Ads 數據給你參考；在 2023 年 10 月的測試結果，花費金額超過 1000 元通常會開始展示細節數據。

圖：2-4-09

步驟 5. 下載關鍵字數據

右上角的「下載圖示」點開來可以看到「企劃書歷來指標」，建議選擇 .csv 檔案，Google Ads 給的 Google 試算表我覺得資料格式不太好用、容易跑版，csv 檔案再貼到 Google Sheet 會更好用。

圖：2-4-10

查詢關鍵字搜尋量原來這麼簡單

是不是比想像中的簡單？恭喜你又更靠近了專業的 SEO 人了。如果條件允許、或你希望 SEO 的評估更加精細，我很推薦你花錢下廣告，這樣能取得詳細的數據區間，並且得到每月的搜尋量變化，同時也能測試每個關鍵字的轉換率。

後續的關鍵字研究章節你會頻繁使用這個功能，請務必申請好 Google Ads 哦！

重要提醒：有下廣告就會花錢，如果不想花錢；就要把建立的廣告都「關掉」，避免扣款。

---

[1] Google Ads 申請教學：奈米級 Google Ads 申請步驟教學（免費申請）
　　https://frankchiu.io/seo-google-ads-apply-intro/
[2] Google Ads 申請連結
　　https://ads.google.com/intl/zh-TW_tw/home/

2-5 | 關鍵字排名與點閱率 是什麼？

在流量公式：「關鍵字搜尋量」×「關鍵字排名點閱率」＝「自然流量」，前面已經聊過關鍵字搜尋量了，接下來我們來討論「關鍵字排名點閱率」。

說起 SEO 大家最常評價的就是「你排第幾名」，在前面的章節我們也提到：讓網站的排名提升，就是 SEO 的主要目標。為什麼關鍵字排名這麼重要？就是我們這個章節要跟大家好好聊聊的部分了。

沒有好排名就沒辦法被看見

今天你搜尋「除濕機推薦」，想請問你是從第一個搜尋結果開始看，還是從第 30 個搜尋結果開始看呢？我想多數人都會從第一個開始看吧！從第一個沿路往下看，直到獲得自己想要的答案為止。因此，如果排名太後面，我們的網站就會被淹沒在人群當中，沒辦法獲得絲毫的曝光與點擊，更沒辦法獲得流量了。

關鍵字排名與點閱率的關係

點閱率（CTR, Click Through Rate）

＝ 點擊次數／總瀏覽次數

連結點閱率越高，代表該連結越吸引人。

　　因為多數人都只會看前面的搜尋結果，因此排名在前三名的搜尋結果有較高的點閱率（CTR，Click Through Rate）。

　　所以說，排名越前面，點閱率越高，也就能帶來越多流量。根據國外 SEO 網站 Advanced Web Ranking 統計[1]，第一名約莫會有 40% 的點閱率，也就是每 100 次瀏覽，會有 40 次點擊。第二名 CTR 約莫 15%，第三名 CTR 約莫 8%，到了第十名 CTR 約莫剩下 1.3%。到了第二頁尾巴的第二十名，CTR 則為 0.42%。

資料來源：Advanced Web Ranking

　　因此你可以想像，到了第四十名，CTR 就趨近於 0 了，此時就算流量次數（關鍵字搜尋量）再高，乘上 CTR=0%，也是徒勞無功，毫無流量。因此，想要讓自己的網站能被看見，就需要盡可能獲得前 20~30 排名，可以的話，獲得前 10 名、甚至前 3 名當然是最好的。

為什麼好排名很重要？

　　為什麼排名很重要？假設今天我們選擇了 1,000 個搜尋量超級高的關鍵字，但沒有一個關鍵字有辦法獲得前 30 名的排名，那麼這些關鍵字可以說是毫無意義，對於生意也一點幫助都沒有。

　　在 SEO 的角度來說，一個關鍵字再好，只要我們無法獲得好排名，那

就跟我們一點關係都沒有。因此我們選擇關鍵字時,也要評估自己有沒有機會獲得前 30 名的排名,這樣才有辦法獲得關鍵字流量;就像一個人發願自己要娶當紅偶像,這不切實際。關於評估競爭度的方法,我會在《3-4 利用關鍵字研究評估是否適合做 SEO》跟大家分享。

既然排名這麼重要,那我們要如何提升排名呢?這真是個好問題,實際上,市場上 95% 的 SEO 書籍都在嘗試解答這個問題:怎麼提升網站的排名。我想也是你閱讀這本書最希望獲得的解答之一。在後續的大量章節我們都會討論如何提升排名。

好消息:實務上的 CTR 可能更高

前面引用的 Advanced Web Ranking 的 CTR 數據,可能會讓有些朋友們有點沮喪:怎麼連第十名的 CTR 都這麼低?那是不是沒辦法第一頁的話,乾脆就不要做 SEO 了?

在這邊我想補充,**實務上 CTR 是很常浮動的,而且每個關鍵字排名對應的 CTR 也都不太一樣。**根據我手邊台灣客戶的 CTR 資料:第一名的 CTR 從 10%~80% 都有,第十名的 CTR 從 1%~14% 都有;有個客戶的關鍵字落在 30 名,卻也有 3.3% 的 CTR。

對於有些 B2B 產業,第三頁也有機會成交,一成交就可能是上千萬的訂單,這種狀況下,CTR 就算偏低又有什麼關係?有訂單就好了。

那麼重點是什麼?排名當然是越高越好,但只要能擠到前二十、前十,都已經是及格的排名了,已經有機會替網站帶來自然流量了。**能力範圍內,選擇搜尋量最高的字詞,盡可能做到最高的排名,然後持續進攻更多的關鍵字,這就是做 SEO 應該要有的健康認知。**

補救措施：排名不夠好，網頁內容也可以加把勁

如果排名跟 CTR 短期內無法繼續提升，那可以怎麼辦呢？我們可以在 CVR 上努力，也就是轉換率（Conversion Rate），意思是網站的成交率、轉換率。

回到做 SEO 的初衷，我們不是爲了流量，而是爲了行銷成效，因此除了排名以外，消費者看到的內容能否產生行動也很重要。如果今天會到我們網站的消費者比較少，那我們就要盡可能讓有進來的消費者，讓他們產生更多的行動，讓這些消費者更願意產生行動。

我們可以做的事情有：

- 調整網站動線、版面，讓使用者使用起來更加愉快
- 提供消費者有興趣的利益點，讓轉單機會提升
- 放上 Email 表單，後續可以跟使用者進行 Email 行銷
- 裝上廣告追蹤碼，後續進行再行銷
- 利用 Chatbot 等客服工具，提升網站使用體驗
- 其他：任何有助於成交、消費者留存的事情

排名不夠前面固然是個劣勢，但在努力提升排名的過程中，提升網站的使用體驗、將消費者納入自己的銷售流程中，對於生意的本質更是重要。做生意是為了取悅消費者，而非取悅 Facebook、取悅 Google，我們需要永遠牢記這點。

---

[1] Google Organic CTR History
　　https://www.advancedwebranking.com/ctrstudy/

2-6 │ 總結：
流量公式複習

　　到了第二章節的尾聲，現在你應該能輕易理解關鍵字搜尋量跟排名點閱率的概念了！讓我們回頭看一下我們的流量公式：

SEO 流量公式

關鍵字α
搜尋量
×
關鍵字α
排名點閱率
=
關鍵字α
自然流量

　　那麼，什麼樣的網站 SEO 是成功的？很粗暴地講：就是盡可能在一些有搜尋量的關鍵字獲得好排名，最後讓整個網站有好的流量表現。而要怎麼提高流量？就是選高搜尋量的字，並且獲得好排名不就好了嗎？

　　道理確實是這個道理，但理想很美好，現實卻很骨感，因為高搜尋量關鍵字的競爭度很高，通常很難獲得好排名；能拿捏好這件事情，就是SEO 人的真功夫。

選關鍵字就像是找對象

　　這邊我用一個擬人化的例子來舉例：關鍵字就像是你想追求的對象，而排名就是你在對象心目中的位置。

　　高搜尋量的關鍵字，就像是感情市場中的白富美、高富帥，人人都想

要，因此競爭激烈，想要獲得高搜尋量關鍵字的青睞，因此追求者們就比較難獲得好的位置（排名）。而搜尋量比較普通的關鍵字，就像是感情市場的普通人，比較沒有那麼吸引人，但競爭難度也沒有那麼大，我們反而有機會確實地獲得他們的喜歡（排名）。

在某些狀況下，這些搜尋量普通的關鍵字，對於你的生意可能很有幫助，同時競爭難度又低的話，簡直就是撿到寶了！因此找對象不見得只要看帥哥美女，更重要的是對自己來說是否適合。如果你網站條件很好，那當然可以去找搜尋量更高的關鍵字。如果你條件比較普通，或是只是剛起步的網站，那麼選擇搜尋量中間的字詞，反而更有機會獲得好的專案成效。

實戰案例：怎麼選關鍵字？

這邊我再用一個例子幫助你理解選關鍵字的邏輯；下面我計算了一張表，在「預計流量」這邊是我們透過流量公式做的預估，愈多越好；而「品牌重要性」則是品牌自身評估這個關鍵字對於自己來說有多重要。**我會建議品牌可以同時權衡「預計流量」跟「品牌重要性」，最後得出屬於你自己的「優化順序」。**

關鍵字	每月搜尋量	預期排名	預期點閱率	預計流量	品牌重要性（你決定）	優化順序（你決定）
A	2000	17	0.8%	16	重要	4
B	500	2	25.0%	125	中等	1
C	1000	8	5.0%	50	中等	3
D	10000	50	0.0%	0	中等	5
E	800	10	3.0%	24	重要	2

當然真正的權衡中，關鍵字選擇還會有很多不同思考，但大方向上，只要「搜尋量足夠」×「前兩頁排名」，最後的數字是你可以接受的、關鍵字是你喜歡的，那這個關鍵字就是好對象！

第三章

SEO 關鍵字
研究

查看本書教學圖片數位高解析版

https://tao.pse.is/
seo-book-notion

3-1 | 關鍵字研究的四步驟

透過前面的內容我們能理解：

- 關鍵字是 SEO 流量基礎
- 選擇關鍵字就是選擇消費者，選擇正確的關鍵字才有機會成交

可以說關鍵字就是 SEO 的寶藏，而研究關鍵字的工作，SEO 人會稱呼為「關鍵字研究」，是 SEO 非常重要的工作。接下來我們就來聊聊關鍵字研究的細節。

為什麼關鍵字研究很重要？

關鍵字研究重要性在於，**我們可以一次攤開 50~100 組關鍵字進行評估，不會只看到一兩個看起來很吸引人的關鍵字就盲目執行 SEO**，或甚至根本不知道自己要進攻哪些關鍵字，就開始摸黑優化。

關鍵字研究是 SEO 策略的第一步，也是最重要的基礎。

關鍵字研究的流程

關鍵字研究是探索網站需要經營哪些關鍵字的研究，整個關鍵字研究的流程我會分為四個步驟：

- 找：找到大量關鍵字
- 查：查詢關鍵字搜尋量
- 整：整理關鍵字
- 選：選擇目標關鍵字

我們先找到海量的關鍵字（50~100 組），這是「**找**」。接著查詢關鍵字搜尋量，這是「**查**」。接下來我們會將關鍵字進行分類跟整理，幫助我們把類似的關鍵字抓在一起，這是「**整**」。經過了整理後，我們會根據《1-9 SEO 獲利：SEO 如何與商業模式搭配？》，搭配《2-6 總結：流量公式複習與練習》，我們就有辦法挑出網站需要的目標關鍵字了，這就是「**選**」。

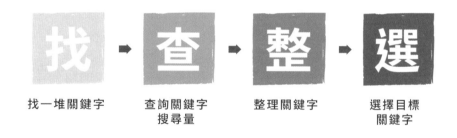

關鍵字研究流程

找一堆關鍵字　查詢關鍵字搜尋量　整理關鍵字　選擇目標關鍵字

關鍵字研究中的注意事項

以下提醒你進行關鍵字研究時的四個注意事項。

一、相似關鍵字要一起整理

假設研究主題中，「機械鍵盤」搜尋量為 4,400，「機械式鍵盤」搜尋量為 5,400。在關鍵字研究的過程中，很多字詞你會覺得：「欸！這個太

像了吧？根本是同個意思啊？那應該不用特地整理吧？」但對於 Google 來說，那兩個字很有可能是不一樣的，因此建議你都先整理起來，如果真的重複了，我們在第二個步驟「查詢搜尋量」時，就會被 Google Ads 排除掉，不用擔心。

二、先求有再求好

此外，在關鍵字搜尋的過程中，「先求有、再求好」的心態非常重要。畢竟篩掉無關的關鍵字不會花太多時間，但錯失好機會就太可惜了。每個關鍵字都是商機跟機會，值得我們好好把握。

三、工具不需要都精熟

做關鍵字研究的工具相當多，市面上常見就有 5~10 種；而好消息是：你不需要精熟所有的關鍵字搜尋工具，但我建議你都可以摸摸看，並從中挑出你喜歡的幾個工具跟方法即可。

四、關鍵字研究會不斷進行

關鍵字研究不是一次性買賣，如果看到新的機會、發現競爭對手有在進攻別的關鍵字，我們也應該評估後加入到關鍵字清單中。

理解關鍵字研究的流程後，接下來我們就能進入正式的關鍵字研究方法了。

3-2 │ 關鍵字研究 實戰演練

　　以下我會把關鍵字研究四個步驟完整走一次，在最後面會附上一張關鍵字研究的成品——「關鍵字地圖」，提供你參考。

找：找到大量關鍵字

　　找大量關鍵字這個步驟，任何方法只要可以產生大量關鍵字都是好方法。

方法一、用 Google 相關搜尋

　　以「發奶」這個關鍵字為例，當我們用 Google 搜尋這個關鍵字後，搜尋結果頁最下面會有很熟悉的相關搜尋，這邊通常會有八組關鍵字。而如果點裡面相關搜尋的關鍵字，就會找到另外八組關鍵字，也就是關鍵字數量會從 1 → 8 → 64 開始拓展。**這個起點的「1」就是關鍵字研究的線頭，我們透過線頭就像是抓粽子一樣，會抓起一串的關鍵字。**

　　我們可以把這些關鍵字通通複製下來，複製到筆記本中，只要重複做幾次，就能輕鬆獲得超過 100 組關鍵字。

圖：3-2-01

方法二、Keyword Tool

　　Keyword Tool[1] 是一個很實用的關鍵字研究工具，目前有提供免費版可以使用。當你把畫面中的語言跟地區設定好後，只要輸入線頭關鍵字，像是「發奶」，這個工具就能跑出上百個關鍵字了，非常厲害。你可以嘗試換不同的線頭，這樣要輕鬆獲得 200~300 組關鍵字，也是輕而易舉的事情。

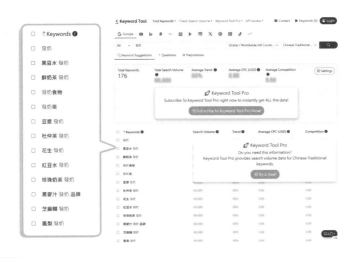

圖：3-2-02

方法三、Ahrefs

Ahrefs[2] 是知名的 SEO 付費工具，雖然價格不便宜，但實在非常好用，尤其是關鍵字研究的功能。以「發奶」這個關鍵字來說，跟母嬰產業相關，因此我們可以找一些母嬰產業 SEO 經營好的網站，透過 Ahrefs 的功能，直接窺探對手有做哪些關鍵字，非常暴力。

如下面畫面中，我們就看到許多可以當成新的線頭的關鍵字，如：「塞奶食物」、「追奶食物」、「退奶水果」、「哺乳 苦瓜」......，把這些線頭再透過方法一跟方法二，要獲得一千組關鍵字也是相當容易的事情。另一方面，Ahrefs 本身也有類似 Keyword Tool 的功能可以使用。

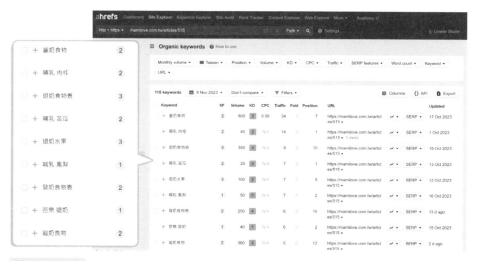

圖：3-2-03

方法四、ChatGPT

ChatGPT[3] 也是幫助我們做關鍵字研究的好幫手，我們可以對他提問：

- 你是一個 SEO 專家，請以「發奶」這組關鍵字為主軸，提供給我 30 組相關的關鍵字。

- 如果是一個懷孕中的媽媽,她可能對於哪些關鍵字會有興趣?
- 如果是一個懷孕中的媽媽,她可能對於哪些議題感到興趣?

接下來 ChatGPT 就會提供給你非常多相關字詞,而且很多字詞可能會超出我們原本預期的範疇,刺激我們的想像力,幫助我們找到新的線頭。

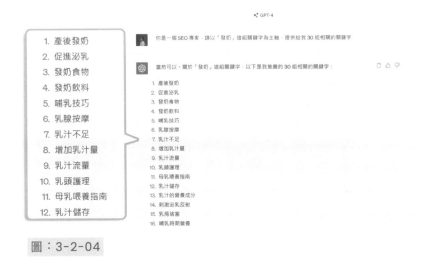

圖:3-2-04

小結:把關鍵字全部記錄下來

上述這些方法產生的關鍵字,不要害怕重複,除非是超級不相關的字詞,不然都把這些關鍵字記錄在你的 Word、Google Doc 等任何軟體中,這些關鍵字都是寶貴的礦砂,經過後續步驟就會被淘洗成黃金。

查:查詢關鍵字搜尋量

儘管很多關鍵字工具都會提供我們搜尋量,但通常需要付費,或者不見得準確,尤其是 ChatGPT 的搜尋量不見得準確,我建議最後都要回歸到 Google Ads[4] 統一跑搜尋量,又快又方便。

而所謂的「查」，就是把所有的關鍵字，丟到 Google Ads 的關鍵字規劃工具，取得關鍵字的搜尋量。關於查詢的方法可以參考章節《2-4 如何查詢關鍵字搜尋量？》。

整：整理關鍵字

整理關鍵字沒有什麼特殊方法，只要能幫助更容易辨識、篩選關鍵字即可，以下分享幾個常見的架構與步驟。

前置：優先篩選掉搜尋量過低字詞

因為我們找的關鍵字非常多，我們需要先快篩，把不重要的關鍵字排除；如果你發現你平均搜尋量大概是 1,000，那我覺得 200 以下的關鍵字都能先封存到另一個檔案。

如果你平均搜尋量低於 100，可能有以下推論：

- 不適合：可能你的產業搜尋量平均非常低，有可能不適合做 SEO
- 做錯了：可能你找的關鍵字太少，而且找到大量無效字詞，要重新做關鍵字研究
- 量少質精：可能你是 B2B 產業，搜尋行為很少，但每次成交都是鉅額金額，還是值得做 SEO

當我們把搜尋量過低的關鍵字剔除，原本可能是 200 組關鍵字，這個時候很快就變成 70 組以內了。

分類架構一：ChatGPT

有不錯的方式進行關鍵字整理，你可以把一堆關鍵字丟給 ChatGPT，然後請他分類：

- 請幫我將下列關鍵字進行分組
- 請根據使用者的搜尋意圖，幫我將下面關鍵字進行分類
- 請根據 XXX 分類方式，幫我將下面關鍵字進行分類

有的時候 AI 會給我們不錯或可以參考的分組方式；但有時候 AI 資料會錯誤，可以搭配別的架構作交叉檢查。

分類架構二：通用字、品類字、品牌字、競品字

另一個架構，我們可以根據行銷漏斗，將關鍵字分成通用字、品類字、品牌字，把關鍵字進行分類。以行銷漏斗來說，最簡單的分層是：

- 知道：消費者知道這個品牌
- 考慮：消費者考慮要不要買這個品牌
- 行動：消費者決定要不要買這個品牌

這個架構套用到 SEO 跟 SEA，就會變成：

- 知道：通用字（Generic Keyword）
- 考慮：品類字（Category Keyword）
- 行動：品牌字（Brand Keyword）、競品字（Competitor Keyword）

而上述這些字詞的意思，則如以下說明。

- 通用字（Generic Keyword）：離產品比較遠，跟消費者的需求跟問題有關
- 品類字（Category Keyword）：產品所屬類別，兵家必爭之地

- 品牌字（Brand Keyword）：品牌的獨有字詞
- 競品字（Competitor Keyword）：競爭對手的字詞

這個架構的好處是，多數的關鍵字都能用這個架構進行分類，非常實用；而我們也能從這個架構來判斷哪些關鍵字離成交比較近。

案例解說

這邊我舉個例子，假設我今天要賣的產品是「三星手機」，我從三星手機的立場進行關鍵字研究，那我的關鍵字分類就會是以下邏輯。

- 品牌字：三星手機、S2X Ultra、S2X 價格、S2X 評價
- 品類字：手機推薦、電競手機、5G 手機、安卓手機
- 通用字：拍 VLOG、拍影片、男友拍照技巧
- 競品字：Asus 手機、iPhone、小米手機

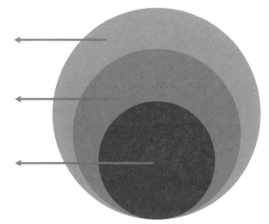

通用字 Generic Keyword	拍照技巧 男友不會拍照
品類字 Category Keyword	手機推薦 夜拍手機 電競手機
品牌字 Branded Keyword	三星 三星手機 S2X

分類架構三：搜尋意圖四分類

除了用行銷漏斗進行關鍵字分類，搜尋意圖四分類也是很不錯的分類方式。

所謂的搜尋意圖，就是使用者搜尋的動機，我們發現多數的使用者搜尋不外乎這四個動機：

- 導航型（Navigation Keyword）：為了「找到特定網站」而搜尋
- 交易型（Transaction Keyword）：為了「完成交易」而搜尋
- 資訊型（Information Keyword）：為了「獲得資訊」而搜尋
- 商業型（Commercial Keyword）：為了「研究商品」而搜尋

因此我們可以將所有找到的關鍵字按照上述進行分類，而這個架構好處在於，因為是按照搜尋意圖進行分類，所以後續我們撰寫內容的時候，可以順著這樣的分類進行撰寫。

案例解說

以下我舉個例子：

導航型：
- Apple 官方網站
- Samsung 官方商店
- OnePlus 客服

交易型：
- 台北 iPhone 購買
- Sony 線上購買

- Samsung Galaxy 訂購

資訊型：
- 手機可以玩 3A 遊戲嗎？
- 手機可以拍電影嗎？
- 如何幫女友拍照

商業型：
- iPhone VS Samsung Galaxy
- 202X 年度手機推薦

如果要對應到行銷漏斗的區分方法，我們會發現更多巧妙的關聯：

- 通用字：與**資訊型關鍵字**比較接近，他們都是離品牌比較遠的字詞，並且討論潛在消費者可能感興趣的主題。
- 品類字：與**商業型關鍵字**比較接近，消費者有想買產品、在找產品的相關字詞，但還沒有非常確定要買哪家品牌。
- 品牌字、競品字：如果是要找到特定的網站，則偏向是**導航型關鍵字**；如果是有要購買特定品牌的產品，則有可能對應到**交易型關鍵字**。

小結

關鍵字分類沒有固定的方法，只要你有自己喜歡的分類都可以；我自己喜歡用通用字、品類字、品牌字這個分類方法。

選：選擇目標關鍵字

到了最後一個步驟，就是要選擇想要的目標關鍵字，我這邊會建議選的方法如下。

品牌字優先

品牌字是最好做，也最應該優先做的；品牌可以先確認搜尋品牌的周邊字詞，品牌有沒有都獲得第一名，或至少前三名。

避開最競爭的

以新手、小網站來說，一個領域搜尋量最高的前三組字詞，新手都很難搶到。好比說：手機、手機推薦、奶粉、奶粉推薦。**新手建議從搜尋量中間的字詞開始挑，會做起來比較輕鬆**，也能盡快讓公司看到 SEO 的流量成果。

選擇搜尋量相對高的

避開最競爭的關鍵字後，下一步就是選擇裡面搜尋量相對高的字詞，這樣對於網站流量會比較有幫助。

容易成交的

如果你的品牌產品有特色，好比說有嬰兒奶粉主打寶寶喝起來不容易過敏、腸絞痛，那麼嬰兒過敏、嬰兒腸絞痛，就是品牌該優先選擇的關鍵字，因為品牌有優勢。如果你的網站已經有 Google Ads 關鍵字廣告的成效紀錄[5]，那麼你可以去觀看「搜尋字詞」中，有哪些字詞比較容易轉換，品牌可以從已經轉換過的關鍵字開始做。

品牌重視的

有些情況下，品牌會對一些搜尋量低、甚至沒有搜尋量的字詞特別重

視，只要老闆想做，SEO 團隊就可以排出 10~20% 時間來處理這些字，一般來說低搜尋量的字詞都很好做。

排定優化順序

選完字詞後，這些都會是我們的目標關鍵字，我會建議你可以排順序，從 1 開始排，這樣團隊後續優化就會有個優先順序。

查詢排名

如果你的網站已經開始做 SEO，那麼你會有一些關鍵字排名，你可以利用手動查詢或者工具的方式，看一下你選擇的關鍵字目前的排名狀況；如果排名已經到 1~3 名，就不需要優化了。

關鍵字研究實戰總結

這裡我放一張實務上會使用的關鍵字研究清單，我自己會稱呼為「關鍵字地圖」。當我們走完上述的流程，你可以得到這樣的關鍵字地圖，讓你後續 SEO 操作有憑有據，知道要去哪裡、要優化哪個頁面！

關鍵字地圖

分類	關鍵字	搜尋量	目前排名	挑選	優先順序
通用字_懷孕	懷孕初期注意事項	1600	100	v	6
通用字_懷孕	懷孕症狀	6600	100	v	7
通用字_懷孕	產檢次數	2900	100		
通用字_產後	退奶食物	5400	30	v	8
通用字_產後	發奶食物	3600	100	v	5
通用字_產後	產後運動	1900	20	v	4
通用字_嬰兒	嬰兒長牙	1900	100		
通用字_嬰兒	寶寶游泳	4400	100		
通用字_嬰兒	寶寶半夜哭鬧	390	100	v	9
品類字_奶粉	嬰兒奶粉	3600	100		
品類字_奶粉	有機奶粉	110	100	v	3
品類字_魚油	懷孕魚油	320	100	v	
品類字_魚油	懷孕魚油推薦	30	100		
品牌字	法蘭奶粉	1000	1		
品牌字	法蘭奶粉評價	200	10	v	1
品牌字	法蘭奶粉門市	100	5	v	2
品牌字	法蘭奶粉 PPT	80	100		
競品字	S27 奶粉	2000	100		
競品字	孔朝奶粉	2500	100		

圖：3-2-05

課後練習

請你根據你的產業進行關鍵字研究，產生一張關鍵字地圖，至少 20 組關鍵字。

———————

[1] Keyword Tool
   https://keywordtool.io/
[2] Ahrefs
   https://ahrefs.com/
[3] ChatGPT
   https://chat.openai.com/
[4] Google Ads
   https://ads.google.com/home/
[5] Google Ads 搜尋字詞報表
   https://support.google.com/google-ads/answer/2472708?hl=zh-Hant

3-3 | 短、中、長尾關鍵字 是什麼？

在 SEO 社群或者聽到 SEO 方案時，很常會聽到一個詞：長尾關鍵字（Long-tail Keywords[1]）。本篇文章來聊聊什麼是「長尾關鍵字」，以及對應的「中尾關鍵字」、「短尾關鍵字」。

關鍵字搜尋量分配

這邊我以「口紅」的相關關鍵字為例，我把口紅的相關字詞都列出來，並且排除掉品牌字，如 Gucci 口紅、YSL 口紅，因為這些關鍵字搜尋量很高，但對於非該品牌的人來說毫無意義，因此排除。畫面中 29 組關鍵字總搜尋量為 13,280，我們可以由多到少看到關鍵字搜尋量的分布狀態。

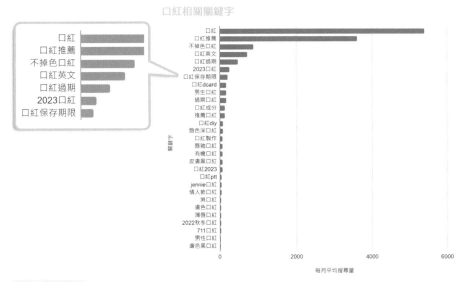

圖：3-3-01

短尾關鍵字（Short-tail Keyword）

我們很明顯能發現「口紅」、「口紅推薦」佔了絕大多數的搜尋量，其搜尋量為 5,400（41%）、3,600（27%），這些就是所謂的短尾關鍵字。一般來說，詞頭、短尾關鍵字會占該關鍵字串的 50~80% 的搜尋量，大致符合 80 ／ 20 法則，**這些搜尋量很大的字則常被稱為：「大字」、「短尾關鍵字」、「熱門字」。**[2]

長尾關鍵字（Long-tail Keyword）

而剩下的關鍵字則會被稱為「長尾關鍵字」（Long-tail Keyword），也就是剩下長長的一列關鍵字，這些關鍵字搜尋量不高，但積沙成塔，以上面的口紅舉例來說，剩下的關鍵字搜尋量加總後也有 32%，不能說少。

中尾關鍵字（Mid-tail Keyword）

有些人會切更細一點，會把介於短尾跟長尾的中間切出來，稱作「中尾」，像是畫面中的不掉色口紅、口紅過期、2023 口紅、口紅保存期限，以搜尋量評估，我們會將其分類為「中尾關鍵字」（Mid-tail Keyword），別稱「肥肚關鍵字」（The Chunky Middle）。

通常就是扣除掉搜尋量最高的 1~3 名後，緊接著就是中尾關鍵字。

怎麼應用短中長尾關鍵字分類？

根據許多國外 SEO 機構的定義，他們認為搜尋超過 10,000 的字詞算是短尾關鍵字，而搜尋量低於 20 的算是長尾關鍵字。我覺得這樣的定義固然有道理，但對於台灣來說不太好用；從上面案例我們會發現，就算是口紅這麼龐大的市場，在台灣每月搜尋次數也就 3,600~5,400，照這個定義連口紅都不算短尾了，但口紅、口紅推薦的競爭度跟熱門度，絕對是

短尾級別。

建議用順位來排序

那我會建議你怎麼使用這個分類呢？我覺得你選擇關鍵字詞頭後，會得到一連串的關鍵字，通常 1~2 名、1~3 名就是短尾字，**這種短尾關鍵字競爭度很高，不建議新手、新網站優先進攻**；不然成功率很低，挫折感很大。

而 3~10 名通常就是比較甜、競爭壓力沒那麼大的字詞，通常搜尋量會超過 200，這類字詞因為關鍵字長度比較長，要猜測搜尋意圖的難易度會低很多，也更容易獲得好排名。

剩下的關鍵字則是長尾字，這些關鍵字搜尋量可能只剩下 50 以下。我會建議如果有一篇文章可以剛好吃到某個長尾字，你可以把這個長尾字補到該篇文章中，藉此獲得排名。**但我不建議你特別針對長尾字去撰寫長篇內容，因為這樣投資報酬率太低了。**

短、中、長尾關鍵字的延伸思考

為什麼很多人建議從長尾關鍵字開始做？

為什麼很多 SEO 廠商或課程建議你從長尾關鍵字開始做？因為比較容易做，尤其多數網站剛起步時，整個網站的競爭力、對於 SEO 的熟悉度都很差，此時從長尾字開始做比較容易獲得排名，而且有些長尾字因為需求精準，也容易獲得轉換。

長尾關鍵字不見得長

值得一提的是：長尾關鍵字的關鍵字搜尋量低，而通常關鍵字也比較

長，但不意味著長尾關鍵字一定很長。如果某個關鍵字很長，但搜尋量卻超級高，儘管這個狀況極其罕見，我還是會稱呼其為短尾關鍵字。

許多人不會用中尾關鍵字這個說法

在我的經驗中，許多 SEO 夥伴不會特別提中尾關鍵字、短尾關鍵字。而在 Google Ads 裡面顯示，長尾關鍵字的每月搜尋次數為 590，而短尾關鍵字、中尾關鍵字的搜尋次數則是 0 次，確實比較少人搜尋。

但這不代表這個觀念不存在，只是台灣 SEO 圈比較少直接使用這兩個詞彙，而國外的討論比較多；但在台灣長尾關鍵字就很常用到了，所以一定要了解這個觀念。

[1] Long-tail Keywords:What They Are and How to Get Search Traffic From Them
https://ahrefs.com/blog/long-tail-keywords/
[2] Long-tail vs.Short-tail Keywords:What's the Difference?
https://ahrefs.com/blog/long-tail-vs-short-tail-keywords/

3-4 利用關鍵字研究評估是否適合做 SEO

　　做完關鍵字研究，我們通常就能判斷這個產業是否適合做 SEO 了。當今天有客戶提出 SEO 服務需求，我評估是否能合作，就會先進行關鍵字研究尋找關鍵字，以及評估是否有機會獲得好排名。若關鍵字研究的過程不太順利，那可能代表這個產業不太適合做 SEO、或是會做得很辛苦。

找不到關鍵字的時候

　　有些產業消費者不太會搜尋，或是關鍵字非常少，這個情況下就不適合做 SEO；但這個狀況蠻少見的，建議可以再多努力看看，或是多觀察競爭對手都做哪些字詞。

關鍵字搜尋量都太少的時候

　　如果你找的關鍵字搜尋量都 100 以下，而透過流量公式估算，你完全沒辦法接受這樣的流量，那麼也不適合做 SEO。

競爭對手太強的時候

　　如果你發現你選擇的關鍵字都太競爭，搜尋出來的競爭對手都是：momo、蝦皮、Yahoo、PChome、Agoda、Klook、Booking.com 等超級強的網站，換句話說就是你很熟悉的大品牌網站。這時候，你要有心理準備：你獲得排名的難度會很高，排名通常也不會太好看；**或是你要去**

找一些外圍的字詞，到一個沒有那麼多高手競爭的地方，這樣可以降低競爭度，獲得生存空間。

以上這些狀況都是對 SEO 比較不利的徵兆或指標，不代表你不能做 SEO，只是預期效果會比較差、比較辛苦，這個是網站主要有心理準備的。

第四章

SEO 先備常識
與網址技術

查看本書教學圖片數位高解析版

 https://tao.pse.is/
seo-book-notion

4-1 | 搜尋結果頁的 元素解析

在前面的章節我們理解了 SEO 的流量基本盤，接下來會繼續深入 SEO 的技術實戰、內容執行的技巧。但是這時候 SEO 還是有一些技術概念需要先理解，不難但要先學習好。

因此在這第四章中，我會先分享一些基本的 SEO 技術入門知識，有了這些概念，後面的 SEO 技術章節你會更得心應手。特別是網址、網域、SERP 這些概念，新手很需要知道。如果你已經對這個章節的知識內容都很熟悉，那可以快速翻過，直接進到第五章節。

SERP 是什麼？

在本書中很常提到「SERP」這個字詞，全名為 Search Engine Results Page，中文為「搜尋結果頁」。平常我們在 Google 搜尋完關鍵字後，就會看到很多個連結，我們點擊其中的一個連結就是「搜尋結果」（搜尋出來的結果），而整個頁面的搜尋結果彙整在一起，就變成「搜尋結果頁」（搜尋結果的頁面）。

所以許多人說：「你去看一下 SERP 別人怎麼寫」、「你去看這個關鍵字 SERP 的搜尋意圖」。這個意思就是去看一下某個關鍵字的搜尋結果頁，裡面都寫了什麼樣的資訊。

圖：4-1-01

SERP 與 Universal Search

　　Google 最上方有很多標籤分類，像是圖片、影片、新聞、地點、書籍、航班、購物，但 Google 也發現人們實在太懶了，不會頻繁使用這些分類，然而裡面卻有很多對於讀者有幫助的資料。因此後來 Google 推行了 Universal Search（整合搜尋）[1]，把這些分類的結果根據每個關鍵字的屬性，直接放到 SERP 中。

　　好比搜尋「牛排熟度」，Google 評估你會想看到牛肉熟度的圖片，所以在搜尋結果頁就直接把圖片加進來了。

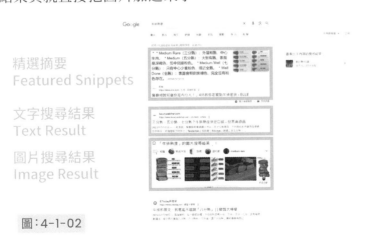

圖：4-1-02

好比搜尋「牛肉麵」，Google 評估你會想吃附近的牛肉麵，以及了解牛肉麵的卡路里，所以放了地點的牛肉麵商家檔案，也放了牛肉麵的知識圖譜（Knowledge Graph）。

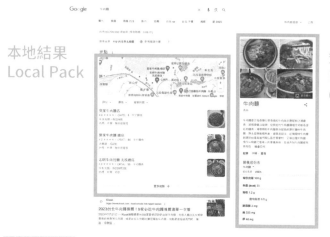

本地結果
Local Pack

知識圖譜
Knowledge
Graph

圖：4-1-03

SERP 元素介紹

透過上面的介紹，我們明白 SERP 裡面有很多元素，**以下會介紹 SERP 的常用元素，裡面會有許多元素就是 SEO 的調整機會**。隨著人們使用習慣的變化，這些元素會不斷增加、改變，只需要了解概念就好了。儘管下方名詞看起來有點陌生，但在日常生活使用 Google 的過程，通常你早已經都接觸過了！

- **付費廣告（Paid Result）**：付費版的搜尋結果。
- **精選摘要（Featured Snippets）**：顯眼的第一名，會直接把跟查詢詞相關的答案跟資訊提供給使用者，是許多 SEO 的夢中情人。
- **知識圖譜（Knowledge Graph）**：提供查詢詞的相關知識訊息，像是演員年紀、食物熱量、歷史資訊等。

- **新聞結果（News Result）**：與查詢詞相關的新聞文章。
- **購物結果（Shopping Result）**：與查詢詞相關的商品或購物廣告，通常是付費版位。
- **別人也在問（People Also Ask）**：一系列與查詢詞相關的問題和答案。
- **網站連結（Sitelinks）**：在某些自然結果下面，會看到一系列的子連結。
- **應用程式結果（App Result）**：與查詢詞相關的 APP。

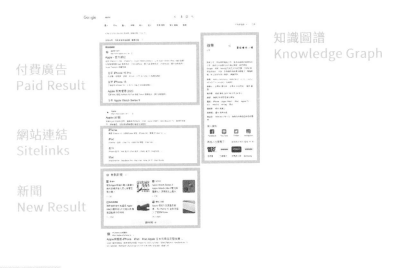

圖：4-1-04

- **文字搜索結果（Text Result）**：我們最常使用的文字自然搜尋結果。
- **影片結果（Video Result）**：與查詢詞相關的影片。
- **商家檔案（Business Profile）**：以前叫做我的商家，現在叫做商家檔案；這會出現在 Google 地圖上。
- **飛行訊息、電影時刻、事件等（Direct Answers）**：對於某些查詢詞，SERP 可能會直接提供答案。

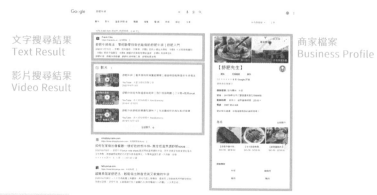

文字搜尋結果
Text Result

影片搜尋結果
Video Result

商家檔案
Business Profile

圖：4-1-05

- **複合式搜尋結果（Rich Result）**：因為網頁中的圖片、結構化資料、其他資源，呈現複合式的搜尋結果外觀。
- **圖片結果（Image Result）**：與查詢詞相關的圖片。
- **地點資訊（Local Pack）**：如果是地點查詢詞，搜尋引擎會顯示這個欄位，幫助使用者取得在地資訊。

圖片搜尋結果
Image Result

圖：4-1-06

[1] 更好地利用整合搜索
https://developers.google.com/search/blog/2007/05/taking-advantage-of-universal-search?hl=zh-cn

4-2 │ SERPO 技巧： 用 SEO 替品牌帶來信任感

SEO 是信任感的基礎，信任是行銷的基礎

在章節《1-6 做 SEO 對品牌的五大好處》中我提到「SEO 帶來信任感」，這邊我想進一步討論。今天如果一個品牌、一個人名你沒有聽過，我們最常見的方法就是 Google 搜尋。這個時候如果能搜尋到他的官網，點進去發現人模人樣，我們多半會放心很多。如果搜尋時旁邊還會顯示維基百科的版塊、Facebook、IG，甚至還有別的部落客、媒體的推薦文章出現在搜尋結果頁（SERP），那是不是就更讓人放心了？

相對的，如果今天我們搜尋不到任何的官網、使用者評價、媒體報導，我們對於這個品牌或人物，是不是就比較擔心，想說這到底是什麼樣的公司？網路上一點消息都沒有？跟他買東西真的能放心嗎？

在行銷中，這就是品牌數位資產的重要性，**利用 SEO，良好的品牌數位資產更容易被消費者所發現，進而產生信任感。**

因此很多人很喜歡講：

- 如果你搜尋「公關公司」，我們公司就在前三名。
- 如果你搜尋「離婚律師」，我們律師會出現在第一頁。

因為出現在搜尋引擎的前面頁數，就天然會有種信任感跟權威感，這種信任感對於降低消費者的摩擦力是非常重要的。例如今天你搜尋「SEO 白話文」，裡面會看到：

- Hahow 課程網站：可以直接購買課程
- Frank Chiu 官方網站：可以閱讀免費的 SEO 文章
- 學生自發性的部落格評價文：提供消費者證言跟評價

圖：4-2-01

　　這樣的布局背後代表著什麼呢？這代表今天如果有人對於我的「SEO 白話文」感到好奇，他只要搜尋一次，就可以獲得：

- 購買管道
- 免費試看資源
- 使用者評價

　　當消費者看完這些內容後，如果認為這樣的課程對於自己有幫助，也有很多的第一方跟第三方資源來降低他的疑慮；如果想購買，搜尋完也馬上有購買連結，不需要做第二次查詢，**我認為這就是一個好的搜尋結果頁布局，也有人稱這叫做 SERPO（Search Engine Results Page Optimization），也就是將整頁搜尋結果頁都進行優化跟調整。**

　　結論：經營好的品牌字跟產品字，讓消費者一搜尋你的品牌，都能看到最棒的、最適合的資訊！

實戰技巧：怎麼做好 SERPO ？

那麼要如何做好 SERPO 呢？這邊直接講實際做法。

一、一個 SERP、一個網域、一個結果

由於搜尋引擎上一個關鍵字的 SERP，同一個網域通常只能獲得一個搜尋結果；所以一個網站就算寫 100 篇同一個關鍵字 A 的文章，在關鍵字 A 的搜尋結果頁（SERP）也只能獲得一個搜尋結果。

這個看起來很反直覺，但非常的合理，你可以想想看：你想要搜尋一個關鍵字，但結果都是某一個網站的內容會怎樣？這樣的搜尋體驗是不好的。

二、佈局多網域

因此想要讓一個 SERP 上面有許多你網站的內容，就不能只在自己網站瘋狂使勁，還要多布局別人家的網站。

常見的資源類型有：

- **新聞媒體**：利用新聞報導
- **通路網站**：電商網站、通路平台
- **社群平台**：Facebook、Instagram、TikTok 也都是不同的網域
- **部落客**：各家不同的部落客
- **YouTube**：影片也會出現在搜尋結果頁
- **關鍵字廣告**：關鍵字廣告是搜尋結果的額外名額，必要時應該下品牌字的關鍵字廣告
- **其他**：其他可控制網站

三、佈局多類型媒體

除了文章以外，SERP 上面有諸多類型的資料呈現，像是圖片、影片、商家檔案等，準備這些多類型的媒體，也是讓 SERP 變得更加豐富的技巧。

- **影片**：YouTube、Facebook 影片也會出現在 SERP
- **圖片**：撰寫好圖片的替代文字（alt）跟圖片說明，有時會出現在 SERP 上
- **Google 商家檔案**[1]：Google 商家檔案務必要建立，並且填寫好資訊、管理好評分狀態

像是我的案例，裡面就有：
- Hahow：通路
- YouTube：課程影片
- 學員部落格：部落客

四、常用在品牌字上

聰明的讀者就會發現，SERPO 蠻燒錢的，因為要經營很多額外的內容跟資源，所以通常 SERPO 只會用在最關鍵的關鍵字，像是品牌字、公司產品字上面。

五、定期維護跟監測

由於 SERP 每過幾個月就會有變化，針對重要的關鍵字，建議雙週或每個月都要定期檢查 SERP[2]，看上面的有沒有需要加強或改善的地方。

––––––––––

[1] Google 商家檔案
https://www.google.com/intl/zh-TW_tw/business/
[2] 客戶主動找上門！全面佈局的搜尋引擎行銷策略：小黑老師這堂課對於 SERPO 有更詳細的教學
https://hahow.in/courses/627b661775d62f000737a824

4-3 │ SEO 必備的
　　　　查看網頁原始碼工具

　　想要檢查自己網站的 SEO 重要標籤（如：Title、H1、H2...... 等等）有沒有設定好？想要看看競爭對手的網頁寫了什麼？這些都對 SEO 的實戰非常重要，所以這一篇文章要先跟大家分享所有想學好 SEO 人都要會的技巧：可以查看網頁原始碼的「F12 網頁開發工具」。

先別怕程式碼：看懂了就不難

　　如果你是使用 WINDOWS 電腦，不知道有沒有這樣的經驗，本來要按 F11 的全螢幕功能，結果不小心按到了 F12，畫面跑出來了好多程式碼，還以為是什麼東西壞掉了。實際上這個畫面叫做網頁開發者工具，在 Chrome 跟 Edge 按 F12 都會跑出這個畫面。

　　好比說下面這個畫面即是我的某個網頁按出 F12 的效果，裡面好像有非常多元素，看起來好可怕。但不用慌張！作為 SEO 初學者的我們，我們只需要學幾個關鍵功能就夠了，非常簡單輕鬆！

F12網頁開發者工具

圖：4-3-01

利用 elements 檢查標籤是否設定正確

一開始點開的預設畫面是 elements，這也是 SEO 最需要了解的功能。Elements 就是元素的意思，這個功能是讓開發者來查看、修改 HTML 或 CSS 所使用的。對於 SEO 來說，可以幫助我們去看網頁中的程式碼是什麼，以及有沒有正確設定。

圖：4-3-02

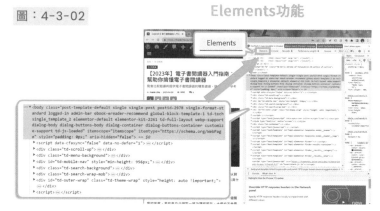

好比說，我可以在下方的搜尋按鈕搜尋「title」，去看我的 title 寫了什麼。我們可以看到畫面顯示：<title>【2023 年】電子書閱讀器入門指南：幫助你搞懂電子書閱讀器 –Frank Chiu</title>

這是我設定好的 title 沒有錯，檢查正確。

圖：4-3-03

再舉個例子，我想了解我的「description」有沒有設定正確，就在 elements 中搜尋「description」，我得到了：<meta name="description" content=" 我會比較粗暴的提供電子書閱讀器的購買建議，提供給新手參考 " class="yoast-seo-meta-tag">

這也跟我設定的「description」資訊相同，檢查正確。

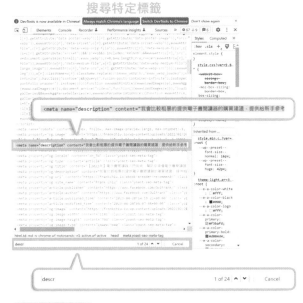

圖：4-3-04

檢查箭頭：查看網頁上元素對應的程式碼

除了從 elements 可以用搜尋找到程式碼以外，我們也能從網頁上去點選我們想要確認的程式碼內容。我們到開發者工具的左上角，會看到這個「檢查箭頭」。我把它叫做檢查箭頭，是因為這個檢查箭頭可以讓我選取網頁上的元素，然後「檢查」它背後有什麼程式碼。

像是我想了解自己一篇文章標題背後的程式碼是什麼，我就把這個「小箭頭」放到文章標題上，這個時候 elements 就會自動跳到對應的程式碼上了。畫面中顯示：<h1 class="entry-title">【2023 年】電子書閱讀器入門指南：幫助你搞懂電子書閱讀器 </h1>

這也跟文章標題的資訊符合，文章標題確實是用 h1 沒錯，檢查成功。

選擇特定標籤

圖：4-3-05

框選右鍵：檢查網頁上元素對應的程式碼

除了檢查箭頭以外，我們還可以把網頁上想要檢查的元素「框起來」，然後按右鍵，選取「檢查」。這樣我們也能得到跟檢查箭頭相同的效果，檢查到那個元素對應的程式碼是什麼。

以畫面中的例子來說，我把文章標題「【2023 年】電子書閱讀器入門指南：幫助你搞懂電子書閱讀器」框了起來，然後按右鍵，選取檢查。

右鍵「檢查」

圖：4-3-06

接下來也跳到了對應的程式碼（h1、header 1）標籤，檢查成功。

右鍵「檢查」

圖：4-3-07

一、MAC 使用者如何找到開發工具

MAC 使用者可以參考以下資訊找到開發工具，以下內容引用自蘋果官網[1]。

如果你是網頁開發者，Safari「開發」選單提供了工具供你使用，確保你的網站能在採用各種標準類型的網頁瀏覽器上正常運作。若你在選單列中沒有看到「開發」選單，請選擇 Safari>「設定」，按一下「進階」，然後選取「在選單列中顯示『開發』選單」。

二、檢查 GTM 跟 GA 代碼也能使用 F12

想檢查 GTM、GA 的程式碼是否有正確安裝[2]，也能利用這個開發者工具進行查看哦！

---

[1] 在 Mac 上的 Safari 中使用「開發」選單內的開發者工具
https://support.apple.com/zh-tw/guide/safari/sfri20948/mac

[2] 使用 Chrome 開發人員工具檢查代碼
https://support.google.com/campaignmanager/answer/2828688?hl=zh-Hant

4-4 網址是什麼？
SEO 最大地雷跟核心基礎

　　網址（URL）是 SEO 中非常基本且重要的觀念，我們每天都在使用無數的 URL，但未必會知道 URL 的細節。而這些細節對於提升 SEO 的觀念卻是非常重要的。這個章節我們就來完整搞懂「網址」的細節吧！

網址是什麼？

　　網址（URL）就像是一個網際網路上的街道地址，可以讓我們在茫茫的網路世界中找到獨一無二的網頁。URL 是「Uniform Resource Locator」的縮寫，直譯過來就是「統一資源定位地址」，它代表網際網路上每一個頁面的唯一地址。

　　好比說：「財政部臺北國稅局士林稽徵所」的地址是「台北市士林區文林路 546 號 3F」，這意味著我們可以在這個地址，找到士林稽徵所。以我的這篇文章《怎麼看網頁原始碼？ SEO 人必會的網頁開發者工具（F12）》，它的地址就是「https://frankchiu.io/seo-f12-dev-funtion/」，換句話說，只要你能輸入這個地址，就能找到我這篇文章。

網址就是地址，一個字都不能動

　　明白了網址（URL）就是地址，那麼我們就能理解一件事：「網址動了一個字、一個詞，就是天翻地覆的變化。」

- 舉例一：這兩個網址差了一個「/」，所以這是不同的網址。

https://frankchiu.io/seo-f12-dev-funtion/
https://frankchiu.io/seo-f12-dev-funtion

- 舉例二：這兩個網址差了一個「s」（https vs http），所以這是不同的網址。

  https://frankchiu.io/seo-f12-dev-funtion/
  http://frankchiu.io/seo-f12-dev-funtion/

- 舉例三：這兩個網址差了一組「seo/」，所以這是不同的網址。

  https://frankchiu.io/seo-f12-dev-funtion/
  https://frankchiu.io/**seo**/seo-f12-dev-funtion/

- 舉例四：這兩個網址差了一組「www」，所以這是不同的網址。

  https://frankchiu.io/seo-f12-dev-funtion/
  https://**www**.frankchiu.io/seo-f12-dev-funtion/

- 舉例五：這兩個網址差了一個「-」，所以這是不同的網址。

  https://frankchiu.io/seo-f12-devfuntion/
  https://frankchiu.io/seo-f12-dev**-**funtion/

- 舉例六：這兩個網址差了一個「_」，所以這是不同的網址。

  https://frankchiu.io/seo-f12-dev-funtion/
  https://frankchiu.io/seo-f12-dev_funtion/

　　上述這幾種網址看起來都很像，但不一樣就是不一樣，**改了一個字就是不同的網址了，對於搜尋引擎來說就是「不同的網頁」。**

　　就像是士林稽徵所地址是「台北市士林區文林路 546 號 3F」，「台北市士林區文林路 542 號 3F」那能是同個地點嗎？顯然不是，這樣大家會迷路、找不到該去的地方。因此，有些網站主會想要修改網址，認為「只改一咪咪」，應該沒問題吧？錯了，當你修改後，這就是一個新的地址，

原本的地址就會消失。

網址是在搜尋引擎遊戲中，最基本的競爭單位

為什麼我要花這麼多力氣討論網址？原因是因為：**網址在搜尋引擎遊戲中是最基本的競爭單位。**

我們搜尋一個關鍵字（Keyword），搜尋結果頁（SERP）會跑出前十名的搜尋結果（Search Engine Result）。每一個搜尋結果都是一個網址，也就是說，單一網址就是競爭的最小單位，它們就是在搜尋引擎這場比賽的運動員。當這個網址（運動員）被影響，就產生諸多負面影響，好比以下的內容。

修改網址會影響索引

搜尋引擎的排名就是一場競賽，運動員 A 要比賽，就需要先登記報名要參加比賽，如果成功登記了，這就代表此運動員 A 成功被「索引」（Index）了，加入了競爭的起跑線。

而如果今天我們把網址換掉了，像是多一個 s、多加一層資料夾（如 seo/），就會導致網址更動，讓網址必須從零開始！運動員 A 不再是當初的運動員 A，因為 URL 不同了，必須重新報名比賽才可以。**這就是更換網址導致索引要重新來過。**

修改網址會影響排名

為了能讓這個運動員在搜尋競爭中勝出，我們需要幫這個運動員提供更好的裝備，像是讓內容更符合搜尋意圖、更豐厚的內容、更優質的反向連結等等。上述這些努力都會累積在「那個網址」上面，讓這個網址的競爭力逐漸提升。**但如果換網址了，原本獲得的好成績，也因為人不同了，所以一筆勾銷，就是這麼可怕。**

所以如果非必要，請不要亂改網址，這樣的代價非常高！

搜尋引擎認網址、不認內容

我們需要記得：**搜尋引擎只認網址、不認內容**，當網址不一樣、內容一樣，對我們讀者來說可能一樣，但對搜尋引擎來說就是不一樣，搜尋引擎還是會把這頁當成新的內容，讓排名重新來過。

網址的經營技巧

沿用網址有好處

因此 SEO 會推薦網站主可以沿用同一組網址進行修改，而不要每次都重新創一個網址，讓競爭每次都重新開始。也就是說，**如果想要更新內容，就會建議在原本的舊網址進行修改就好，而不要另外創建一個新的網址。這樣舊網址的優勢就能不斷被累積，會是更有效益的作法。**

如果要修改網址該怎麼做呢？

儘管修改網址有很多的負面影響，但有的情況下我們還是必須要修改網址。有時候是因為要網站改版，需要大幅修改很多網頁的網址結構；又或是因為一些原因想要調整單獨網址的命名方式，所以想要修改網址。那我們有什麼方法可以把修改網址的傷害降到最低呢？

答案是 301 轉址（301 Redirect），這是一種轉址方式，可以幫助搜尋引擎知道：我從 A 網址搬家到 B 網址了。你可以搜尋 301 轉址找到相關的技術文件 [1]，修改網址帶來的傷害就可以減輕。

另一方面，如果那個網頁才剛生成，在 SEO 上沒有累積性，這個時候你直接修改網址問題也不大，幾乎沒有損失，這個時候就放心修改網址、或重新上架一個頁面吧！

如果要大量修改網站的網址呢？

如果你要大量修改網站的網址，那就會牽涉到「網站搬家」、「網站改版」的大問題了。

這個時候你需要把 SEO 納入考量，確保每個重要網址都能被妥善轉址，這樣才能把你之前的好成效保留下來，關於網站搬家的 SEO 處理方式，可以參考我的線上文章，《談 SEO 網站搬家、網站改版：讓流量一夕暴跌的 SEO 核彈級災難》，裡面會說明網站搬家應該如何規劃網址變化 [2]。

怎麼撰寫好的網址？

要怎麼撰寫出簡潔好懂的網址，可以參考章節《4-9 怎麼撰寫好的網址命名與網址結構？》。

---

[1] 重新導向與 Google 搜尋
    https://developers.google.com/search/docs/crawling-indexing/301-redirects?hl=zh-tw
[2] 談 SEO 網站搬家、網站改版：讓流量一夕暴跌的 SEO 核彈級災難
    https://frankchiu.io/seo-website-migration/

4-5 HTTPS：
為什麼網站安全性很重要？

網址的組成

之前分析過網址是什麼之後，現在我們來討論網址的組成。我們先從一個比較簡單的例子開始，請看以下網址範例：https://www.example.com/seo/url-intro/

我們可以把它拆解成：

- 協議（Protocol）：https://
- 網域名稱（Domain Name）：www.example.com
- 路徑（Path）：/seo/url-intro/

先不要太害怕這些專有名詞跟元素，因為這些都是我們日常使用網路中很常見的要素，接下來我們就來一一介紹這些元素，包含：協議、網域、路徑、參數的概念，他們對於我們理解 SEO 的技術細節會大有幫助。

這本書的定位並不希望談太艱澀的技術，只會談初學者最必要的基礎知識，以下的介紹會點到為止，相信你都能理解的，並且大大提升你的SEO 素養。

協議（Protocol）：https:// 為什麼很重要？

我們常常看到網址最前面的 https，而如果我們點的網址前面是「http」，瀏覽器還會跳出來「不安全警告」，那麼 http 跟 https 差在哪裡？

HTTP（Hypertext Transfer Protocol）是一種用於網際網路上傳輸超文本的協議。當我們在網頁上點擊連結或輸入網址時，就像我們在寫信給網頁伺服器，詢問伺服器是否有我們需要的資訊。這封信裡包含了我們要求的內容、方式和其他相關訊息。在這個通訊的過程中，瀏覽器（我們寄件人）和網頁伺服器（收信人）之間需要遵守一個共同的溝通協定，就像是我們開車要遵守交通規則一樣，這個共同協定就是 HTTP，讓我們可以跟網頁伺服器溝通。

那 HTTPS 則是 Hypertext Transfer Protocol Secure，多的這個「Secure」則是代表安全性，HTTPS 就是 HTTP 的安全版本，**使用了傳輸層安全性協定（如 SSL 或 TLS）來確保數據傳輸的安全性，像是信用卡號碼、網站帳號密碼等資訊**。這個 HTTPS 協議，在網址中則會被表達為：「https://」。

HTTPS 的 SEO 操作重點

一、使用 http:// 對排名會有負面影響

由於 http:// 對於使用者來說會有安全性疑慮，讓使用者在搜尋時暴露在危險之下，這當然是糟糕的搜尋體驗。因此，Google 針對 http:// 的網站是會扣分的！安全跟隱私是底線，所以網站一定要記得購買安全性憑證，讓網站變成 https://，這很重要！

如果你在使用網路時，看到 http:// 的網址，也建議不要瀏覽、更不要輸入帳號密碼、甚至信用卡等資訊，安全上很有疑慮。

圖：4-5-01

二、http:// 網址需自動轉址到 https://

有些人將網站升級到了 https://，但卻忘記處理了原本的 http://。你是否還記得我們在前面章節提到的，網址就是地址，多一個字、少一個字，都是不同地址。

而當我們「多」產出了 https:// 的網址，原本的 http:// 依舊存在。這個時候我們需要請網站工程師將 http:// 的網址，利用 301 轉址，將 http:// 的網址都轉移到 https:// 上，詳細資料你可以在 Google 搜尋「http 轉址 https」[1]，就會有很多步驟跟設定讓你參考。

三、如何檢測網站的安全性？

除了看網址上有沒有 https:// 以外，你還可以搜尋「SSL 憑證測試」，去檢測你的網站是否足夠安全。我這邊提供 Go Daddy 的檢測服務，供你參考。

名稱：SSL 檢查工具 | 免費的憑證測試工具 -GoDaddyTW[2]
網址：https://tw.godaddy.com/ssl-checker

[1] 如何設定網頁轉址
　　https://docs.gandi.net/zh-hant/domain_names/common_operations/web_forwarding.html
[2] SSL 檢查工具 | 免費的憑證測試工具 -Go Daddy TW
　　https://tw.godaddy.com/ssl-checker

4-6 | 網域是什麼？
SEO 該注意細節

網域的結構組成

▪ 範例：https://www.example.com/seo/url-intro/
　· 協議（Protocol）：https://
　· **網域名稱（Domain Name）：www.example.com**
　· 路徑（Path）：seo/url-intro/

　了解 HTTPS 協議後，接下來我們來談談網域名稱。以上面的舉例來說，網域名稱就是「www.example.com」。更精確地說，這個網域名稱還能進一步區分：

▪ 子網域（Subdomain）：www
▪ 次級域名（SLD）：example
▪ 頂級域名（TLD）：.com

　當中的「example」是次級域名（second-level domain，SLD），你可以取自己喜歡的名字；而後面的「.com」則是一種頂級域名（top-level domain，TLD）。而「www」則做為「example.com」的子網域。

　綜合上述，我們可以解釋：「www.example.com」，表示一個名為「example」的網站，它使用「www」作為子網域，並且使用「.com」作為頂級域名。讓我們來一個一個解說。

域名是什麼？

域名就是網域的名字，像是舉例網站的名字叫做 example.com，我們可以把這個名字拆解成。

- 次級域名（SLD）：example
- 頂級域名（TLD）：.com

次級網域、二級域名（SLD）

次級網域（SLD）位於頂級域名之前，是網站的主要識別部分。這是我們能發揮各種創意的地方，也就是為自己取一個名字。我自己的網站名稱叫做 frankchiu，三星的網站就叫做 samsung，如果你想要幫自己取一個亂碼，像是 frac1335and 也沒問題，但有些人可能會因此覺得你的網站比較不值得信任。

頂級域名、一級域名（TLD）

頂級域名（TLD）是域名中的最後一部分，通常表示網站的類別、組織或國家、地區。而這個的限制就比較多了，我們通常只會選擇現有常見的頂級域名選項。

這邊也介紹一些常見的域名。通用頂級域名（**Generic Top-Level Domains，gTLD）：這是最常見的類別，用於表示不同類型或組織的網站。**

- .com：用於商業和商業組織
- .org：用於非營利組織
- .net：用於網路基礎設施和網絡服務
- .edu：用於教育機構
- .gov：用於政府機構

國家頂級域名（Country Code Top-Level Domains，ccTLD）：這些頂級域名代表特定的國家或地區。

- .tw：台灣
- .us：美國
- .uk：英國
- .cn：中國
- .jp：日本
- .ai：安圭拉（Anguilla）
- .io：英屬印度洋領地

網域的 SEO 注意事項

一、通用頂級域名可以跟國家頂級域名同時使用

通用頂級域名可以跟國家頂級域名混合使用，好比說，台灣行政院的網址是「https://www.ey.gov.tw/」，就是將 .gov 與 .tw 組合在一起，這也代表這是台灣、政府單位的意思。

另一方面，**儘管很多頂級域名只是代表地區，但大家也會看英文字母本身的意思**，像是「.ai」是代表安圭拉這個地區，但因為 ai 跟人工智慧 AI 一樣，導致「.ai」的網域價格水漲船高。我自己使用的「frankchiu. io」的「.io」是印度洋（Indian Ocean）區域的意思，但很多科技人士覺得 .io 很簡潔乾淨，也變成一些人很喜歡使用的域名。

二、如果要做國外市場，不建議使用「.tw」

由於「.tw」有很強的地區屬性，因為只有台灣人會想要使用這個國家頂級域名；相對的，像是 .ai、.io 這種則不會，因為多個國家的人都在使

用，就不會有在地性的問題。因此，**如果你的目標市場不只台灣，還想跟美國、日本、東南亞做生意，我不建議選擇 .tw 的域名，而是選擇更國際化的域名，如 .com、.co。**

三、哪裡可以買網域？

我們可以在網域註冊商（Domain Registrar）購買網域，像是 GoDaddy、Namecheap、Gandi，不同名稱網域的價格不一樣，你可以在上面尋找自己喜歡的名稱跟價格。有一些冷門的域名會賣得很便宜，但「長相」可能就沒那麼吸睛，這可能會影響消費者的信任感，網站主可以自己評估。

不過值得注意的是：有些網域註冊商第一年會打很大的折扣，但通常第二年就會恢復原價，所以購買網址時建議特別注意往後的價格，以免短期賺了，長期卻當了冤大頭。

子網域是什麼？

現在我們理解了網域的本體了，那麼網址中的「www」是什麼呢？這個時候我們就需要介紹「子網域」（Subdomain）了。子網域（Subdomain）是域名的一個組成部分，位於主域名之前，並用點（.）進行分隔。子網域是用於區分和組織網站內的不同部分、服務或功能。**如果一個主網域是一個校園的話，我們可以把校園中不同的區域，給予不同的名稱，這就是子網域。**

用前面的網址為例，我們的主域名是「example.com」，那麼子網域可能是如下的形式：

- ▪ 「www.example.com」中的「www」是一個子網域，通常用於表示網站的前綴，用於提供 World Wide Web（WWW）服務。
- ▪ 「blog.example.com」中的「blog」是一個子網域，用於表示網站

的部落格區域。

- 「shop.example.com」中的「shop」是一個子網域，用於表示網站的商店區域。

子網域提醒：

- 子網域不是必要的，你可以選擇不要有子網域
- 子網域名稱可以自由命名
- 多個子網域 GA 追蹤資料會比較麻煩一點，非必要不建議用；建議用資料夾結構比較省事

www 是什麼？

而我們在網址中常常看到的「www」，讀音做「triple w」。這個「www」是常見的子域名，通常用於表示網站的前綴，表示這是一個 World Wide Web（WWW）服務器。在過去大家的網域名稱通常都會包含 www，像是「www.example.com」，但在最近許多人會省略網址中的「www」，只使用「example.com」作為域名，可以更加簡潔，這被稱為裸域（Naked Domain）或者非 www 域（Non-www Domain）。

提醒：注意 www 與 non-www 不能都存在

需要提醒大家的是，「example.com」與「www.example.com」就是不同的網址，會建議網站主選擇其中一種作為主要的網址，另一種則 301 到主要網址。詳情你可以上網搜尋「www non-www 轉址」[1]，就能找到相關的技術細節。

---

[1] 網頁轉址：轉什麼？為什麼？如何操作？
https://news.gandi.net/zh-hant/2020/06/web-forwarding-what-why-and-how/

4-7 | 網址路徑是什麼？ SEO 該注意細節

- 範例：https://www.example.com/seo/url-intro/
  - 協議（Protocol）：https://
  - 網域名稱（Domain Name）：www.example.com
  - **路徑（Path）：seo/url-intro/**

前面講完了協議跟網域後，接下來我們繼續探討下一個元素「路徑」。如果說前面的網域名稱代表著一個校園，網址路徑就是代表裡面教室的具體地址。假設要去保健室，我們從校園門口出發，我們要經過操場，要經過化學教室，最後才能抵達保健室；這中間的過程（門口＞操場＞化學教室＞保健室），就是抵達保健室的「路徑」。

以這個示範網址「https://www.example.com/seo/url-intro/」來說，它經過了「seo」這個地方，最後抵達了「url-intro」；而「/」則區分著不同的資料夾。

網站的結構組成

在這裡我們也同步分享網站的結構組成：網站就是由資料夾們所組成的集合，這些資料夾中會有另一個資料夾，來收納跟整理，藉此組成上下層的目錄關係。從這個角度來看，前面這個網址「https://www.example.com/seo/url-intro/」代表的意思即是：在「seo」這個資料夾下面，有一個「url-intro」的資料夾。

如果有另一個網址叫做「https://www.example.com/seo/website-structure/」，就代表在「seo」這個資料夾下面，有一個「website-structure」的資料夾，而「website-structure」跟「url-intro」則屬於同一個「seo」資料夾。

在網址結構中，我們則利用「/」來展示目錄的階層結構，表達路徑關係；而資料夾也能被稱做「子目錄」。如果有個網址「https://www.example.com/robots.txt」，我們會稱「robots.txt」這個檔案位於「此網站的根目錄」，也就是第一層目錄的意思。

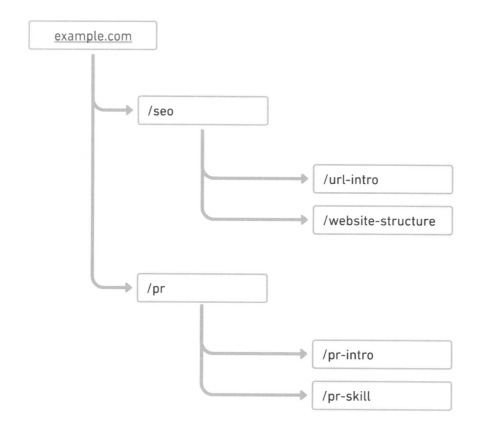

網址層數盡量越少越好

　　理解了網址與資料夾的關係，**那麼我們就可以了解一個 SEO 的建議：網址層數不要太多**。網址層數太多，這對於使用者跟搜尋引擎來說都不喜歡，好比：https://www.example.com/article/seo/skill/know-how/101/must/url-intro/

　　這樣的網址結構是不是就顯得很雜亂？且沒有必要。

　　建議可以嘗試改成：

- https://www.example.com/article/seo-url-intro/
- https://www.example.com/seo-url-intro/

　　因此業界通常會建議網址架構維持整潔，這也是 WordPress 架站對於 SEO 來說是很友善的原因之一，因為它基本設定的網址架構都比較乾淨整潔。

4-8 | 網址查詢參數與 SEO 注意細節

- 範例：https://www.example.com/seo/url-intro/?fbclid= IwAR0PAqWpGT5_PoHIsLnDvfJYfVoJ
  - 協議（Protocol）：https://
  - 網域名稱（Domain Name）：www.example.com
  - 路徑（Path）：seo/url-intro/
  - **查詢參數（Query Parameters）：?fbclid=IwAR0PAqWpGT5_ PoHIsLnDvfJYfVoJ**

前面講完了基本款，接下來我們來稍微進階一點，認識我們日常中都會接觸到的「查詢參數」（Query Parameters）。**如果你有觀察從臉書分享過的網址，網址都會變長，而且最後面都會加上一串有點像是亂碼的參數，這個就是所謂的「查詢參數」。**

網址查詢參數是什麼？

查詢參數（Query Parameters）是用於向網站或 API 傳遞參數或數據的一種機制。它們通常附加在網址的末尾，以一個問號（?）開頭，然後以鍵值對（Key-Value Pair）的形式提供參數，這是為何我們會在網址後面看到以「?」為開頭，並產生一串數值的原因。

查詢參數的結構是以「鍵＝值」的形式表示，並使用「&」符號來分隔不同的鍵值對。例如我們有以下網址：https://www.example.com/search? keyword=apple

在網址的路徑後面，有一個查詢字串「?keyword=apple」。查詢字串以問號「?」開始，後面跟著一個或多個鍵值對，用於向網站傳遞參數。在這個例子中，查詢參數是「keyword」，值是「apple」，用於指示搜索關鍵字為「apple」；換句話說，你在這個 example.com 網站搜尋「apple」，就會產生出上述這個網址。

UTM 的應用

再舉個例子，行銷人需要追蹤和分析網站流量來源時很常使用的 UTM 參數（Urchin Tracking Module），其網址結構也需要使用到查詢參數。我們可以參考這個網址：「https://www.example.com/?utm_source=newsletter&utm_medium=email&utm_campaign=summer_sale」。

這個網址的分析如下：

- utm_source：指定流量來源，這裡是「newsletter」，表示這個流量來自一個名為「newsletter」的來源。
- utm_medium：指定流量的媒介，這裡是「email」，表示這個流量來自電子郵件。
- utm_campaign：指定流量的活動名稱，這裡是「summer_sale」，表示這個流量是為了夏季促銷活動。

藉由查詢參數，網址的功能性會大大增加，很推薦讀者夥伴多了解相關內容，可以上網搜尋「UTM 是什麼」[1]，了解更多詳細資料。

網站中常見的查詢參數應用

查詢參數在網站中是很常使用的功能，以下我列舉四個常見的使用情境。

應用一：搜尋功能

當使用者在網站上進行搜尋時，搜尋關鍵字通常以查詢參數的形式附加在網址後面。

舉例：https://www.example.com/search?keyword=apple
翻譯：在網站中搜尋「apple」的內容

應用二：分頁功能

當網站上的內容希望用多分頁顯示時，查詢參數可以用於指示要顯示的分頁數。

舉例：https://www.example.com/article/seo-intro?page=2
翻譯：顯示文章「seo-intro」的第二頁（page2）

應用三：分類篩選

當網站的內容可以根據不同的分類跟篩選條件，進行排序時，查詢參數可以用於指示相關的篩選條件。

舉例：https://www.example.com/products?category=electronics&sort=price
翻譯：篩選分類（category）中的電子產品（electronics）；同時要根據價格（price）進行排序（sort）。

應用四：動態資料顯示

當網站需要根據特定的參數或數據動態生成內容時，查詢參數可以用於傳遞這些參數或數據。

舉例：https://www.example.com/news?articleId=123
翻譯：展示文章編號為「123」的內容。

查詢參數的 SEO 提醒

重複前面的提醒，網址這種東西差一個字就是不一樣，不一樣就是不一樣。

以前面的例子來說：

https://www.example.com/article/seo-intro
https://www.example.com/article/seo-intro?page=2
https://www.example.com/article/seo-intro?page=3

這就是三個不同的網址！很像，但對搜尋引擎來說就是不一樣，儘管他們的內容彼此有關聯（像是第二頁跟第三頁），應該被視為相同的頁面，但因為參數不同，所以被當作不同的頁面。

此時會建議將網址進行標準化 [2]，可以參考章節《7-5 重複內容與 Canonical》。

---

[1] UTM 介紹
https://support.google.com/analytics/answer/1033863?hl=zh-Hant#zippy=%2C%E6%9C%AC%E6%96%87%E5%85%A7%E5%AE%B9

[2] 重複網頁的網址標準化作業，以及標準標記的用途
https://developers.google.com/search/docs/crawling-indexing/consolidate-duplicate-urls?hl=zh-tw

4-9 | 怎麼撰寫好的
網址命名與網址結構？

　　恭喜你！經過前面的種種學習，你現在已經學會了協議、網域、網址路徑、查詢參數了，現在我們要匯集這些概念，總結出良好 SEO 網址的要素。這種網址結構不只對於 SEO 很有幫助，對於管理網站來說，也是相當適用的，就讓我們繼續下去吧！

網址命名的建議作法

　　一個好的網址結構應該是簡潔、乾淨、有意義且易於理解。而這樣好的網址結構，對於使用者體驗跟搜尋引擎來說都是有意義的，因此我們需要了解如何撰寫一個好的網址。

重點一：使用「-」而非「_」

- 好的網址：https://example.com/category/seo-class-01
- 壞的網址：https://example.com/category/seo_class_01

　　撰寫網址時，建議使用「-」，也就是「連字號」（hyphens）進行撰寫。相對的，不建議使用「_」（底線）來撰寫網址。這點 Google 官方說明中心 [1] 也明確指出：

We recommend that you use hyphens （ - ） instead of underscores （ _ ） in your URLs.

重點二：一律英文小寫

- 好的網址：https://example.com/product-category/
  product-name
- 壞的網址：https://example.com/Product-Category/
  Product-Name

我建議網址都一律使用英文小寫及數字來撰寫網址，不要參雜大寫英文。

網址是可以出現大寫英文的，但有的狀況下這會讓網站管理變得複雜，因此我建議一律使用英文小寫進行管理，這樣能避免很多麻煩。

重點三：使用有意義且規律的命名

- 好的網址：https://example.com/article/seo-url-intro-01
- 壞的網址：https://example.com/article/a52se55tkale

網址我會建議使用有意義且有規律的命名，而不要使用亂碼，管理上會比較方便，使用者體驗也更佳。

另一方面，當我們在觀看 Google Analytics 或 Google Search Console 的時候，有意義的網址更容易讓我們一眼看出來網址內容，好比說從上述的「seo-url-intro-01」，我就能大概理解這是個講網址的文章；相對的，只看「a52se55tkale」我就比較難以理解內容。

當然，如果網站體量龐大，有超過數萬、數十萬網頁，那麼使用流水號也是很好的方式，只需要注意好規律，方便管理都是好的網址結構。

重點四：網址層數越少越好

- 好的網址：https://example.com/article/seo-url-intro-01
- 壞的網址：https://example.com/article/2023/skill/must-read/arti/seo-url-intro-01

　　如同在前面提到的網址層數不宜過多，這對使用者、搜尋引擎來說都體驗不佳；在狀況允許內，建議網址在五層以內即可。而大型、複雜的網站則另外討論。

　　以 WordPress 為例，我的這篇文章「https://frankchiu.io/seo-url-intro-1/」，它的網址結構非常簡單，僅僅只有一層而已，非常簡潔，這也是 WordPress 做 SEO 的先天優勢。

重點五：避免使用中文

- 好的網址：https://example.com/seo-url-intro
- 壞的網址：https://example.com/ 網址結構教學 /
  - 壞的網址：https://example.com/%e7%b6%b2%e5%9d%80%e7%b5%90%e6%a7%8b%e6%95%99%e5%ad%b8/

　　我不建議使用中文作為網址，因為在分享網址跟分析網址時都會有很大的不方便。

　　有人會想使用中文符號作為網址，因為網址「看起來」很好懂，不像是英文跟數字那麼難懂；但由於中文字符在轉譯成網址編碼時，會變成看起來像亂碼的一大串字符，儘管電腦能認出來這些字符，但一般人眼中這就像是亂碼一樣。好比說，今天如果我們網址撰寫成「https://example.

com/ 網址結構教學 /」；實際上在網路上它會長成「https://example.com/%e7%b6%b2%e5%9d%80%e7%b5%90%e6%a7%8b%e6%95%99%e5%ad%b8/」。

如果我們今天的網址中文標題更長，如：「https://example.com/ 網址結構教學，應該要使用哪種網址呢？/」。實際上在網路上它會長成：「https://example.com/%e7%b6%b2%e5%9d%80%e7%b5%90%e6%a7%8b%e6%95%99%e5%ad%b8%ef%bc%8c%e6%87%89%e8%a9%b2%e8%a6%81%e4%bd%bf%e7%94%a8%e5%93%aa%e7%a8%ae%e7%b6%b2%e5%9d%80%e5%91%a2%ef%bc%9f/」。

這樣會讓網址非常的冗長，而且這樣的網址對於我們分析網站成效的時候，也會造成一些篩選上的麻煩，因此不建議使用中文作為網址使用。

撰寫網址的注意事項

以下是兩個小提醒，幫助我們在撰寫網址時更加順利。

使用半形的英數字

撰寫網址「不要使用」任何全形的字母或符號，如：「－」、「１２３」、「ａｂｃ」。

修改已經存在的網址要很小心

如果有網頁排名很好的網頁，那我不建議你修改它的網址，因為一旦修改，這個網頁排名就要重新來過，原本的好排名直接蒸發。除非你使用 301 轉址，不然不建議修改舊有的網址。

---

[1] 保持簡單的網址結構
https://developers.google.com/search/docs/crawling-indexing/url-structure?hl=zh-tw

4-10 | 實戰應用：多語言網站架構應該要如何設計？

經過前面的網址學習，你應該已經能初步了解網域、網址結構了，這邊我想要介紹「多語言網站的網站架構」，這可以讓我們應用先前學習到的觀念，並且解決多語言的網站設計問題，那讓我們開始吧！

如果網站要有很多語言，要怎麼做？

多數人的網站都只會有本地語言，可能是繁體中文、簡體中文、香港中文；但如果今天你的生意越做越大，想要做海外生意，網站除了原本的語言之外，你還想加入日語、英語、法語 ......，那網站要怎麼設計呢？這就牽涉到多國語系的網站設計了，更會應用到先前的網址跟網域的知識點。

方法一：資料夾（子目錄）

第一種常見的方法是用網域後面，開不同語言的資料夾（子目錄）。用學校來比喻的話，就是在一所學校內區分不同的校區，我們可以來看 Apple 官網怎麼設定的。

- 台灣：https://www.apple.com/tw/
- 日本：https://www.apple.com/jp/
- 新加坡：https://www.apple.com/sg/

這些不同的語言都是掛在同一個網域「apple.com」底下，所有的外部連結、內容權重，也都會累積在同一個網域底下；**多數品牌都會採取這個做法，我個人也比較推薦這個做法。**

SEO 累積性：最佳。

方法二：不同網域

另一個方法就是不同的網域，用學校來比喻的話，就是直接蓋新的學校，學校跟學校之間沒有直接關係，我們來看看 Amazon 怎麼規劃不同語言的網站。

- 美國：https://www.amazon.com/
- 日本：https://www.amazon.co.jp/
- 英國：https://www.amazon.co.uk/

這幾個看起來很相似，但實際上這就是三個彼此獨立的網域，因為每一個都是不同的「地區頂級域名」，每一個都需要自己從零開始累積實力。就像是「frankchiu.io」與「frankchiu.com」就是兩個不同的人，儘管長得有點像，但不一樣就是不一樣。

SEO 累積性：最差。

方法三：不同子網域

使用子網域來建立不同語言或地區的網域，也是一個方法。但這在最近已經比較少人這樣使用了，我們來看看維基百科的例子。

- 繁中：https://zh.wikipedia.org/

- 日文：https://ja.wikipedia.org/
- 英文：https://en.wikipedia.org/

我們可以看到，它的主網域都是「wikipedia.org」，而不同語言則採用了不同的子網域來處理。在這種情況下，SEO 的累積性會比較曖昧，會介於使用子目錄（資料夾）與完全新的網域之間，屬於折衷的作法。

SEO 累積性：普通。

如果你的網站沒有特殊狀況或需求，建議使用方法一：資料夾（子目錄），來建立多語系的網站架構；這樣在數據分析上也會比較單純、好管理。

另一方面，現在你去逛各國的網站，應該多少都能看懂網址結構了，恭喜你成為更優秀的 SEO 人！

多語系網站的 SEO 設定

學完了上述概念後，我們就能進入下個正題：多語系多區域的 SEO 設定。

一、利用網域設定地區

前文的三種不同網址結構跟作法，除了方便我們管理網站以外，更是提供搜尋引擎地區性的訊號，**讓搜尋引擎知道：我是哪個區域的，請你把這些內容給這個區域的人看**。好比說，因為「https://www.amazon.co.jp/」裡面有 jp，所以這個該給日本區域的人看；因為「https://www.apple.com/tw/」裡面有 tw 的子資料夾，所以應該要給台灣地區的人看。

上面的三種方法都能做到這件事情，關於這件事的更多資訊可以參考 Google 的官方文件《管理多地區和多語言版本的網站》[1]。

二、Hreflang 註解

Hreflang 是一個能標註網址語言屬性的註解，能幫助搜尋引擎了解這個網頁是用什麼語言撰寫的，如果是多語言網站一定要設定這個標籤。

在 HTML 語言中，"Hreflang" 是一個用於指定頁面語言的屬性。它由兩個部分組成："href" 和 "lang"。

- "href" 是指超文本參考（Hypertext Reference）的縮寫，這在 HTML 中被用來指定超連結的目標 URL。
- "lang" 則是語言（language）的縮寫，它被用於指定文檔的語言。

因此，Hreflang 屬性要表達的是：這個超連結的目標 URL 是用哪種語言編寫的。搜索引擎使用 Hreflang 屬性來判斷，同一內容在不同語言中的對應頁面，以便在使用者進行搜尋時提供最適合的語言版本。

關於 Hreflang 的更詳細資料以及執行細節，可以參考 Google 官方網頁《向 Google 說明網頁的本地化版本》[2]。

實戰舉例

現在我們有兩個網頁，同樣的內容，但分別是以法文跟英文撰寫的；如果我們要撰寫 Hreflang，可以撰寫：

```
<link rel="alternate" hreflang="en" href="https://example.com/en/page" />
<link rel="alternate" hreflang="fr" href="https://example.com/fr/page" />
```

這兩段程式碼的翻譯如下：

```
<link rel="alternate" hreflang="en" href="https://example.com/en/page" />
```

- hreflang="en" 表示這個頁面是以英語（"en"）作為主要語言的版本。

- href="https://example.com/en/page" 則指定了這個英語版本頁面的 URL，即 "https://example.com/en/page"。

```
<link rel="alternate" hreflang="fr" href="https://example.com/fr/page" />
```

- Hreflang="fr" 表示這個頁面是以法語（"fr"）作爲主要語言的版本。
- href="https://example.com/fr/page" 則指定了這個法語版本頁面的 URL，即 "https://example.com/fr/page"。

如果你點開 Apple 的官方網頁，你也能看到各語言的 href 設定。連結[3]：
https://www.apple.com/tw/tv-home/

```
<link rel="alternate" href="https://www.apple.com/es/tv-home/" hreflang="es-ES">
<link rel="alternate" href="https://www.apple.com/eg/tv-home/" hreflang="en-EG">
```

透過這幾個章節，你現在對於網頁、網址、網域已經有了更本質的理解，這對於精進 SEO 技術、了解網站程式都會很有幫助。

---

[1] 管理多地區和多語言版本的網站
https://developers.google.com/search/docs/specialty/international/managing-multi-regional-sites?hl=zh-tw
[2] 向 Google 說明網頁的本地化版本
https://developers.google.com/search/docs/specialty/international/localized-versions?hl=zh-tw
[3] AppleTV
https://www.apple.com/tw/tv-home/

第五章

SEO 搜尋引擎技術

查看本書教學圖片數位高解析版

https://tao.pse.is/
seo-book-notion

5-1 | 超好懂的搜尋引擎運作原理：爬取、索引、排名

在《1-10 做好 SEO 兩大原則：內容面與技術面》章節中，我們提到 SEO 需要做好內容面跟技術面。前面討論都是跟關鍵字研究有關，這是屬於內容面。而要做好 SEO 還有很大的另一塊，就是技術面 SEO。

接下來我們就會來淺談技術面 SEO，不會談到太深、但足夠你使用。或許接下來的章節沒辦法讓你成為 SEO 技術工程師，**而是可以成為能夠跟工程師溝通的 SEO 人員，並且判讀網站的基本技術狀況。**

那麼就讓我們進入網站技術的環節吧！

搜尋引擎怎麼運作的？用「圖書館」來理解搜尋行為

我們每天都用這麼多次搜尋引擎：輸入關鍵字，就獲得了很多實用的搜尋結果 —— 那麼這一切是怎麼發生的？接下來我們就來分享搜尋引擎的基本運作原理，理解這個運作流程對於我們檢測 SEO 流程會有很大的幫助。我會用一個圖書館借書的例子，幫助你理解搜尋引擎的運作原理，保證好懂。

我們可以把搜尋引擎想像成一間「圖書館」：我們使用者就是想去圖書館找書的讀者，而 Google 則是圖書館管理員；網路上的搜尋結果就是圖書館內的書籍館藏。

1. 今天讀者對圖書館發了一個需求：想找「內容行銷」的相關書籍。

2.圖書館管理員（Google 搜尋引擎）找了整個圖書館後，發現圖書館裡面有 50 本關於「內容行銷」的書籍。

3.讀者拿到一串內容行銷的推薦書單。

相信這個流程聰明的你都能理解，那麼接下來我們有幾個問題可以延伸討論。

圖書館提供書籍清單

圖：5-1-01

問：如果讀者能在圖書館找到一本《社群時代的內容行銷大全》，這件事的先決條件是什麼？

這個問題的意思是：小誠出了一本新書，叫做《社群時代的內容行銷大全》，他要怎麼讓讀者可以在圖書館借到這本書呢？

你可以停下三秒鐘，思考看看這個問題。

答：圖書館要先進這本《社群時代的內容行銷大全》

這個答案看起來很荒謬，但事實確實如此。為什麼有人不喜歡去圖書館？因為他們想看的書圖書館未必有進這本書，那當然找不到這本書。

為什麼有人會需要訂閱很多不同的串流平台，像是 Netflix、Disney+？因為想看的作品可能只有特定一家才有，所以你沒辦法在 Disney+ 中搜尋到《魷魚遊戲》，因為 Disney+ 的資料庫沒有這個作品啊！回到圖書館的例子也相同，如果我們希望自己的作品被讀者找到，就要想辦法能被圖書館「收錄」，變成圖書館的館藏，這樣讀者才有機會能找到它。

這個概念在搜尋引擎，就叫做「索引」（Index），也就是進入 Google 搜尋資料庫的概念；當我們的網站上線時，我們也要想辦法讓每個重要頁面都能被索引、進入 Google 的資料庫中。

問：那要怎麼被圖書館收入館藏？你覺得可以怎麼做？

這個問題的意思是：既然被收入圖書館館藏這麼重要，那麼要怎麼做到這件事情呢？圖書館這麼多書，它們是怎麼進入圖書館的呢？

你可以停下三秒鐘，思考看看這個問題。

答：圖書館主動找書、作者主動提供書籍給圖書館

　　圖書館會主動去找讀者有需要的書，看看市面上有哪些新書，因為圖書館認為這些書對於讀者有幫助。

　　換成搜尋引擎的視角，**Google 這個圖書館會派出很多爬蟲（Spider）去整個網際網路爬取，到處去看大大小小的網站有沒有更新一些好內容**，而這個到處瀏覽的過程，就叫做「爬取」（Crawl），是 SEO 非常重要的觀念。

　　而這一點會衍伸許多重要觀念，好比說：

- **為什麼網站結構跟內部連結很重要？**
  - 因為這能讓爬蟲爬起來更輕鬆，爬取效率更高；如果有兩個網站，一個網站結構清晰、很容易爬，一個網站結構複雜、爬起來很費力，Google 當然更喜歡容易爬的網站。
- **為什麼網站速度很重要？**
  - 因為網站載入太慢，對於爬蟲來說也要等、多花時間跟資源，所以 Google 不喜歡。

　　這些都是跟爬取有關的內容，我們在後續內容會更仔細討論，這邊有個概念就好。

　　而除了搜尋引擎會主動去網際網路爬取各種內容之外，出版社跟作者也能主動把書提供給圖書館。

　　回到搜尋引擎的視角，我們作為出版社跟書籍作者，**我們能利用 Google Search Console 的網址提交功能，主動跟 Google 提交網址**，告訴 Google說：這裡有個網址很讚，趕快爬取（Crawl）看看，然後趕快索引（Index）我吧！

重要觀念
有爬取不代表會索引

延伸上面的討論，圖書館看了市面上一堆的書，代表每一本書都會在圖書館內嗎？顯然不是，圖書館會挑選自己所需要的書籍。那是不是每個來捐書的人、主動給圖書館書的人，圖書館都要收下這些人的書？顯然不是，因爲很多書的品質不好，你送我我也不要。

將這個概念套回到搜尋引擎，爬取只是第一步、是最基本盤、是底線，但下一步就要**提升我們網站內容的品質，真心替讀者服務、解決讀者問題，那麼搜尋引擎才會願意把這樣的內容放到資料庫，進行索引。**

因此當你發現你的網站都有被爬取，但都沒有被索引，或許要回頭檢視一下你的網站內容是否優質，是否值得 Google 花費資源來索引？這部分可以參考章節《7-4 Google 網頁索引報表詳解：什麼狀況不會被索引》，裡面的「已檢索 - 目前尚未建立索引」，就是指這個狀況。

問：圖書館有這麼多本內容行銷的書籍，圖書館要怎麼提供給讀者？

這個問題的意思是：以上面的例子來說，圖書館有 50+ 本關於內容行銷的書籍，圖書館要怎麼呈現給讀者呢？

你可以停下三秒鐘，思考看看這個問題。

答：圖書館需要進行排名

這 50 本跟內容行銷的書都很棒，但讀者就是沒辦法一次拿到一字排開、不分先後的 50 本書，就算一次拿 50 本，也會有上下的問題對吧？因此

此時我們就需要替讀者排優先順序，需要有前後，這就是所謂的「排名」（Rank）。至於要怎麼決定先後呢？這就需要靠「演算法」（Algorithm）來決定了，也就是一套遊戲規則，而每個搜尋引擎的規則會有點不同。

好比說，圖書館可能按這些要素來排序：

▪ 哪本書的內容看起來跟內容行銷最相關？
▪ 哪本書的標題有出現內容行銷？
▪ 哪本書的出版年份最新？
▪ 哪個作者最有權威？
▪ 哪本書的書評跟評論最好？

透過這些遊戲規則，就會決定一本書會被排到第幾名給讀者。

那麼回到搜尋引擎的視角，**我們做 SEO 很大一部分就是在猜測 Google 的遊戲規則是什麼，而你對遊戲規則的掌握程度越高，就越容易獲得好排名**——這就是一場排名遊戲。

這又分成兩個階段，你需要先假設一些遊戲規則，像是你認為 A、B、C 要素對於排名有幫助；下一步，你就需要讓自己網站有達到 A、B、C 要素。此時如果你發現網站確實因為增加了這些要素，所以排名提升了，那恭喜你，代表你的假設為真，以後就繼續維持。**做 SEO 就是一個不斷從個人經驗跟觀察別人網站中得到假設，並且測試假設、實踐假設，讓網站成效不斷提升的一個過程。**

讀者如何從圖書館借到書？

一團混亂　　　　　圖書館館藏　　　　　讀者借到書

統整搜尋引擎三階段流程：爬取→索引→排名

經歷過圖書館的例子後，我們就能來跟搜尋引擎運作流程正面對決了。我提供的是最簡化版本的搜尋引擎運作原理，也就是：爬取→索引→排名。

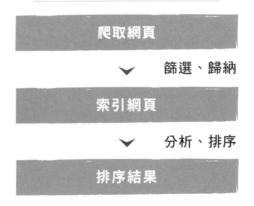

搜尋引擎運作 3 階段

爬取網頁

篩選、歸納

索引網頁

分析、排序

排序結果

一、爬取資料（Crawl）

Google 搜尋引擎的爬蟲（Spider），會去整個 internet 爬取（Crawl）、

觀看各式各樣的網站與內容。

→ 這就像是圖書館管理員去市面上看看（Crawl）現在有哪些好書本。

二、索引資料（Index）

當 Google 搜尋引擎覺得你家的網站內容不錯，值得加到自己的資料庫、提供給適合的使用者，那麼他就會進行「索引」（Index）這個動作。

→ 圖書館管理員決定把哪些好書放到圖書館內（Index）。

三、排序結果（Rank）

當使用者輸入關鍵字，按下搜尋按鈕，Google 就會從資料庫中，根據各種考量及演算法，按照排名、提供適合的搜尋結果（Search Engine Results）給使用者，幫助使用者獲得資訊。

→ 讀者想找書本，圖書館管理員針對使用者想找的書本類型（關鍵字），給他一個書單的清單（搜尋結果）。

搜尋引擎三階段對於 SEO 的實務應用

理解這三階段，對於我們 SEO 實務有什麼幫助呢？我這邊舉三個例子。

一、我的新文章一直沒有排名，怎麼辦？

許多人會碰到新文章上線後，發現排名很不理想，不知道該怎麼辦。

但你理解搜尋引擎三階段後，**你會知道一開始你要先看看有沒有被索引，因為沒有被索引的話，就根本不會有排名了！**所以我們會需要先檢測有沒有被索引，這個方法後面章節 7-1 會提到。

那如果發現沒被索引，就先想辦法處理索引問題，此時忙別的問題都是白費工夫。如果確認有被索引了，那這個時候再來思考什麼搜尋意圖、演算法之類的問題。

二、我的文章沒有被索引，怎麼辦？

如果發現沒有被索引，那我們就要回頭去看爬取的部分有沒有出問題，是不是搜尋引擎的爬蟲被阻擋了？還是有沒有其他的理由，導致搜尋引擎不願意索引。有一些設定會讓搜尋引擎不能爬取，如 robots.txt [1]；有一些設定則會讓搜尋引擎不能索引，如 noindex [2]。

當我們理解搜尋引擎的運作原理後，也會知道 SEO 跟網站的很多設定，為什麼是這樣設計，以及背後的功用為何。

三、一個網站流量很低，要怎麼優化？

若以搜尋引擎三階段來看，我們可以先看一下是不是網站索引狀況有問題，有可能流量很少的原因不是因為網頁太少，而是因為太多重要的網頁都沒有被索引，所以失去很多排名機會。這個時候就要優先處理索引跟爬取問題，讓整個網站有更多的內容被索引。

如果確認索引沒問題，就可以進一步看一下有哪些目標關鍵字、排名狀況，以及這些目標關鍵字對應的內容是否 OK，開始思考排名要素有哪些應該優化。

這也是透過三階段來分析網站的一個實例，透過三階段我們就能知道該先做哪件事，有方向、有策略。

---

[1] 可參考本書章節 6-2
[2] 可參考本書章節 7-6

5-2 用人性化的角度理解搜尋引擎

在用圖書館的例子理解搜尋引擎後，我們理解了爬取、索引、排名三階段了。接下來我想邀請你用人性化的角度理解搜尋引擎，這能讓學習 SEO 更輕鬆跟直觀。

如果 Google 是一個圖書館管理員，而且他很在意使用者的感受，基於這個前提，我們來理解一下 SEO 常見的優化項目跟排名要素為什麼很重要，每個段落的最下面，我也標示了這個問題跟搜尋引擎三階段哪個階段最有關聯。

網站載入速度：為什麼很重要？

作為一個使用者，如果翻開一本書要等 30 秒，你能接受嗎？我想是不能的。Google 在爬取網站（讀取網站）時，跟我們一樣是要走進網站內，也會經歷相同的讀取時間。

時間就是金錢，Google 被一個網站耽誤、效率下降，心情當然不好，而且他也會擔心讀者使用到這樣的網站，也會有不好的感受，這就是為什麼網站速度要維持在合格的水準，因為 Google 跟使用者都需要這樣的功能。

三階段歸類：爬取。

網站結構：為什麼很重要？

你喜歡一本書章節分明、結構清楚，能讓人一眼理解整本書的架構。又或是一本書通通沒有分章節、沒有分大小標、全部一行到底？

我想多數人都喜歡一個結構清楚的書籍，而搜尋引擎也是這樣看待網站的；**網站的結構是靠內部連結來組成，如果內部連結建設得好，能讓搜尋引擎跟使用者可以在簡單幾個步驟內，都能找到重要的網頁，那就是一個結構清晰的網站。**

相對的，有些網站結構比較糟糕，很多頁面甚至沒辦法從首頁的按鈕中點擊找到，只能靠輸入網址找到，這就是所謂的「孤島頁面」（Orphan Pages），這樣的頁面沒有辦法輕易找到它們，也就是搜尋引擎爬取會非常困難。

那麼這樣的孤島頁面自然就不受搜尋引擎的青睞，因為很難找到、很費工夫。就像是一本書裡面有章節藏在很奇怪的地方，非常難找到。我們都不喜歡這樣的內容，也不會想推薦給別人這樣的內容，搜尋引擎也是如此。

三階段歸類：爬取。

劣質內容：為什麼 Google 不喜歡？

Google 作為一個圖書館管理員，把內容放到你的圖書館、資料庫都需要額外花費資源，因此不會想把劣質內容放到自己的資料庫中。就像是那個經典的段子：「我們菁英中心不收垃圾」，搜尋引擎也只喜歡優質的內容。因此如果發現索引狀況不佳，除了檢查爬取狀況以外，也可以誠實審閱一下那些沒有被索引的內容，**反問自己：「這些內容真的值得被索引嗎？」**

關於優質內容的標準，我們後續會詳談，在這邊可以簡要分享我對於優質內容的標準：**參考關鍵字的搜尋意圖、原創、真誠地解決讀者的問題，我想離好內容應該所去不遠。**

三階段歸類：索引。

標題跟內文的關鍵字：為什麼很重要？

許多人會問：「標題跟內文的關鍵字為什麼很重要？」那麼你可以想想看，如果一本食譜內容在講「印度咖哩食譜」，但在書名、內文，通通都避開了「印度咖哩」、「咖哩食譜」的關鍵字。那麼 Google 這個圖書館管理員，就比較難把這本書推薦給想找咖哩食譜的人了不是嗎？因為乍看之下的關聯度是低的，誰知道這本書講在印度咖哩？

因此做 SEO，我們在標題跟內文中，都要大方的展示我們的目標關鍵字，讓 Google 知道這篇內文跟這些關鍵字有關，並且推薦給讀者。

三階段歸類：排名。

網站權重：為什麼很重要？

今天同樣一本談判的書籍，是王金平先生寫的，跟一個路人甲寫的，顯然王金平先生寫的會更有說服力，為什麼？因為他是這個領域的權威人士。所以就算兩人寫的內容所去不遠，我們還是會更認可領域權威者寫的內容，這是非常合理的，在多數情況下，也都能幫助我們獲得更適合的資訊。

這點套用在搜尋引擎上也是相同的，我們的網域（Domain）會有權重，就像是維基百科因為很多人認可、很多人都會引用維基百科的內容，所以維基百科權重非常高。今天一個默默無名的網站，撰寫跟維基百科雷

同的內容，維基百科會獲得更好的排名，這就是網站權重的威力，也是剛起步網站比較辛苦的地方，因為剛起步的網站權重很低。

要獲得好的網站權重，就要努力撰寫優質內容、多獲得別人的引用跟外部連結，這點我們在章節 8 會再談論。

三階段歸類：排名。

小結：用人的角度理解 SEO

上述討論的項目，都是 SEO 裡面非常重要的優化項目跟概念，只是我在這邊用比較口語的方式幫助你理解。

我很鼓勵當你理解 SEO 的內容時，**不妨把 Google 想成一個人，多用他的角度、使用者的角度來理解 SEO，我覺得對於初學者來說會有很棒的效果。**

當你對於 SEO 項目都已經熟悉後，可以再用更嚴謹的方式理解搜尋引擎，研究背後程式的技術原理，學習之路會更加容易，上述這個方法幫助很多朋友更了解 SEO，也推薦給你。

5-3 | Google Search Console 常用 SEO 功能講解

Google Search Console 是 SEO 人必會的免費工具，也是 SEO 可以直接跟 Google 溝通網站狀況的網站工具。在本書後面的章節也會不斷提到 Google Search Console、GSC（縮寫）的相關內容，接下來就讓我們快速入門 Google Search Console──SEO 人的 GA 吧！

Google Search Console 是什麼？

在以前 Google Search Console 叫做 Google Webmaster Tools，從名稱你就能看出來：它叫做站長工具，就是給網站主使用的工具。而現在則叫做 Search Console，Console 有控制台的意思，也就是搜尋的控制台。換句話說，**Google Search Console 就是 Google 搜尋的控制台，幫助你了解網站的搜尋狀況，以及 Google 是怎麼看待你網站的。**

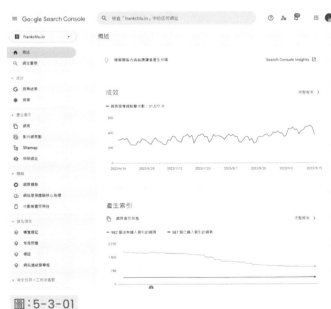

圖：5-3-01

如果說行銷人最常見的是 GA（Google Analytics），那麼 SEO 人最常看的就是 Google Search Console。（但 SEO 人還是要會看 GA 就是了）

Google Search Console 可以做什麼？

我們利用「爬取＞索引＞排名」的三階段來分析 Google Search Console 的重要功能。以下的內容你可以先簡單掃過去就好！後面的章節介紹完後回來看這個章節，我相信你會恍然大悟，發現不知不覺已經掌握了大多的功能跟概念了。

主動提交網址
搜尋成效報表

網站索引狀況

網站體驗相關技術指標

複合式搜尋結果

內部連結、外部連結

圖：5-3-02

爬取階段的功能應用

以下功能跟網站的爬取狀況較有關連。

網址審查

透過網址審查功能可以加快網頁爬取跟索引。詳情可以參考章節《7-1 索引是什麼？》，裡面有介紹此功能。

檢索統計資料

這個功能在「設定＞檢索＞檢索統計資料」，透過這個功能我們可以得知 Google 對於我們網站的檢索次數，評估 Google 對於網站的爬取狀況。

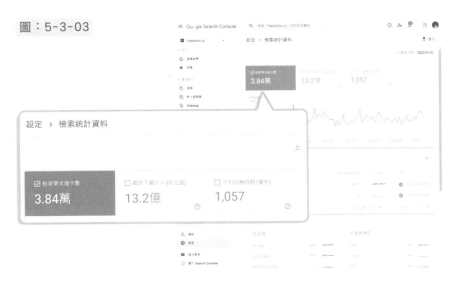

圖：5-3-03

內部連結

　　如果想要了解網站內部連結的分布狀況，可以到「連結＞內部連結」這邊找到內部連結報表。

索引階段的功能應用

　　以下功能跟網站的索引狀況較有關連。

網頁（網頁索引狀態）

　　透過網頁索引狀態，我們能明白整個網站被索引的狀況如何。詳情可以參考章節《7-4 Google 網頁索引報表詳解：什麼狀況不會被索引》，裡面有介紹此功能。

影片網頁數（影片網頁索引狀態）

　　如果你的網頁有影片，則會多一個影片網頁數；如果你的網站上有影片結構化資料項目，就會被記錄在這個欄位。

提交 XML Sitemap

提交 XML Sitemap 能幫助網站爬取、檢測網站索引狀況。詳情可以參考章節《6-4 XML Sitemap｜優化爬取》，裡面有介紹此功能。

移除網址

如果你希望自己網站中的某個網址，不要出現在搜尋結果上，那可以透過移除網址功能取消索引。詳情可以參考章節《7-6 不想被索引該怎麼做？》，裡面有介紹此功能。

行動裝置可用性

行動裝置可用性是現在數位時代的基本功，想要確認網站是否能在手機上正常使用，就可以參考此功能。詳情可以參考章節《7-8 行動版內容優先索引》，裡面有介紹此功能。

排名階段的功能應用

以下功能跟網站的排名狀況較有關連。

網站使用體驗核心指標

Google 很在意網頁使用體驗，並提供了網站使用體驗核心指標，幫助網站主評估網站技術面上有無問題。詳情可以參考章節《6-7 網站使用體驗核心指標｜優化爬取》，裡面有介紹此功能。

HTTPS

網站的安全性非常重要，現在的網站都需要有 HTTPS，透過此功能可確認網站是否有通過 HTTPS 認證。詳情可以參考章節《4-5 HTTPS：為

什麼網站安全性很重要？》，裡面有介紹此功能。

強化項目

強化項目主要是拿來確認複合式搜尋結果的呈現是否正常，像是：導航標記、常見問題（FAQ）、網站連結搜尋情況......，詳情可以參考章節《8-9 結構化資料介紹｜SEO 操作實務》。

安全性與人工判決處罰

如果你的網站有安全問題，或者因為作弊被 Google 懲罰，就會在人工判決處罰這邊看到結果。詳情可以參考章節《8-2 SEO 派別：白帽 SEO 與黑帽 SEO》，裡面有介紹此功能。

反向連結

反向連結（外部連結）是影響 SEO 的重要要素，想了解網站的反向連結的話，可以到「連結＞外部連結」來觀看報表。詳情可以參考章節《8-4 反向連結介紹｜反向連結優化》，裡面有介紹此功能。

成效分析的功能應用

成效分析是 SEO 最常使用，並且評估 SEO 成效的重要功能。

搜尋結果

這是最重要、最常用的分析功能，透過「搜尋結果」我們可以觀看網站透過 Google SEO 獲得多少流量跟曝光；還有是哪些關鍵字、哪些網頁獲得排名，這些都是 SEO 重要的指標。

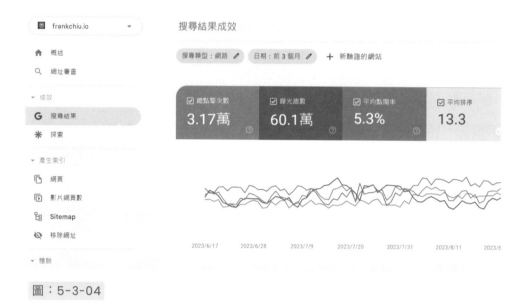

圖：5-3-04

　成效四大指標：以下四個是最重要的指標，我這邊採用 Google 官方定義[1]進行說明。

- **點擊（Clicks）**：只要點擊操作會將使用者導向 Google 搜尋、Google 探索或 Google 新聞之外的網頁，系統就會將此計為一次點擊。
- **曝光（Impressions）**：曝光指的是使用者在 Google 搜尋、探索或新聞中「看到」你網站的連結次數。
- **點閱率（CTR）**：將「點擊／曝光」就會得到 CTR（Click Through Rate）；排名（Position）越高、CTR 越高。
- **排名（Position）**：排名指標能呈現出特定連結，在網頁上相對於其他結果的大致位置。

　其中點擊跟排名是最常被拿來當作 SEO KPI 的指標；以上四個指標可以拿來看整個網站、特定關鍵字、特定網頁。

探索

　　探索（Discovery）是 Google 根據使用者的興趣，提供使用者的內容推播[2]，這個功能對於新聞媒體類型的網站非常重要，可以多加留意哪類內容容易獲得探索流量。而探索的流量通常是短期流量，同一篇文章較難長期獲得探索的青睞，需要持續有新內容。

新聞

　　如果你的網站符合 Google 新聞的標準、並且通過申請[3]，你就能在「新聞」這個欄位看到相關成效。這個功能對於新聞媒體類型的網站非常重要，但有一定的申請難度。

　　以上就是 Google Search Console 的常用功能介紹，如果你是新手，上述內容應該都很難消化，這是正常的；只要將後面的章節讀完，相信你一定會豁然開朗。

---

[1] 什麼是曝光次數、排名和點擊次數？
　　https://support.google.com/webmasters/answer/7042828?hl=zh-Hant#click
[2] Google 探索和您的網站
　　https://developers.google.com/search/docs/appearance/google-discover?hl=zh-tw
[3] 顯示在 Google 新聞中
　　https://support.google.com/news/publisher-center/answer/9607025?hl=zh-Hant&ref_topic=9603441&sjid=8568644153541517985-AP

5-4 | Google Search Console 如何安裝使用

談完了 Google Search Console 的功能後，我們來很迅速聊一下怎麼安裝 Google Search Console 跟注意事項。

選擇資源類型

當你一打開 Google Search Console 的網址：「https://search.google.com/search-console/about」[1]，按了新增資源類型，此時會有兩種類別讓你挑選，分別是「網域資源」跟「網址資源」。

舉例來說：

▪ 網域資源：frankchiu.io
▪ 網址資源：https://frankchiu.io/

兩個都申請為佳

無論選擇「網域資源」或「網址資源」都會有得有失，像是網域資源無法使用舊版網站工具集，但網域資源管理網址更方便。

	網域資源	網址資源
優點	▪ 一次掌握所有網域下網址 ▪ 避免 www 的問題	▪ 所有 GSC 功能都能使用 ▪ 能限縮特定網址路徑
缺點	▪ DNS 驗證方法較麻煩 ▪ 無法使用舊版工具	▪ 分析、管理網址較不方便

條件許可我建議兩個都申請，但如果只申請其中一個也可以，大多數的功能都會有，不用太糾結；畫面中你可以看到 frankchiu.io 網站的網址資源（https://frankchiu.io/）跟網域資源（frankchiu.io）。

圖：5-4-01

網址資源要輸入完整

其中網址資源需要提醒：網址要輸入完整，好比說你的網站是：「https://frankchiu.io/」還是「https://www.frankchiu.io/」；如果你 www 跟 non-www 問題沒有處理好的話，這會有差別；選擇網域的好處就是不用考慮這件事。

關於網域跟網址的意思，你可以參考章節《4-6 網域是什麼？ SEO 該注意細節》以及《4-7 網址路徑是什麼？ SEO 該注意細節》。如果你想更了解 www，可以參考《4-6 網域是什麼？ SEO 該注意細節》。

驗證資源方式

Google Search Console 不像是 Facebook Pixel 或 Google Analytics 需要你在網站埋入追蹤碼，但 Google 需要驗證這個網站屬於你。也因此 Google Search Console 不會發生安裝不完全，導致數據有誤的狀況，Google Search Console 只有安裝好跟沒安裝好的區別。

關於驗證的方法，這可能需要網站工程師的協助，詳細資料可以參考 Google 官方的驗證資料指南 [2]，只需要按照步驟進行即可完成，會比你看書操作還要快。

如果你有 Google Analytics，可以直接從 GA 開通 Google Search Console，會是比較方便的方式，詳請可以參考下方附註資料 [3]。

[1] Google Search Console
https://search.google.com/search-console/about
[2] Google 官方：驗證網站擁有權
https://support.google.com/webmasters/answer/9008080?hl=zh-Hant&sjid=17301923810013687895-AP
[3] Google 官方：驗證網站擁有權，利用 GA 驗證
https://support.google.com/webmasters/answer/9008080?hl=zh-Hant&sjid=17301923810013687895-AP#google_analytics_verification

第六章

SEO 爬取
優化技術

查看本書教學圖片數位高解析版

https://tao.pse.is/
seo-book-notion

6-1 | 爬取是什麼？
| 優化爬取

在搜尋引擎三階段中，爬取（Crawl）是第一階段，也是許多網站技術人員、SEO 技術人員最常鑽研的面向。**當一個網站爬取做得好，就容易被索引，也就有機會獲得好排名。**

特別是大型網站，由於網站內容太多了，要怎麼確保網站的重要內容都能被搜尋引擎爬蟲輕鬆爬完，就是大型網站 SEO 人員的必修課題。接下來就讓我們來了解爬取，以及要如何做好爬取吧！

搜尋引擎依靠爬蟲來爬取

我們已經知道了搜尋引擎要爬取網站，那實際上要靠什麼東西來「爬」呢？答案就是「爬蟲」，英文叫做「Crawler」或「Spider」。

「網路」中的「網」、「Internet」中的「net」，裡面都有網狀的概念，每個網頁透過連結串聯成一個網子，超連結（link）就是那條線。透過頁面跟連結，進而組成了整個網際網路，而這些爬蟲就像是在網子上移動的蜘蛛，把每個網頁都瀏覽過一次。

爬取預算（Crawl Budget）

爬取預算（檢索預算）是一個爬取中重要的概念，**你可以當成 Google 會配給一個網站每天固定的爬取額度，用完就就沒了，因此我們要把這些額度都用在最重要的網頁上。**

我們可以從 Google Search Console 中的「設定＞檢索＞檢索統計資料」，來得知 Google 對於我們網站的檢索次數，以評估 Google 對於網站的爬取狀況；這邊的次數可以讓我們了解爬取預算的多寡，當我們發現 Google 檢索網站的次數變少了，可能要留意 Crawl Budget 可能變少了。

如圖就是我的檢索統計資料，可以看到在 90 天內我的網站被 Google 爬取（檢索）3.84 萬次，平均一天約莫 400 多次；而我整個網站網頁約莫 380 頁，這樣的次數是可以的。但如果我的網站有 40,000 頁，但每天只有爬取 400 次，那問題就大了，代表爬取預算不足，需要進行調整。

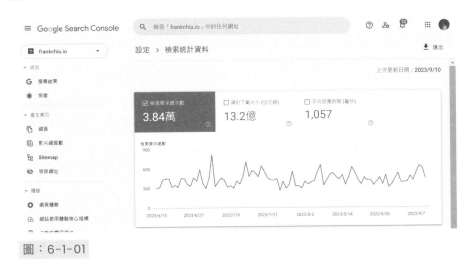

圖：6-1-01

大型網站需要特別注意爬取預算

大型網站需要特別注意爬取預算，**因為網頁太多了，要確保重要的網頁都能被即時爬取跟更新**。就我所知像是蝦皮、momo 這類大型電商網站，都很注重爬取預算的管理。

根據 Google 官方說法，以下狀況者需要特別注意爬取預算：

- 擁有超過 100 萬個不重複網頁，且內容變動頻率適中（每週一次）的大型網站。

- 擁有超過 1 萬個不重複網頁，且內容變動極為頻繁（每天）的中型或大型網站。
- 網站中有大量網址在 Search Console 中分類為「已找到－目前尚未建立索引」。

如果你是大型網站的網站主，推薦你閱讀 Google 官方提供的《大型網站擁有者的檢索預算管理指南》[1]。

爬蟲的限制：什麼情況下爬蟲會受到阻礙？

爬蟲儘管很厲害，但爬蟲也會有一些限制，主要原因就是上面提到的爬取預算有限制。網海無盡，爬蟲必須省時省力，把資源放在重要的頁面上。以下的頁面類型容易造成爬蟲的負擔、或是讓爬蟲無法工作，網站主要特別注意。

一、無法訪問需權限的頁面（Access Denied）

有些頁面會限制爬蟲進入，像是某些付費牆內容，只有獲得權限的人可以進去，爬蟲這個時候會被擋在外面。

二、robots.txt 設定（robots.txt）

網站主可以透過 robots.txt 設定，告訴爬蟲哪些頁面可以爬、哪些頁面不能爬，爬蟲原則上會遵守此規則。如果 robots.txt 設定錯誤，就會讓某些頁面無法爬取。

三、網站結構不佳（Website Structure）

如果網站結構很糟糕，網站內部連結稀疏，導致爬蟲「無路可走」，

那自然就很難把整個網站走透透；**因此增加網站的內部連結很重要。**

四、頁面載入速度太慢（Page Speed）

當我們在路上塞車時，就很難暢遊整個城市，回到爬蟲的狀況也是相同，**如果一個網站很卡，每頁載入都塞車，那麼爬取效率也會大打折扣，**搜尋引擎也會認為這樣的頁面會讓使用者有不好的體驗。

五、JavaScript 網頁設計不良（JavaScript）

JavaScript 網頁對於搜尋引擎來說是較難解析的網頁，由於 Google 爬蟲近年持續進步，JavaScript 網站的爬取跟索引已經有所改善；但相較於一般 HTML 網頁，JS 的頁面對於爬蟲來說會更吃力，需要做更多額外優化。

如何優化爬取？

透過上述內容，我們已經理解了哪些狀況對於爬蟲會造成負面影響，那麼我們要做的就是將其反轉，就能創造好的爬蟲體驗了。而從這些內容我想你也能感受到，Google 就是希望網頁讀起來越舒服越好，希望可以越快、越輕鬆、越容易的爬完網站，那就越好。

另一方面，優化爬取就是在優化 Crawl Budget，讓預算花在重要的頁面、讓預算可以花得更有效率，並且把不重要的頁面隔離，避免消耗爬取預算。

接下來我們就來一步一步學習，要怎麼讓爬蟲爬取網站更加順利吧！

---

[1] 大型網站擁有者的檢索預算管理指南
https://developers.google.com/search/docs/crawling-indexing/large-site-managing-crawl-budget?hl=zh-tw

6-2 | robots.txt 實戰 | 優化爬取

　　接下來就是一系列的優化爬取技巧，內容會跟網站技術端比較有關，但你也別擔心，我不會教得太難，你只需要掌握最需要知道的基本概念就好，那就讓我們一起踏入優化爬取、跟爬蟲做朋友的旅途吧！

robots.txt 是什麼？

　　robots.txt（爬蟲協議）[1]**，是一種放在網站中的文本文件，這個文件會告訴爬蟲：哪些頁面可以爬、哪些頁面不可以爬。**從字面上你可以看的出來，它是由 robots（機器人）＋ txt（文本文件），也就是一個跟機器人（aka 爬蟲）溝通的文件。

　　為什麼會需要 robots.txt？因為我們不見得希望整個網站都被爬取，也不見得希望所有爬蟲來爬我們的網站，這就是管理爬取預算的重要性。透過 robots.txt，我們就能跟搜尋引擎的爬蟲溝通我們的需求，而爬蟲就會參考我們設定的規範，來進行爬取。

　　此外，現在因為 AI 也會爬取網站內容來訓練模型，如果你不想要網站的內容被 AI 爬取的話，也能利用 robots.txt 來稍微防範。

robots.txt 對於 SEO 操作有何意義？

　　前面聊了這麼多 robots.txt，那這個對於我們操作 SEO 有何意義？

- **確保 robots.txt 沒有封鎖不該封鎖的網址**
  - 如果發現爬取有問題，確保 robots.txt 沒有封鎖到不該封鎖的網址，像是以前某位政治人物網站上線時，就不小心將整個網站用 robots.txt 封鎖了，導致索引狀況非常差。
- **大型網站可用 robots.txt 控制爬取預算**
  - 由於大型網站頁面太多，不是每個頁面都應該被爬取，此時利用 robots.txt 控制哪些區塊不應該爬取，節省搜尋引擎的時間、降低伺服器的負擔，就非常重要了。

robots.txt 在哪裡？

圖：6-2-01

192

robots.txt 會在網站根目錄的地方，而且一定要在這裡，以下列舉幾個知名網站的 robots.txt 位置。

Apple：https://www.apple.com/robots.txt
momo：https://www.momoshop.com.tw/robots.txt
Yahoo：https://www.yahoo.com/robots.txt

如果你想了解根目錄的觀念，你可以到章節《4-7 網址路徑是什麼？SEO 該注意細節》參考相關內容，簡單來說就是最淺的那層目錄。

注意：robots.txt 必須要全部小寫，沒有特別的理由，就是行業規定。

robots.txt 實例解析

這邊我用 Apple 官網的 robots.txt 來舉例，並且逐個解釋裡面的名詞。

案例解說

連結：https://www.apple.com/robots.txt

#robots.txt for http://www.apple.com/

User-agent:*
Disallow: /*/includes/*
Disallow: /*retail/availability*
Disallow: /*retail/availabilitySearch*
Disallow: /*retail/pickupEligibility*
Disallow: /*shop/signed_in_account*
Disallow: /*shop/sign_in*
Disallow: /*shop/sign_out*

```
Disallow: /*shop/answer/vote*
Disallow: /*shop/bag*
Disallow: /*shop/browse/overlay/*
Disallow: /*shop/browse/ribbon/*
Disallow: /*shop/browse/campaigns/mobile_
```

我們可以看到，第一行寫了「#robots.txt for http://www.apple.com/」，這個是標示用途，非必要，讓我們知道這個 robots.txt 是為了「http://www.apple.com/」這個網站所使用。

User-agent 介紹

User-agent 你可以理解成網路世界中的名牌識別證，當你使用瀏覽器（比如說 Chrome 或 Firefox）或其他的應用程式，去造訪一個網站時，你的裝置會向網站送出一個訊息：說明你是誰、你用的是什麼瀏覽器、你的裝置是什麼，甚至包括你的作業系統等等信息。這個訊息就是 User-agent。

而爬蟲也會遵守這個規則，以下是常見的爬蟲 User-agent 名稱。

- Googlebot-Desktop：Google 桌面版搜尋引擎的爬蟲
- Googlebot-Mobile：Google 手機版搜尋引擎的爬蟲
- Bingbot：Bing 搜尋引擎的爬蟲
- BaiduSpider：百度搜尋引擎的爬蟲
- DuckDuckBot：DuckDuckGo 搜尋引擎的爬蟲

回到我們的案例，前面 Apple 官網中的「User-agent:*」就代表適用所

有爬蟲，也就意味著以下規則（下面一堆的 disallow）適用於所有爬蟲。

Disallow 指令

下個部分我們看到：「Disallow: /*/includes/*」。首先「Disallow」就是不允許的意思，代表 Disallow 後面的不允許爬取。

這邊我舉例說明，我們有一個網站是 example.com，這個網站裡面有以下的網址。

example.com/

example.com/category/abc/

example.com/category/abc/includes/?=12333

以下我會列舉不同的情境，說明 robots.txt 對應的效果。

舉例一：Disallow: /*

這代表 example.com/* 以後的網址都不能爬取，也就是整個網站都不能爬取。而這個「*」則是萬用符號的意思，它能代表任何字母及符號的意思，下方標示（X）代表這些網頁爬蟲不能爬。

（X）example.com/

（X）example.com/category/abc/

（X）example.com/category/abc/includes/?=12333

舉例二：Disallow:

這就是沒有規定什麼不能爬的意思，所以網址都可以爬；下方標示（O）代表爬蟲可以爬。

（O）example.com/

（O）example.com/category/abc/

（O）example.com/category/abc/includes/?=12333

舉例三：Disallow: /*/includes/*

這代表 example.com/ 中包含 /includes/ 的都不能爬取。

（O）example.com/

（O）example.com/category/abc/

（X）example.com/category/abc/includes/?=12333

Allow 指令

有 Disallow 指令，那當然就有 Allow。同樣是 Apple 官網的 robots.txt 文件中，我們可以找到：

User-agent:Sogou web spider
Disallow: /*
Allow: /cn/*
Allow: /cn-k12/*

現在你應該幾乎都能看懂了吧！讓我來替你翻譯一下。翻譯：針對 Sogou web spider 這個 User-agent，整個網站都不能爬取，但允許爬取：「/cn/*」、「/cn-k12/*」路徑的網頁。

現在是不是已經能看懂 robots.txt 文件了呢？

Disallow 與 Allow 指令如果衝突怎麼辦？

或許你會想，那如果這兩種指令衝突、矛盾會怎麼辦呢？好比說以下的例子：

User-agent:Sogou web spider
Disallow: /*

Allow: /cn/*

Allow: /cn-k12/*

這個例子中，為何 Allow 可以不受前面的 Disallow 約束呢？不是說好整個網站都不能爬嗎？

這邊我們可以參考 Google 官方的說法 [2]：「將 robots.txt 規則與網址比對時，檢索器會根據規則路徑長度，使用最明確的規則。**如果規則發生衝突（包括含有萬用字元的規則），則 Google 會使用限制最少的規則。**」

這邊我們使用幾個 Google 提供的舉例：

舉例一：https://example.com/page

allow: /p

disallow: /

適用規則：allow: /p，因為規則較為明確。

舉例二：https://example.com/folder/page

allow: /folder

disallow: /folder

適用規則：allow:/folder，因為在規則發生衝突的情況下，Google 會使用限制最少的規則。而這種狀況算是比較不理想的情況，建議網站主不要規劃這種規則，會讓搜尋引擎比較困惑。

robots.txt 的 SEO 相關操作

robots.txt 測試工具

如果你想要檢測自己網站的 robots.txt 有沒有設定好，你可以透過 Google 官方工具《使用 robots.txt 測試工具檢測 robots.txt》[3]。

如何提交 robots.txt 檔案

robots.txt 只能放在根目錄，就是網址的最淺那一層，舉例：

正確：https://www.apple.com/robots.txt
錯誤：https://www.apple.com/category/robots.txt

關於上傳的方法，每個網站方法不太相同，你可以與你的網站公司聯絡、工程師聯絡，討論如何上傳。理論上網站應該原本就有設定好 robots.txt 了 [4]。上傳到正確的根目錄後，Google 會自動抓取到 robots.txt 的規則，不需要額外做什麼。

哪些頁面我應該用 robots.txt 限制爬取？

如果你認為網站某些頁面完全沒有被爬取跟索引的價值，你也不希望這些內容出現在搜尋結果頁上，像是某些標籤頁、搜尋結果頁，那麼可以把那些網址路徑加入 robots.txt 當中。

如果你的網站並不大，一般來說**只須要注意 robots.txt 有沒有不小心擋到不該擋的頁面**，而不是主動去阻擋爬蟲爬取網站。

我能用 robots.txt 來避免敏感頁面被爬取嗎？不建議！

有的情況下，我們網站會有一些不希望被 Google 爬取跟索引的資料，

我們是否能用 robots.txt 來禁止呢？有關於這個問題，理論上可以，但在實務上卻非常不建議，我提供以下建議給你參考。

一、robots.txt 並非強制性

由於 robots.txt 並非強制性，爬蟲們會「尊重」規則，但還是會遇到耍流氓的情況；因此儘管 robots.txt 看似可以避免敏感資料被爬蟲爬取，但並非很安全的方法。

二、隱私路徑會被揭露

robots.txt 文件是公開的，任何人都可以查看它，就像是我們可以分析 Apple 官網的 robots.txt 一樣，任何人都可以點這個連結來了解。因此你如果在 robots.txt 文件中列出敏感的路徑，實際上反而是揭露了敏感資訊的位置。

更好的解決方案：請找工程師及資安人員討論！

敏感頁面這件事本質是資安問題，不算是 SEO 問題，因此我會建議你不要單純靠 SEO 解決它，請尋求專業工程人員的協助，讓網站跟客戶的資料能被安全的保護。

---

[1] robots.txt 簡介
https://developers.google.com/search/docs/crawling-indexing/robots/intro?hl=zh-tw
[2] Google 如何解讀 robots.txt 規格
https://developers.google.com/search/docs/crawling-indexing/robots/robots_txt?hl=zh-tw
[3] 使用 robots.txt 測試工具檢測 robots.txt
https://support.google.com/webmasters/answer/6062598?hl=zh-Hant
[4] 如何編寫及提交 robots.txt 檔案
https://developers.google.com/search/docs/crawling-indexing/robots/create-robots-txt?hl=zh-tw

6-3 | 網站架構最佳化
| 優化爬取

爬取章節我們提到網站架構很重要，網路上的教學也都會提到這點，那麼到底「網站架構」是什麼？要怎麼做好？接下來就讓我們來深入談談什麼是 SEO 友善的網站架構。

如果說網站是一個大樓，SEO 人常說的網站架構，就像是這整個大樓的結構，一樓有哪些房間、二樓有哪些房間 ...... 七樓又有哪些房間。而爬蟲跟使用者就像是一個訪客，需要把這些房間都一一進入，然後去到下一個房間。

那前面提到的 robots.txt 就像是門口的守衛，跟這些來訪者（爬蟲）規定說：哪些樓層可以去、哪些房間不能去。所以說一個友善的網站架構，就是一個設計良好的大樓結構，**讓爬蟲、訪客、使用者可以輕鬆使用這個網站，這樣就會是個友善的網站結構了。**

網站架構設計大原則

以下是設計一個網站架構可以參考的原則跟技巧。

一、從使用者角度出發

從使用者角度出發，是設計網站架構最重要的事情；因為對於使用者來說用的順手、好用的網站，通常也會符合搜尋引擎的標準。而且對使用者來說好用的網站，才能幫助網站賺錢、幫助公司賺錢。

要點很多次才能找到需要用的網頁？網站載入很慢？重要頁面藏很深、深怕使用者找到？那這些使用者都不喜歡，都應該改。

二、點擊次數越少越好

設計網站架構最重要的原則就是：**讓爬蟲越少點擊次數就能爬完網站，會是最好的情況**。如果能讓爬蟲花 3 次就能到網頁 A，那就不要讓爬蟲花 7 次。我會建議使用者在 4~5 次以內，可以點擊到你多數的網頁，這樣深度就能接受。

三、越扁越好

對於爬蟲來說，**同一個頁面有很多連結不麻煩（水平寬），但需要點擊很深卻很麻煩費力（縱向深）**，因為越深的頁面需要更多次的點擊次數，因此網站架構越扁越好。

對於使用者來說，如果頁面很深，就需要點很多次，使用體驗也不好。

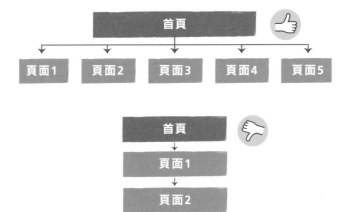

四、善用內部連結（Internal Link）

內部連結就是大樓內任意門，而且它能橫跨不同樓層、房間之間，讓不同空間之間有很多不同的到達路徑，而不是只能制式的走樓梯跟搭電梯。像是下面這張圖，本來從首頁要抵達網頁 5，需要點擊 5 次；**但有了內部連結後，只需要點擊 2 次就好，能讓爬蟲快速抵達深層頁面。**

而「內部連結」（Internal Link）聽起來很厲害，實際上要怎麼做呢？**其實只需要網頁上放超連結，而這個連結是同一個網站的內容，就是內部連結了哦！**

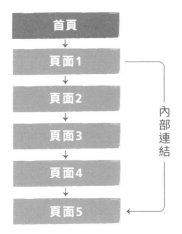

五、越重要頁面要越接近首頁

對於搜尋引擎跟使用者來說，首頁最重要，而越接近首頁的頁面也會越重要，**因此如果有一些頁面對網站主來說很重要，可以盡可能放首頁，或接近首頁。**

常見的作法像是**放在導航列（Navigation Bar），放在首頁的某個區塊**，都能讓爬蟲跟使用者更容易進入到此頁面。

網站改善實際操作

根據以上原則，以下提供五個實際的操作方式，讓你的網站架構更理想。

一、導航列（Navigation Bar）

網站最上面的菜單、有放很多分類的就是導航列，多數的網站都需要導航列幫助使用者找到對應的分類。像是 Apple 的導航列中就有：商店、Mac、iPad、iPhone、Watch、AirPods…… 等，這些就是網站主認為使用者最需要了解的頁面。

由於導航列會在每個頁面都出現，所以爬蟲在每個頁面都能透過導航列進行爬取，**因此如果有個頁面、分類、功能對你來說非常重要，那你就要盡可能放在導航列上面。**

我也很建議你可以多參考不同網站、不同產業的導航列設計，並多參考你喜歡的設計方式，嘗試模仿跟超越。

圖：6-3-01

二、頁尾（Footer）

頁尾會在網頁的最下方，幾乎每個頁面都會有 Footer，因此會有類似導航列的效果，在每個頁面提供爬蟲使用；但由於 Footer 對於使用者跟爬蟲來說價值較低，效果沒有導航列這麼好，建議重要的資訊跟分類還是放在導航列（Navigation Bar）。

Footer 通常會放：聯絡資訊、隱私權政策、條款與合約、網站地圖（HTML Sitemap）、使用條款。

當然你也可以更有效利用頁尾，像是 Apple[1] 讓頁尾充滿更多有益資訊，幫助使用者跟爬蟲能利用。

圖：6-3-02

三、HTML Sitemap（網站地圖）

HTML Sitemap 是指由 HTML 構成的網站地圖，簡單來說就是有個網頁，裡面會放網站內重要分類跟重要連結，可以參考下方圖片。

圖：6-3-03

我們可以看到 IKEA[2] 把重要的頁面分類跟網址（超連結）都放在這裡。對於使用者來說可以找到需要的內容；對於爬蟲來說這頁就是個內部連結大禮包，可以迅速到這些連結爬取。

四、URL 結構設定

URL 結構（網址結構）與網站結構通常會有關連，像是「https://example.com/seo/seo-intro/」，「seo-intro」通常會在第二層頁面。因此不建議網址層數太多，這對於使用者跟搜尋引擎來說都不喜歡，好比：「https://www.example.com/article/seo/skill/know-how/101/must/url-intro/」這樣的網址結構是不是就顯得很雜亂？且沒有必要。

建議可以嘗試改成：

https://www.example.com/article/seo-url-intro/

https://www.example.com/seo-url-intro/

關於網址結構撰寫方式，可以參考《4-9 怎麼撰寫好的網址命名與網址結構？》。

五、手動增加內部連結

如果你有很多文章頁面，記得每篇文章多增加個 3~5 個相關頁面的內部連結，這對於使用者跟 SEO 都會很有幫助。

[1] Apple Footer
　　https://www.apple.com/tw/apple-one/
[2] IKEA HTML Sitemap
　　https://www.ikea.com.tw/zh/ikea-sitemap

6-4 | XML Sitemap
| 優化爬取

　　要優化爬取還有一個很常見的好工具，叫做 Sitemap，裡面比較有名的是 XML Sitemap，**這個工具可以說是給爬蟲的快速通道、也是網站重要網址的懶人包**。對於大型網站來說，XML Sitemap 更是很重要的功能，接下來就讓我們來詳細談談 XML Sitemap 吧！

Sitemap 是什麼？

　　Sitemap 是一種給搜尋引擎使用的文件，裡面會將網站的連結（URL）列出來，讓爬蟲可以輕鬆找到所有網站網址。Sitemap 常見的有 XML Sitemap 跟 RSS Sitemap，我們下面會再詳細個別介紹。

　　對於爬蟲來說，整個網站就是一個巨大的城市，每個大街跟小巷都能走進去，而這些道路也彼此連結，讓爬蟲可以到處逛來逛去。然而，整座城市裡面可能只有特定的道路是最重要的，一個城市可能有 3,000 條道路，但裡面只有 100 條道路是最精華、最需要爬蟲來逛的。

　　因此我們就準備了一個 Sitemap，把所有重要的道路都標注出來，幫助爬蟲節省了大量的時間跟力氣；而對於市長來說，也確保了重要的道路都有被關照到。

　　回到 SEO 的場景，一個網站可能有上萬則網址，要如何幫助爬蟲很有效率的爬完呢？我們可以準備一包 Sitemap，這就是給爬蟲的懶人包，讓它可以直接享用裡面打包好的網址。爬蟲省心、更高效率的爬取完網站了，網站主也不用擔心重要網址會被爬蟲遺漏。

XML Sitemap 介紹

前面提到 Sitemap 有一種常見格式是 XML Sitemap，這個「XML」就是一種特殊的格式。我們這邊可以來看一下 XML Sitemap 的實際範例。

Apple 官網的 XML Sitemap

網址 [1]：https://www.apple.com/sitemap.xml

你可以看到裡面充滿了一則又一則的網址，而爬蟲看到這些網址就能直接進去爬取，非常方便。

圖：6-4-01

Frank Chiu 官網的 XML Sitemap

網址 [2]：https://frankchiu.io/sitemap_index.xml

這個是我的網站，畫面中則是我利用 WordPress Yoast SEO 外掛，產生的 XML Sitemap。你會感覺格式好像跟前面不一樣？這是因為這是一包 XML Sitemap 的索引檔案，Yoast SEO 根據不同的網址結構、頁面類型，分出了 5 個 XML Sitemap。

圖：6-4-02

我們可以點入當中的「post」，網址是：https://frankchiu.io/post-sitemap.xml；裡面就會有我網站文章的所有網址，共計 185 個，讓爬蟲可以直接爬取。

圖：6-4-03

如何產生 XML Sitemap？

要產生 XML Sitemap，可以參考網路上現成的工具，像是 WordPress 就有許多 SEO 外掛工具能幫助你產生 XML Sitemap，像是 Yoast SEO、Rank Math 等等。

而像是 Pixnet、Blogspot 也有提供自動產生 XML Sitemap 的功能。你可以詢問你的網站工程師、網站平台，查看關於 XML Sitemap 的資訊。

XML Sitemap 使用技巧

要做好 XML Sitemap，我們需要注意以下內容。

一、數量限制

XML Sitemap 一包可以吃下 50,000 則網址，如果超過 50,000 則網址，

就需要創立另一個 XML Sitemap。如果 XML Sitemap 檔案超過 50MB 也不可以，要拆開來。

二、自動更新

XML Sitemap 應該要能自動更新，讓爬蟲能爬到最新的網址。當網站網址有增加時，XML Sitemap 上面應該要能自動增加此網址；當網站有下架網址，XML Sitemap 也應該要自動移除網址。因此我這邊不提供手工製作 XML Sitemap 的工具，手動工具只能解決當下的問題，對於未來沒有幫助。

三、確保重要網址

XML Sitemap 是希望爬蟲能關注的網址，因此如果一些毫無爬取價值的垃圾頁面、已下架頁面，則不適合放入 XML Sitemap 當中。

四、放置位置

XML Sitemap 通常會放在根目錄的位置（網址第一層），不過這邊與 robots.txt 不同，這並非強制性的，但根據經驗，多數人都會放在網站根目錄，並且命名為「sitemap.xml」，你可以隨便點開一些網站測試看看，通常都會中！

五、需要提交到 Google Search Console

當完成了 XML Sitemap 之後，你會得到一個網址，如我網站的：https://frankchiu.io/post-sitemap.xml，接下來我們要這個網址提交到 Google Search Console 這個工具當中。

你可以在 Google Search Console 左側「產生索引 > Sitemap」，就能找到提交的地方。畫面中有一個「新增 Sitemap」，把網址貼上去，就能

成功提交囉！如果提交成功，會像是畫面中顯示「狀態：成功」，並且顯示這包 XML Sitemap 裡面有幾則網址。

　關於 Google Search Console 的內容可以參考《5-3 Google Search Console 常用 SEO 功能講解》。如果提交或規劃 XML Sitemap 碰到問題，推薦你參考 Google 官方文件《建立並提交 Sitemap》[3]。

圖：6-4-04

XML Sitemap 注意事項

　XML Sitemap 雖然很美好，但還是有一些注意事項。

不是索引保證

　使用 XML Sitemap 會提升爬取效率，進而提升被索引的機率，但這不意味著一定會被索引。還記得圖書館的例子嗎？使用 XML Sitemap 是幫助書籍更容易被看到，但還是要書籍內容夠好，圖書館管理員（Google）才會願意納入館藏，將其索引。

小型網站未必需要

　今天如果你的網站很小，網址在 10,000 則以下，其實你不安裝 XML Sitemap 也不會死，**只要內容有價值、網站有更新，Google 還是很樂意爬取**。

　因此如果碰到一些困難無法安裝或設定 XML Sitemap，也不用這麼緊張，這完全不影響你做好 SEO。

RSS Sitemap

一般來說，一個網站過往的內容都已經被搜尋引擎爬取跟索引了，那麼有沒有辦法讓搜尋引擎更專注在我網站「更新的網址」上呢？像是新聞、媒體網站就有大量的文章新增，**我們這個時候並不希望搜尋引擎慢悠悠地爬取冗長的 XML Sitemap，而是希望爬蟲可以專注在網站最新的網址上。**

而 RSS Sitemap 正能解決此問題，它也被稱做 RSS feed。RSS Sitemap 是一種 XML 文件，它包含了網站最近更新、發布的網址列表。每次網站有新的網址產生時，RSS Sitemap 也會被更新。這就像是以前部落格很盛行 RSS，你訂閱別人的 RSS，對方網站更新時，你就會收到通知；而 RSS Sitemap 也是相同的道理。

RSS Sitemap 注意事項

RSS Sitemap 同樣要提交到 Google Search Console，這部分可以參考上方 XML Sitemap 的說明。而同樣地 RSS Sitemap 是被爬取的快速通道，但不是被索引的保證。

如果想要了解 RSS Sitemap 更多細節，歡迎參考 Google 官方文件《建立並提交 Sitemap》[3]。

---

[1] Apple XML Sitemap
  https://www.apple.com/sitemap.xml
[2] Frank Chiu XML Sitemap
  https://frankchiu.io/sitemap_index.xml
  https://frankchiu.io/post-sitemap.xml
[3] 建立並提交 Sitemap
  https://developers.google.com/search/docs/crawling-indexing/sitemaps/build-sitemap?hl=zh-tw

6-5 | Sitelinks 網站連結 | 優化爬取

辛苦你了！前面講了這麼多技術相關的內容，希望你還撐得住，現在我們來個中場休息，講個輕鬆的 SEO 小知識：Sitelinks。

如果你有在 SEO 社團，每個月都看到以下對話：

- 「請問搜尋結果頁上這個又大又漂亮的搜尋版位是什麼？要怎麼做到呢？」
- 「網站要怎麼設定才可以變成這樣呢？」

他們說的圖片，即是這個：

圖：6-5-01

比起一般的搜尋結果，Apple 還多獲得了額外的網站連結（Sitelinks），像是：「探索所有 MAC」、「配件」、「Watch」、「探索所有 iPad」，這些都可以點擊，然後會帶你到對應的頁面去。這個看起來好美的版位就叫做 Sitelinks。讓我們開始聊聊 Sitelinks 是什麼，以及又要如何獲得呢？

什麼是「網站連結」（Sitelinks）？

上述這個又大又漂亮的版位叫做「網站連結」（Sitelinks），是一種搜尋結果的呈現方式，目的是為了讓使用者更容易獲得網站資訊。由於「網站連結」這名稱有點過於直白，導致每次跟人解釋時大家都覺得我很敷衍，但它真的就叫做「網站的連結」（Sitelinks）。

Google 關於「網站連結」（Sitelinks）之定義[1]：「在 Google 搜尋結果中，有些網站下方會顯示連結（稱為網站連結），有助於使用者瀏覽您的網站。」

由於這個版位非常吸睛，所以會很多網站主也都想要擁有這樣的版面。

網站連結版位有大小之分

除了上面那種又大又漂亮的版位是「網站連結」（Sitelinks）之外，其實下面這種「沒那麼漂亮的版位」，也是 Sitelinks。

Frank Chiu
https://frankchiu.io > 品牌白話文 > 公關策略 ⋮

公關是什麼意思？公關不只是辦活動而已，而是關於品牌的
…

顧名思義，公共關係就是品牌與公眾上的各種利害關係人（Stakeholder）的關係。而這些利害關係人好比：政府、消費者、非營利機構、投資人、企業員工；簡言之，就是對品牌來 …

公關」是什麼？ · 公關與廣告的差異？ · 數位時代的公關新風貌：無處不…

圖：6-5-02

你可以看到我的文章《公關是什麼意思？公關不只是辦活動而已》，在描述下面有「公關是什麼」、「公關與廣告的差異」、「數位時代的公關新風貌」，這些也都是可以點的連結，它們會連結到文章中對應的章節。

這個看起來沒那麼豪華的版位，請不要嫌棄它，因為它也是 Sitelinks，專有名詞叫做 One-line Sitelinks。

網站連結有什麼好處？

一、吸引點擊

當你的版位這麼大，自然就更吸引眼球，而且上面還有這麼多連結可以點，所以通常會讓使用者點擊率提升。根據 Ahrefs 的研究[2]，Sitelinks 對於網站 CTR 會有提升，換句話說，就是可以獲得更多流量。

二、提供給使用者更多資訊

這點是 Google 提供網站連結的初衷，網站連結可以讓搜尋結果上出現更多的資訊：本來可能只能看到首頁的資訊，但現在等於會出現 2~4 個其他頁面的資訊。這樣便能讓消費者更有機會找到有興趣的網頁，提升搜尋體驗。

三、網站主開心

這個理由有點搞笑，但我覺得網站連結帶給網站主的快樂可能比使用者多，看到這麼大的版位就覺得很有面子，像是我看到網站連結就很開心。有時候網站主跟 SEO 人就是這麼可愛。

圖：6-5-03

網站連結幾乎不可控

至於要如何獲得 Sitelinks 呢？答案可能會讓你失望，這幾乎是不可控的。

也就是說：沒有一個設定或結構化資料叫做「網站連結」，讓你做完設定後，就能跑出漂亮的網站連結。同時，網站連結會顯示哪一些頁面的連結，基本上也是不可控的。因此很多人會問：「我想改掉網站連結上的某個連結，要怎麼做？」答案是基本沒辦法做到，這也是為何我說這個章節是相對輕鬆的，畢竟我們沒有什麼可以做的大調整。

重點筆記

根據 Google《瞭解什麼是網站連結》[1] 說明：

「我們的系統會分析您網站的連結結構，找出最省時的捷徑，讓使用者快速找到想要的資訊。

- 主要搜尋結果
- 網站連結

只有在我們認為結果對使用者很實用時，才會顯示結果的網站連結。

如果您的網站架構不允許我們的演算法尋找優良的網站連結，或是我們認為您的網站連結和使用者的查詢不相關，則不會顯示網站連結。

目前網站連結是自動產生的。...... 舉例來說，網站的內部連結應使用切題、簡潔且不重複的錨定文字和替代文字。」

從上述資料，我們可以發現以下資訊：

- 網站連結目的是爲了服務使用者
- 網站連結是自動產生的
- 網站架構要能讓演算法判斷優良連結
- 網站內部連結設定很重要

　儘管網站連結原則上不可控，但從上述 Google 的指引以及 SEO 專家們的經驗，我們還是有一些可以做的小調整。

如何獲得網站連結？

大型網站連結通常出現在品牌字

　第一個，如果你想要的是那種大型的 Sitelinks，這通常只會出現在搜尋品牌字上面，而且通常品牌字的月搜尋量要超過一定的數量，不能太小。你可以搜尋看看：蝦皮、momo、Apple、Nike，這些網站都會有網站連結，但是也都只是在自己的品牌字上有出現而已。

　另外，**請品牌字一定要獲得第一名，多數的 Sitelinks 都會出現在第一名。**

導航列很重要

　如果你仔細觀察網站連結，**網站連結 50% 的內容跟導航列息息相關，因此請仔細規劃你的導航列**，因為它可能也會變成網站連結的一部分；可以參考章節《6-3 網站架構最佳化｜優化爬取》。

網頁架構很重要

　如果是文章類型的頁面要獲得 Sitelinks，文章目錄（Content Table）會有很大的幫助；你可以去搜尋文章目錄的工具 [3]，對於使用者體驗來說

有幫助，也更容易獲得小型的網站連結。如果是文章的話，不用第一名也會有機會出現網站連結。

提醒：網站連結沒那麼神

在這篇的最後，我想分享網站連結其實沒那麼神，儘管看起來很漂亮、很有面子，但實際上不會造成什麼決定性的成敗，在我的經驗中：網站的整體流量不會因為 Sitelinks 有多少差異。

我會建議你將 Sitelinks 視為一種 Google 對你的認可：對於你網站架構、網站流量的認可，而不是把 Sitelinks 當作你優化的目標。

因為網站連結所需要的前提條件，正是一個優質網站所需要的基礎建設，好比說：好的網站架構、內部連結、文章目錄等，都是對於使用者有幫助的，而這也是網站連結所需要的。盡可能提供更多對使用者跟 Google 有用的設定跟資訊，做好做滿，正是做 SEO 最踏實的態度。

SEA 也有網站連結

「網站連結」（Sitelinks）不只出現於 SEO（自然搜尋結果）上，SEA（付費搜尋結果）也會有「網站連結」的發生。像是以下面這張圖來說，SEO 跟 SEA 都有拿到又大又漂亮的網站連結。

在 Google Ads（SEA）中，這個叫做「網站連結額外資訊簡介」[4]，非常建議填寫，對於 SEA 成效會有明顯的差異。

圖：6-5-04

[1] 瞭解什麼是網站連結

https://developers.google.com/search/docs/appearance/sitelinks?hl=zh-tw

[2] What Are Sitelinks, Their Benefits, & How To Influence Them

https://ahrefs.com/blog/sitelinks/

[3] 7 Best Table of Contents Plugins for WordPress（Expert Pick）

https://www.wpbeginner.com/showcase/best-table-of-contents-plugins-for-wordpress/

[4] 網站連結素材資源簡介

https://support.google.com/google-ads/answer/2375416?hl=zh-Hant#zippy=%2C%E6%96%B0%E5%A2%9E%E7%B6%B2%E7%AB%99%E9%80%A3%E7%B5%90E7%B4%A0%E6%9D%90%E8%B3%87%E6%BA%90

6-6 | 網站載入速度 | 優化爬取

「SEO 就是要跑 PageSpeed Insights ！」

「我要追求 100 分的跑分！」

「網站速度是排名要素！」

不曉得你有沒有聽過上述這樣的傳聞，這些內容都跟網站速度（Page Load Time）有關，上述這些內容對錯參半，有合理的部分，也有許多的迷思。

網站速度非常的重要，不只會影響 SEO，更會影響到你的 Google Ads、Facebook 廣告、你的生意成交狀況。接下來我們就來好好聊聊「網站速度」，以及有什麼非技術背景朋友能做的調整。

網站速度對使用者與搜尋引擎的意義

Page load time 是指網站載入速度，網站速度對於使用者跟搜尋引擎來說都很重要。

對於使用者來說，網站載入速度慢，就代表獲得答案的體驗差，也就是使用搜尋引擎的體驗不好。**根據 Google 調查**[1]**：當頁面加載時間從 1 秒增加到 3 秒**

 As page load time goes from:

1s to 3s the probability of bounce **increases 32%**

1s to 5s the probability of bounce **increases 90%**

1s to 6s the probability of bounce **increases 106%**

1s to 10s the probability of bounce **increases 123%**

Source:Google/SOASTAResearch,2017.

圖：6-6-01

時，使用者離開網站的可能性會增加 32%。而知名 SEO 機構 SEMRUSH 也提出[2]，當網站載入速度超過 3 秒，那麼使用者跳出的機率會增加三倍。

提升網站速度，就能更容易留下消費者。

上述使用者提到的：「搜尋引擎的使用體驗不佳」，Google 聽到這句話就會心慌慌，完全無法容忍，因為搜尋引擎要靠使用者來賺錢。另一方面當網站載入速度慢，也代表爬蟲要讀取這個網站會更加費力，對於 Google 來說會是個負擔。

而且不只搜尋引擎，Google 自家的 Google Ads 關鍵字廣告，對於網站主的網頁載入速度也非常看重，太慢的網站載入就會影響到廣告的品質分數 [3]。

綜觀上述的原因，網站速度是 SEO 中有被 Google 明確說明會影響排名的要素，而且網站速度對於網站主的商業表現也會有明顯影響。換句話說，**提升網站速度對於提升整體網站排名會一定的幫助，而這算是 SEO 相對少見由 Google 官方明確給出的優化建議。**

我認為網站主在自身能力範圍內，都應該多關注自己的網站載入速度，給使用者良好的體驗。

如何測試網站載入速度

我們可以透過一些免費工具跟方法來測試自己網站的網站載入速度。

方法一、多拿幾支手機測試

第一個方法，我會推薦多拿自己的手機實際用用看網站，建議都用無痕模式，並且跟身邊的朋友同事都拿來測試，看看不同的手機是否會有

不同的變化。這個方法當然不夠科學、不夠具有代表性，但我認為網站主就應該是最常逛自己的網站的，網站主應該要當最嚴格的使用者，盡快發現自己網站的問題。

如果你身邊的人都發現網站載入很慢了，那還懷疑什麼？不需要別的量化數據了，趕快改吧！

方法二、PageSpeed Insights

Google PageSpeed Insights 這個免費工具能檢測網站效能跟網頁使用體驗的指標，也是多數人最熟悉的網站速度測試工具。你只需要把網址丟進去，就可以看到桌面版跟手機版的網頁載入效能，記得多測幾個不同的網頁。**其中手機版的分數重要性遠遠大於電腦版，而 Google 也會優先顯示手機版的資訊給你。**

圖：6-6-02

在 PageSpeed Insights 下方會提供給你很多分數跟分析資訊，我認為至少超過 50 分（橘燈）就是及格了，越高分當然越好。需要提醒的是，針對 PageSpeed Insights 的分數（PSI）切勿走火入魔，儘管網站速度、效

能對於排名有幫助，但不代表你從 80 分變成 99 分就會變成第一名。請記得影響排名的要素至少有 200 個，網站速度就只是其中一個，過度優化是沒有意義的。

另一方面，PageSpeed Insights 評量的指標也不只載入速度，還有很多其他的指標；Page load time 只是其中之一的項目。

Google PageSpeed Insights[4]：https://pagespeed.web.dev/

小結：Google PageSpeed Insights（PSI）與 Page load time 並不完全相同；Page load time 只是 PSI 的一部分，會建議就算 PSI 分數還可以，還是要看一下 Page load time 的狀況跟體驗。

方法三、其他工具

比起 Google PageSpeed Insights，SEO 與網站工程界有一派更喜歡使用其他工具檢測網站速度，如：GTMetrix、Pingdom。這兩個工具能提供更細節的分析資訊，有興趣的朋友可以去鑽研這兩個工具。

GTMetrix[5]：https://gtmetrix.com/
Pingdom[6]：https://tools.pingdom.com/

優化網站速度的限制

網站速度檢測工具都會列出一些網站的問題，那麼如果我們想要優化網站速度，簡單來說可以怎麼做？以及實務狀況是什麼？在談論方法之前，我想要先談論一下網站速度優化的限制。

一、有修改門檻

我必須很誠實的說：優化網站速度是非常細膩的網站工程，對於不熟

悉網站程式的朋友來說能做的十分有限。當然還是有些事情是非工程背景的朋友能做的，但想要把網站調教到很好，還是十分仰賴專業人士。

二、不見得能修改

如果今天你是自己架站，對整個網站程式碼都有修改權力跟能力，那當然你想優化網站速度是沒問題的。但如果你是在別人家的電商平台、別人家建置的系統，能優化的空間就會很小了，因為多數程式碼你都不能動。

當然這不見得是壞事，優質的平台會幫你把網站技術都處理到還不賴的標準，使用者也就別操心了，專心做生意就好。

三、尊重網站工程師

如果你把 Google PageSpeed Insights 裡面的每個修改建議都丟給網站工程師，他多半會面有難色；因為裡面很多的修改建議對於實務上並不現實，很難做到，儘管報告中看起來好像能做到。如果你非網站工程背景，這個時候不要過度堅持，要誠懇地跟工程師溝通我們的需求跟目標，一起討論目前的網站可以怎麼調整。

網站載入速度優化手段

理解完限制後，我們就能來討論怎麼優化網站速度了，我們主要討論基本版，也就是非工程背景的朋友也能比較容易實踐的。

壓縮圖片

最簡單、最容易做的就是壓縮圖片了；儘管高畫質的圖片很吸引人，但如果檔案太大，會讓網站載入被嚴重拖累。你可以利用各種圖片壓縮工具，這些工具可以把圖片大小大幅降低，但畫質卻幾乎不受影響，我自己習慣使用的是 TinyPNG。

TinyPNG[7]：https://tinypng.com/

減少不必要的網站外掛

網站外掛（plugins）是替網站增加額外功能的程式，這些程式太多的話，就會讓整個網站變得臃腫跟遲緩。因此想要優化網站速度的時候，**可以檢視一下網站上有沒有不必要的外掛可以移除？有沒有外掛的功能是重複的，可以只保留其一？**

但如果是一些非常重要的外掛，就算會讓網站速度變慢一點，那還是得保留，不能因小失大。

上述兩個做法是一般人員都能嘗試處理的。而下面我會條列一些需要工程人員協助的修改項目。

其他常見優化項目

以下這些則是其他常見的優化項目，多半都需要網站工程師協助，以下這邊就不做太多描述，有興趣的朋友可以查詢相關名詞獲得更詳細的資料。

- 使用 WEBP 的圖片格式
- 優化 CSS
- 減少 JavaScript
- 壓縮 JavaScript、CSS、HTML
- 利用瀏覽器緩存
- 限制 HTTP 請求
- 減少重新定向
- 優化網站字體
- 使用 CDN
- 升級網站主機

建議做 AMP 嗎？

有些朋友可能聽過 AMP（Accelerated Mobile Pages）[8]，中文叫做加速行動版頁面，是一種能讓行動版網站載入速度變快的工具。但因為 AMP 有諸多限制、管理上比較麻煩，近期業界比較不流行跟推崇使用 AMP，我這裡不特別推薦新手使用 AMP。

> 總結：網站速度對於 SEO、電商、使用者都非常重要，值得網站主留意。但網站速度的優化需要網站工程師的密切配合，需要網站主跟網站工程師詳細規劃專屬自身網站的優化方案。

[1] Find out how you stack up to new industry benchmarks for mobile page speed
https://www.thinkwithgoogle.com/marketing-strategies/app-and-mobile/mobile-page-speed-new-industry-benchmarks/
[2] What Is Page Speed & How to Improve It
https://www.semrush.com/blog/page-speed/
[3] Google Ads 品質分數簡介
https://support.google.com/google-ads/answer/6167118?hl=zh-Hant
[4] Google PageSpeed Insights
https://pagespeed.web.dev/
[5] GTMetrix
https://gtmetrix.com/
[6] Pingdom
https://tools.pingdom.com/
[7] TinyPNG
https://tinypng.com/
[8] AMP
https://developers.google.com/search/blog/2016/09/what-is-amp?hl=zh-tw

6-7 | 網站使用體驗核心指標 | 優化爬取

　　講完了網站速度，我們連帶介紹一個稍微進階、但非常重要的指標：網站使用體驗核心指標（Core Web Vitals）。做 SEO 都說網站使用體驗很重要，那這件事要怎麼定義呢？所以 Google 有開發出定義網站使用體驗的指標，看起來會有點難，但只要說明後就很好理解了，讓我們開始吧！

網站體驗核心指標（Core Web Vitals）

　　在跑 PageSpeed Insights 時，比起網站效能的分數，我們會先看「網站使用體驗核心指標評估」（Core Web Vitals），這是非常重要的指標，Google 明確表達這對於排名有影響。

　　其中最需要我們關注的是：LCP、FID、CLS、INP，看起來很枯燥難懂，但別擔心，我會用「打電子遊戲」來舉例，讓你秒懂這些名詞的意義。

圖：6-7-01

先打個預防針

對於非工程背景的朋友，要優化這些指標並不容易，詳細的技術解說也不是本書的主要目標。以下內容主要幫助你了解指標的內涵、優化方向，並且積極跟工程師溝通，明白優化這些指標的必要性跟重要性。

網站體驗核心指標非常的技術性，透過此章節的講解，聰明的你應該能理解每個指標背後的意涵，但到了調整項目的時候，95% 的調整項目非工程師背景的我們都無法調整，這部分需要我們友善、尊重、積極的與網站工程師、外包廠商洽談，才能把網站體驗調教好。

同時我們優化某個指標時，可能會導致另一個指標分數受影響，因此這部分不建議隨便亂裝 WP 外掛、亂修改，還是會需要顧及網站整體平衡性來做修改，而這就是網站工程師的專業所在，這篇文章期待能幫助你跟工程師溝通更加順利。

網站體驗核心指標的重要性

網站體驗核心指標除了對於排名有幫助、對 SEO 有幫助之外，根據 Google 研究，這些指標會直接影響到使用者使用網站的狀況，並影響到商業結果。

引用自 Google 的相關調查 [1]：

- 若網站達到網站體驗核心指標的門檻要求，使用者放棄載入網頁的可能性會降低 24%。
- 最大內容繪製（LCP）指標每縮短 100 毫秒，Farfetch 的網站轉換率就會提高 1.3%。
- 將累計版面配置位移（CLS）指標降低 0.2，讓 Yahoo!Japan 的單次工作階段網頁瀏覽量提高 15%，工作階段持續時間延長 13%，跳出率則降低 1.72%。

LCP（Largest Contentful Paint）

　　想像你正在打開一個遊戲，但是你最期待的遊戲主要畫面（好比如主角或主要場景），這個主要畫面出現的時間非常慢，是不是體驗會很糟糕？**LCP 就像等待主角或主場景完整出現在你面前的時間。**

　　回到網頁的使用情境上，LCP 叫做 Largest Contentful Paint，中文叫做最大內容繪製，當一個網頁開始載入畫面中主要內容的載入時間，就是 LCP 的時間，也就是跟 Loading、載入相關。

　　Google 官方說法：「從使用者要求網址時開始，轉譯可視區域中最大可見內容元素所需的時間。最大元素通常是圖片或影片，也可能是區塊層級大型文字元素。這項指標的重要性在於可以看出訪客多快能看到該網址實際載入。」

LCP 標準

LCP 標準：2.5 秒以下爲良好，4 秒以下需要改善，4 秒以上不良。

LCP 優化方法

- 處理更快的伺服器主機
- 使用網頁快取
- 刪除不必要的 JavaScript
- 優化 JavaScript 與 CSS
- 預先載入重要資源，例如字體等
- 改善圖片檔案大小

詳細內容可以參考 Google 提供的更多建議 [2]。關於更多調整方式，可以參考 Google 官方的《優化 Largest Contentful Paint 最大內容繪製》。

CLS（Cumulative Layout Shift）

當你玩遊戲時，**遊戲畫面突然不停的跳動或移動，敵人也在不正常的移動，讓你沒辦法正確控制角色或看清楚畫面，使你很難繼續遊戲，這樣的體驗太糟糕了。**

回到網頁的使用情境上，CLS 叫做 Cumulative Layout Shift，中文叫做累計版面配置位移，也就是如果有不正常的元素位移，都會影響到 CLS 分數。

Google 官方說法：「CLS 能針對使用者開啟網頁期間，加總計算每一次非預期版面配置位移的評分。分數評分範圍為 0 到任何正數，其中 0 表示沒有任何位移，而數字越大表示網頁上發生的位移越多。這項指標的重要性在於，如果網頁元素在使用者嘗試與網頁互動時移動了位置，會對使用者體驗造成負面影響。如果你找不到評分過高的原因，請嘗試與網頁互動，就能瞭解獲得該評分結果的原因。」

CLS 標準

CLS 標準：位移 0.1 以下為良好，0.25 以下需要改善，超過 0.25 不良。

CLS 優化方法

- 圖片元素中有明確的尺寸（避免圖片元素中沒有尺寸屬性或寬高比例）
- 嵌入的內容有明確的尺寸（避免 iframe 沒有尺寸屬性或寬高比例）
- 預留廣告或其他動態元素的空間（應避免動態加入的內容比預留空間更大）

關於更多調整方式，可以參考 Google 官方的《優化 Cumulative Layout Shift 累積佈局偏移》[3]。

FID（First Input Delay）

當你試著控制遊戲角色移動或跳躍時，遊戲沒有馬上回應你的操作。也就是說，**你按下了鍵盤或控制器的按鈕，但角色等了一下才開始動作，這段時間就是 FID 時間；如果 FID 時間太長，這種 lag 的感覺就會很難受。**

回到網頁使用情境上，如果今天按下某個按鈕，但卻過了一小段時間才有動作，如果這個等待時間太長，就代表 FID 時間太長了，中文意思是首次輸入延遲。在 2024 年 FID 指標會被 INP 指標取代，但在之前 FID 仍然是重要指標，因此在這裡我還是會介紹。

Google 官方說法：「自使用者首次與網頁互動起算（例如點選連結、輕觸按鈕等），到瀏覽器回應該互動所需的時間。這項測量作業是針對使用者首次點選的互動式元素進行。對於需要使用者主動操作的網頁來說，這項指標非常重要，因為網頁要經過這段延遲時間才會變為互動式網頁。」

FID 標準

FID 標準：100 毫秒以下爲良好，300 毫秒以下需要改善，超過 300 毫秒不良。

FID 優化方法

- 拆分長時間的工作
- 優化 JavaScript
- 使用 Web Worker
- 縮短 JavaScript 執行時間

關於更多調整方式，可以參考 Google 官方的《優化 First Input Delay 首次輸入延遲》[4]。

INP（Interaction to Next Paint）

想像你在遊戲中完成了一個任務，然後馬上想進入下一個任務或場景。但是，當你試著進入下一個場景時，遊戲讓你等了很久才開始。**這段等待的時間，你急著想玩下一關，但遊戲卻讓你等待、無法進行互動的時間，這就是 INP 的概念。**

INP 的概念與 FID 很接近，而 Google 認為 FID 有些缺陷，因此推出了涵蓋面向更完整的 INP，會在 2024 年 3 月取代 FID。在網頁使用中，點擊、按鍵行為會觸發網頁，Google 會將過程中最長的互動時間作為 INP，中文暫譯：「與下一個顯示的內容互動」。

　　「最長的互動時間」這是與 FID 是最大的不同，因為 FID 只計算「首次」互動時間，有可能首次好，但後面的互動狀況不好，而 INP 就不會有這個問題，會更完整的評估使用者跟網頁互動的狀況是否有過分的延遲。

　　Google 官方：「INP 是一個用來評估網頁對於用戶互動整體反應速度的指標。它觀察網頁對於所有點擊、觸摸和鍵盤互動所需的反應時間，這些互動都是在用戶訪問該頁面期間發生的。」

INP 標準

　　INP 標準：200 毫秒以下為良好，500 毫秒以下需要改善，超過 500 毫秒不良。

INP 優化方法

- 拆分長時間的工作
- 減少頁面載入時間
- 壓縮圖片尺寸
- 壓縮 JavaScript 文件的大小
- 減少不需要的 CSS、Javscript 或第三方程式碼
- 延遲載入較不重要的 JavaScript
- 避免 DOM 過大

　　關於更多調整方式，可以參考 Google 官方的《優化 Interaction to Next Paint》[5]。

怎麼檢視網站體驗核心指標狀態

以下兩個最實用的方法，可以幫助你檢視網站體驗核心指標狀態。

PageSpeed Insights

將網址放到 PageSpeed Insights[6]，就會跑出這些指標的健康狀態跟建議調整方式。

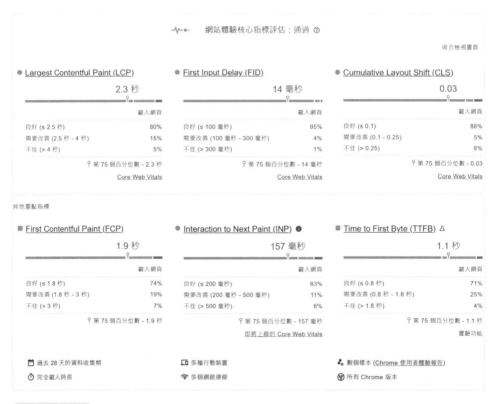

圖：6-7-02

Google Search Console

點開 Google Search Console 的「體驗＞網站使用體驗核心指標」，裡面會列出指標的健康狀態，以及分別是哪些網址有狀況，推薦使用此功能瀏覽整個網站的健康狀態。

關於 Google Search Console 的討論，可以參考章節《5-3 Google Search Console 常用 SEO 功能講解》。

圖：6-7-03

網站體驗核心指標的綜合整理表

各指標的標準如下表所示，盡可能要達到中間分數。

	良好	需要改善	不良
LCP	2.5 秒以下	4 秒以下	超過 4 秒
FID	100 毫秒以下	300 毫秒以下	超過 300 毫秒
CLS	0.1 以下	0.25 以下	超過 0.25
INP	200 毫秒以下	500 毫秒以下	超過 500 毫秒

---

[1] 網站使用體驗核心指標報告
   https://support.google.com/webmasters/answer/9205520?hl=zh-Hant
[2] 優化 Largest Contentful Paint 最大內容繪製
   https://web.dev/articles/optimize-lcp?hl=zh-tw
[3] 優化 Cumulative Layout Shift 累積佈局偏移
   https://web.dev/articles/optimize-cls?hl=zh-tw
[4] 優化 First Input Delay 首次輸入延遲
   https://web.dev/articles/optimize-fid?hl=zh-tw
[5] 優化 Interaction to Next Paint
   https://web.dev/articles/optimize-inp?hl=zh-tw
[6] PageSpeed Insights
   https://pagespeed.web.dev/

第七章

SEO 索引
優化技術

查看本書教學圖片數位高解析版

https://tao.pse.is/
seo-book-notion

7-1 | 索引是什麼？
| 優化索引

搜尋引擎三階段：爬取＞索引＞排名，我們已經攻略完爬取，辛苦你了！接下來我們要走到「索引」章節，可以說多數爬取的努力，都是為了索引而存在的。當爬取基本功做得好，那麼索引就是手到擒來。

索引是什麼？

當我們搜尋時，搜尋引擎並不是重新開始爬取這整個網際網路，然後將資料變成排名。相對的，當我們搜尋時，是從每個搜尋引擎已經準備好的資料庫，從這些資料庫裡面進行排名，然後提供給使用者搜尋結果。**當一個資料進入資料庫，能在資料庫中被找到，我們就能稱該資料已經「被索引」了。**

換句話說，沒有索引（Index），就沒有排名（Rank）；好比說，沒有被登記成為考生的人沒有資格參加考試，自然也不會有考試排名。

如何知道自己被 Google 索引了？

那麼我們要如何知道自己的網頁有沒有被 Google 索引呢？大原則就是：能在 Google 搜尋引擎中找到，就算是被索引了。就算是排名第 99 名，你覺得排名爛透了，但這依然算是被索引了，就像是考試排名全班最後一名，也不能否認這個學生確實有參加考試的事實。

許多時候網站如果作弊，或是做了違反 Google 規範的事情，SEO 的專

業術語叫做黑帽，Google 就有可能把這個網站的索引移除，排名自然就歸零了。

接下來介紹四種實用索引檢測技巧，幫助你確認網站的索引狀況。

一、搜尋網頁標題

第一個方法就是把網頁標題當成關鍵字，放到搜尋框上進行搜尋。標題複製長一點比較好，因為這樣越快可以找到。像是我直接搜尋我的文章標題《如何確認網頁被 Google 索引（index）了？》，就可以找到我的這篇網址。

圖：7-1-01

如果能找到就代表有被索引；同樣的道理，你也可以把文章一小段文字擷取出來搜尋，也會有類似的效果。你也能透過這樣的方法，看看自己的文章是否有被人未經同隱的轉載或抄襲，有時候會有意外的收穫。

二、搜尋網頁網址

搜尋網頁網址也是檢測索引很方便的做法，我們把網址複製下來，將這串網址當成一個關鍵字進行搜尋，通常你的網站也會跳出來，像是下圖的結果。如果有找到，那就是代表有被索引了。

圖：7-1-02

三、搜尋 site: 網址

這個是方法二的進階版，我們在搜尋框輸入：「site: 網址」，可以更精確的找到該網址的索引狀況，如下圖所示。這是專業的 SEO 人才會用的方法，畫面中也跳出來了「請使用 Google Search Console」，可以說是獲得了 Google 的認證——你是內行的。

圖：7-1-03

四、Google Search Console 網址審查

當你打開 Google Search Console，最上方有個搜尋框框，你就在這裡放入你想要檢查索引的網址，然後大力按下 Enter。然後你就會看到下圖的結果，裡面如果顯示「網址在 Google 服務中」，那就代表成功索引了。

如果沒有，**右下角的「要求建立索引」，可以讓 Google 爬取該網址後**

決定是否要索引，你可以理解成跟 Google 掛號，請 Google 特別來看看這個網址。

圖：7-1-04

提交完成後，會出現一個「已要求建立索引」，這就代表你的請求 Google 收到了，接下來就看 Google 評估這個網址值不值得被索引。

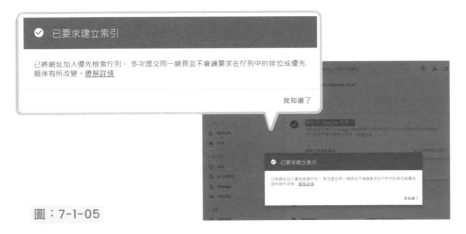

圖：7-1-05

進階技巧，整體網站的索引確認方法

上述四個方法，終究是一個一個確認，但如果要檢查網站大範圍的網址索引狀況，要怎麼做呢？接下來我想分享進階的做法，幫助我們了解整個網站的索引狀況。

一、Google Search Console 產生索引－網頁

Google Search Console 可以幫我們做到整體性的索引檢查。你可以在 Google Search Console 左邊的「產生索引＞網頁」，找到「查看已建立索引網頁的相關資料」，你可以在這邊看到有被索引的網址的全部列表。

圖：7-1-06

同時，你也可以看到「未建立索引」的頁面，如果數量很多，**請你先不要緊張，這些頁面很多都是沒有價值的頁面，我們需要進去檢查看一下有沒有頁面該所索引卻沒被索引。**

關於網頁未編入索引的原因，這個我們下個章節再來詳談。

圖：7-1-07

二、XML Sitemap 確認索引

利用上個方法「Google Search Console 產生索引－網頁」，自然是最完整、最詳細的方法。但裡面還是太多雜訊了，我們總不能每次都把所有網址下載下來，一個一個檢查吧？如果想要迅速檢測網站的整體索引狀況，有沒有更好的方法？

有的，方法就是在爬取章節《6-4 XML Sitemap｜優化爬取》提過的 XML Sitemap。這邊我有一個前提，就是你重要的網址都已經被放到 XML Sitemap 當中了，網址已經被打包好了，而且提交給 Google 了，如果對這段論述有點不熟悉的朋友，可以重新翻閱一下 XML Sitemap 的章節。

我們回到跟剛剛相同的位置，打開 Google Search Console，「產生索引 > 網頁」，然後看到「網頁索引狀態」的正下方，會有一個「所有已知的頁面」，點開來選擇最下面的「Sitemap 篩選器中的網址」。

當你點開來後，畫面中應該看到的網址數量會少非常多，因為這些都是最精華的網址。像是畫面中我有被索引的網址有 330 個，沒被索引的網址有 6 個；這時候我就只需要去看這 6 個網址是誰，為什麼沒被索引即可，而不需要看整個網站。

我認為這是 XML Sitemap 非常重要的優勢，**比起被爬取，我認為透過 XML Sitemap 來監測索引狀態，是更重要的功能。**

圖：7-1-08

　　那麼這些沒被索引的網址該怎麼辦呢？我們下個章節會跟你聊要怎麼處理，到目前為止，你只需要理解「如何檢查單一網址的索引狀況？」、「如何檢查全站的索引狀況？」就非常足夠了，其它我們慢慢來。

練習題目

　　請你利用「搜尋網頁標題」、「搜尋網頁網址」這兩個方法，來檢測以下這個網址[1]有沒有被索引。

1. 電子書有什麼好處？爲何電子書閱讀器可以大幅提升閱讀量？半年讀 35 本書後的經驗分享
2. https://frankchiu.io/why-you-need-ebook/

---

[1] 電子書有什麼好處？為何電子書閱讀器可以大幅提升閱讀量？半年讀 35 本書後的經驗分享
https://frankchiu.io/why-you-need-ebook/

7-2 | 如何評估索引出問題？
| 優化索引

理解了索引是什麼、索引要如何確認後，我們要討論的下個問題就是：怎麼樣算是網站索引有問題？

網站整體索引狀況為何很重要？

單個網址沒被索引，問題還好，但如果有非常多網址沒被索引，對於整體網站的 SEO 競爭力就會有很大的影響了。

另一方面，我們整個網站常常衍生很多非核心的網址，也就是很多不重要的網址，對於搜尋引擎、使用者甚至網站主都沒有太多價值。**如果這些網址都被索引，反而會讓搜尋引擎把資源放在不重要的地方上，因此我們追求的絕對不是整個網站的網址都被索引，而是重要網址的索引。**

大型網站需要更重視索引

相較於小型網站幾乎不會有爬取跟索引的問題，大型網站像是媒體網站、電商網站，因為網頁數量太多，有些狀況下會使得很多頁面沒有被索引，因此更需要用系統性的方式來維護跟監測網站索引狀況。

怎麼樣算是索引有問題？

原則上對你來說重要的網址沒被索引，我覺得這就是有問題；**如果很多的重要頁面沒被索引，那就是大問題了，而這個重要因人而異：有些**

網站希望自己每個產品頁都能被索引，有的網站卻主動讓自己的產品頁不被索引，因為這些數量太多了，它只希望自己有競爭力的產品分類頁能被索引就好。

如何評估網站整體索引狀況？

接下來我會分享評估網站索引狀況的方法，這些方法幾乎都需要使用 Google Search Console 才能評估，關於 Google Search Console 的內容請見《5-3 Google Search Console 常用 SEO 功能講解》。

一、利用 XML Sitemap

如同前面章節提到，打開 Google Search Console，「產生索引 ＞ 網頁」，然後看到「網頁索引狀態」的正下方，會有一個「所有已知的頁面」，點開來選擇最下面的「Sitemap 篩選器中的網址」。

透過這個功能，由於 XML Sitemap 可以自行設定，如果我們設定好 XML Sitemap 都是重要的網址，我們就只需要監測這幾包的重要網址即可。好比說，我的網站大概有 1,400 個網址，裡面有 968 個網址沒被索引，要檢測這 968 個網址的索引狀況就會比較費神。

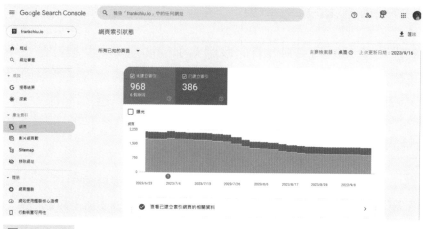

圖：7-2-01

但如果把重要的網址打包成 XML Sitemap，網址就變成 340 個而已，而沒被索引的網址只剩下 6 個，我只需要研究 6 個網址就好，檢測效率會快上很多。

圖：7-2-02

二、觀測整體趨勢

在 Google Search Console「網頁索引狀態」，這邊除了會顯示索引、未索引的數字之外，它顯示的是近 3 個月的索引數字，從這張圖我們也能觀察索引的趨勢變化。

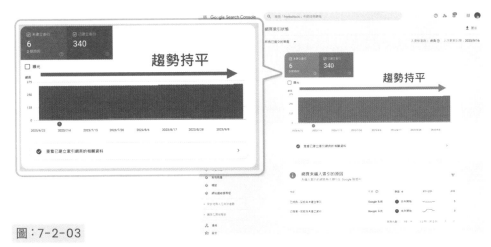

圖：7-2-03

- 如果有索引的網頁數量持續變少，那就要進一步看一下是哪些頁面變少，有什麼原因，原因是否合理？
- 如果網站明明有大量新產生的內容跟網址，索引數量卻也還是持平，那也需要注意一下整體網站的索引狀況。

替代評估作法：隨機抽檢索引狀況

如果你有些苦衷或困難，導致沒辦法使用 Google Search Console 檢測，那你也能用抽檢的方式檢查索引狀態，當然這不是最理想的做法，但某些狀況下可以應急使用。

一、抽檢每個類別的頁面

你可以抽檢每個類別的重要頁面，好比：首頁、各個分類頁、文章頁、產品頁、產品分類頁，每個類別抽檢 5~7 組網址，大概感覺一下整體網站的索引狀況。

二、利用 site: 功能

當我們利用 site: 功能，Google 會給我們看到這個網站被索引的大多數網址，我們可以根據這些羅列出來的網址，去檢測各個類別的網址是不是大概有被索引了。當然，這不是非常理想的做法，但在某些情況下可以應急，條件允許，還是建議用 Google Search Console。

圖：7-2-04

7-3 | HTTP 狀態碼與 301 轉址為何重要？| 優化索引

HTTP 狀態碼是什麼？

在正式進入各種索引情境與除掉索引 bug 之前，我們需要先了解一個很重要的基本知識：網頁 HTTP 狀態碼（HTTP Status Code）。這是非常實用的網站技術知識，對於平常我們使用網頁也會很有幫助，我會用比喻幫助你秒懂，請放心看下去吧！

用圖書館理解 HTTP 狀態碼

接下來我會利用圖書館借書的例子，幫助你理解 HTTP 狀態碼是什麼意思。

想像你去圖書館借一本書，如果你想要借的那本書可以正常借閱，圖書館會顯示「200」（可正常借閱）的燈號。回到網頁伺服器的狀態，今天我們點開一個網頁，如果網頁能正常使用，網頁伺服器會給我們一個 HTTP 狀態碼：200，這代表這個網頁能正常使用。

如果我們在圖書館借一本書，但圖書館借書系統故障了，圖書館會顯示「503」（服務無法使用）。回到網頁伺服器的狀態，今天點開網頁發現整個網站無法使用，網頁上寫著「503 Service Unavailable」，代表伺服器暫時無法處理你的需求，要過一陣子才能使用。

如果我們在圖書館借一本書，但那本書已經被別人弄丟了，圖書館沒有這本書，此時圖書館會顯示「404」（網頁內容不存在）。回到網頁伺服器的狀態，今天點開發現特定網頁無法找到內容，伺服器就會回拋 404

給使用者跟搜尋引擎。

HTTP 狀態碼跟 SEO 關聯

上述這些 200、404、503 都是 HTTP 狀態碼,是伺服器(網站的電腦)丟給客戶端(使用者的電腦),讓使用者(使用者的電腦)了解自己跟網頁(網站的電腦)的互動狀態是什麼。那這件事跟 SEO 有何關係?**因為搜尋引擎也是個使用者,它同樣會接受到這些 HTTP 狀態碼,並藉此評估網頁狀態。**

如何看到 HTTP 狀態碼

我自己習慣用「Redirect Path」這個免費工具[1],這個是檢測有無轉址的瀏覽器外掛工具,而且也會顯示 HTTP 狀態碼,一舉兩得,連結請見下方。如果無轉址,那它會顯示目前的網頁狀態,好比說下圖是我首頁的一般狀態,畫面中就會顯示 200。

圖:7-3-01

如果我有轉址,它就會顯示「從網址 A → 301 轉址→網址 B」,然後最後網址 B 為 200。畫面中是「從 http://frankchiu.io/ → 301 轉址→ https://frankchiu.io/」。

圖：7-3-02

這邊則是 404 會顯示的畫面。

圖：7-3-03

常見的 HTTP 狀態碼

　　HTTP 狀態碼有很多，下個章節介紹的索引錯誤情境，就會帶到很多 HTTP 狀態碼細節，我會逐一介紹。下面提供常見的 HTTP 狀態碼介紹，只需要稍微記得概念即可。如果真的碰到問題，再去搜尋該 HTTP 狀態碼的介紹跟解決方式。

　　補充說明：3XX 代表 3 開頭的 HTTP 狀態碼，像是 301、302 都屬於 3XX 的分類。

- **2XX 成功回應：代表成功。**
  - 200 OK：請求成功。
- **3XX 重新導向：代表有轉址的狀況發生。**
  - 301 Moved Permanently：永久轉址，對於 SEO 來說可以傳遞網址的權重，是 SEO 很重要的概念。
  - 302 Found：暫時性轉址、臨時性的改變，這跟 301 永久轉址是很大的區別。
- **4XX 用戶端錯誤：客戶端錯誤。**
  - 403 Forbidden：客戶端不允許訪問頁面。
  - 404 Not Found：請求失敗，找不到頁面。
- **5XX 伺服器錯誤：伺服器錯誤。**
  - 503 Service Unavailable：伺服器現在無法使用。

HTTP 狀態碼與 HTTPS 安全性，是兩個概念

另外前面我們提過的 HTTPS 安全性憑證，雖然 HTTP 狀態碼跟 HTTPS 長得很像，但兩個就是不同的概念。

- **HTTP 狀態碼**：幫助我們理解網站跟客戶端的互動狀態。
- **HTTPS 安全性憑證**：確保網站跟客戶端是有被加密的。

實戰應用：301 轉址對於網站搬家的重要性

既然聊到 HTTP 狀態碼，其中 301 轉址就很值得介紹給你知道。

在前面的章節《4-4 網址是什麼？ SEO 最大地雷跟核心基礎》，我有提到搜尋引擎認的是網址，而不是認網頁內容，換句話說：網址是網路

世界的身分證。那麼要怎麼讓搜尋引擎改認別人呢？這個時候 301 轉址就很重要了。

轉址是什麼？

所謂的轉址就是從 A 網頁變成 B 網頁，就像是我們點擊一個短網址的時候，會很快速的「跳轉一下」，然後變成一個正常的長網址。這個過程就叫做「轉址」（Redirect）。轉址的方式有很多種，分別是：

- 301 永久轉址
- 302 暫時轉址
- 307 暫時轉址
- JavaScript 轉址

要怎麼確認是哪種轉址？你可以參考上方的「如何看到 HTTP 狀態碼」，裡面的 Redirect Path 工具就能看到是 301、302，還是根本沒轉址。

什麼情況會需要轉址？

1. HTTPS：HTTP 變成 HTTPS，會需要轉址。
2. 網域搬家：我想要從 A 網域變成 B 網域，需要轉址。
3. 網址改變：我有一個新網址 B，但我希望使用者跟搜尋引擎點擊舊網址 A 的時候，也能找到我的新網址 B。此時也能將舊網址 A 轉到新網址 B，這樣點到舊網址 A 的時候，就會自動跳轉到新網址 B 了。
4. 地區或語言：有些網站會偵測使用者所在的區域跟語言，提供不同的網址內容，此時也會需要進行轉址。

301 轉址的重要性

如果只是想要使用者看不同的網址內容，那麼使用 301、302、Java Script 轉址都可以。

但如果今天轉址帶有很強的 SEO 目的性，像是：

- HTTP 變成 HTTPS
- A 網域變成 B 網域
- 網址 A 變成網址 B

如果這些不經由正確的 301 轉址，那麼我們原本在網域 A 累積的 SEO 權重、排名，都可能會大量流失，導致過去的累積都要從 0 開始，非常嚴重！

在我的從業生涯中，許多客戶在網站改變、網域搬家的時候，都忽略了要做好 301 轉址的規劃，導致原本經營多年的 SEO 成果，通通要從頭來過。因此希望**大家在更動網址時，務必小心、小心、再小心，如果能理解網址、轉址的重要性，相信後續你的 SEO 生涯會平安順利很多。**

如果想要了解更多 301 轉址的細節跟實作內容，可以參考 Google 官方的《重新導向與 Google 搜尋》[2]。

如果你對於網站搬家的操作注意事項想了解更多，可以參考《談 SEO 網站搬家、網站改版：讓流量一夕暴跌的 SEO 核彈級災難》[3]。

---

[1] RedirectPath 工具
https://chrome.google.com/webstore/detail/redirect-path/aomidfkchockcldhbkggjokdkkebmdll
[2] 重新導向與 Google 搜尋
https://developers.google.com/search/docs/crawling-indexing/301-redirects?hl=zh-tw
[3] 談 SEO 網站搬家、網站改版：讓流量一夕暴跌的 SEO 核彈級災難
https://frankchiu.io/seo-website-migration/

7-4 | 網頁索引報表詳解：
什麼狀況不會被索引｜優化索引

　　理解完索引、網站索引狀態後，接下來讓我們來分析一下「沒有被索引的原因」吧！以下內容部分源自於 Google 官方《網頁索引報表》[1]，當你在 Google Search Console 碰到索引問題，就可以從下列的資料進行尋找。

　　以 Google 的官方內容作為基礎，我會針對每個內容做一些補充跟解釋，讓你比較容易看懂、並且知道該怎麼處理。如果解決方案牽涉到技術修正，我會寫得比較深入淺出一點，目的是讓你能知道要找誰討論、要討論什麼問題即可。

網頁索引狀態報表在哪？

　　我們可以在 Google Search Console 的「產生索引 > 網頁 > 網頁未編入索引的原因」找到索引報表，這裡會說明哪些網頁、因為什麼原因，所以不能被索引。

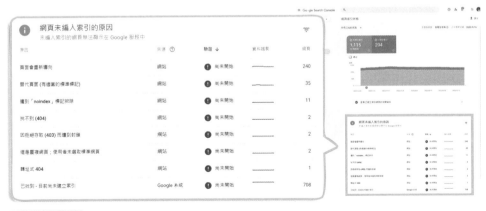

圖：7-4-01

索引問題排除基本技巧

這邊先介紹當我們碰到索引問題時，三個很重要的基本技巧。

一、搜尋一下具體問題

在報表中，Google Search Console 都會標註出這是什麼問題，碰到問題別害怕，請先嘗試 Google 看看，像是報表出現「替代頁面（有適當的標準標記）」，那就 Google 一下「替代頁面（有適當的標準標記）」，點開幾個搜尋結果跟教學，你會驚訝的發現：原來大家都把解答給你了。

二、記得點進去問題裡面的網址

像是前面的問題「替代頁面（有適當的標準標記）」，我們可以點進去這個問題的頁面裡面，裡面會告訴我們「是哪些網址發生問題」。當我們點開有共通問題的五、六個網址，有時候就能感覺到這幾個頁面的共通點，有的時候也會發現某些網頁就算出問題也不太重要。

而這些點開的網址，**右邊也都會有一個「網址檢查」的按鈕，我很鼓勵你按下去，裡面會有很多的技術線索。**接下來我就會介紹常見的索引錯誤情境，看完這些內容後，相信你對於 Google Search Console 的報表恐懼感會降低很多。

三、問題排除完，按「驗證修正後的項目」

當你認為把問題都排除完了，像是 Google 說我的網頁上面有 noindex 所以不能索引，那如果我把這些網頁的 noidex 都移除了，我要怎麼讓 Google 知道我改過自新了呢？

我們需要在Google Search Console的欄位按下「驗證修正後的項目」，這就是重新交卷、補考的概念，Google 後續就會去盡快審核，評估原本

的問題是否有改善。但如果你的問題完全沒改善，你卻一直按驗證，這對網站沒有任何好處，**請不要這麼做。**

圖：7-4-02

爬取障礙｜常見的索引錯誤情境

　　下面這些索引錯誤的情境，多半跟爬取錯誤有關，也就是搜尋引擎無法順利爬取網頁內容。我們一直強調：沒有爬取，就沒有索引，以下這些問題都是因為沒辦法正常爬取導致的。

一、伺服器錯誤（5XX）

　　Google 要求存取網頁時，你的網站伺服器傳回 5XX 錯誤。包含 500、502、503 錯誤，這些錯誤代表你網站伺服器出了問題，網頁根本無法使用，自然沒辦法談論索引。**若 5XX 的錯誤發生太久、太常發生，會讓 Google 降低網站爬取頻率，因為這代表這是一個壞掉的網站。**

　　解決方式：與網站工程師、網站平台聯絡，修正伺服器錯誤。

二、重新導向錯誤

　　Google 遇到下列其中一種類型的重新導向錯誤：

- 重新導向鏈結過長
- 重新導向迴圈
- 重新導向網址最終超過網址長度上限
- 重新導向鍊結中的網址無效或空白

透過 301、302 轉址，網頁網址會從 A 網址轉移到 B 網址，如果轉址轉太多層、太多次，或最後轉址到的網址是壞掉的，那這樣的網址就無法索引。

解決方案：請使用 Lighthouse 等網路偵錯工具，取得重新導向相關詳情。

三、網址遭到 robots.txt 封鎖

網站的 robots.txt 檔案封鎖了這個網頁。由於 robots.txt 是一個禁止爬取的設定，如果我們有網址符合被禁止的設定，自然就不會被爬取，也基本上不會被索引。

解決方案：調整 robots.txt 設定，把被封鎖的網址移除。

四、網址含有 noindex 標記

noindex 這個標籤顧名思義，「no」＋「index」就是不要索引的意思。當一個網址上面被加上了 noindex，就代表不希望 Google 索引。但如果你希望這個網址被索引，就應該移除 noindex 標籤。

解決方案：移除該網址上的 noindex 標籤[2]。

五、找不到（404）

404 就是你一定看過的 404 Error、404 Not Found，也就是網頁不能

使用、網頁掛了的意思。如果網頁掛了，並且回傳 404 給 Google，那 Google 當然不會索引這個網頁，因為壞掉的網頁沒必要索引。因此 404 導致沒有索引，很有可能不是問題。如果有問題，那問題應該是：為什麼這個頁面變成 404 了？這個才是問題。

解決方案：檢查一下這個頁面是否應該為 404，若應該是 404，那無問題；若不應該是 404，解決它。

六、轉址式 404 錯誤（Soft 404）

有些網頁你點入畫面，會看到網頁明顯壞掉，或是已經顯示「找不到」、「此頁面無法使用」，換句話說，這個網頁對於使用者來說是壞的。

同時，這個網頁卻傳回 200 的 HTTP 狀態碼給 Google，意思代表：此網頁是可以正常使用的。但此時 Google 發現這個頁面內容是不能使用的（不要意外，Google 能判讀網頁是否能正常使用），如果不能用的網頁，匹配到能正常使用的 200 狀態碼，這個矛盾就叫做 Soft 404。

Soft 404，中文叫做軟性 404、轉址式 404。Google 當然不喜歡這種狀態，因為這代表他要浪費資源去爬取這些「看似正常的」網頁。這種頁面也不會獲得索引的機會，也會浪費網站的爬取資源，建議要調整成真正的 404。

解決方案：將不能使用頁面的 HTTP 狀態碼，從 200 改為正確的 404，有出現此狀況請跟網站工程師討論。

七、因傳回未經授權的要求（401）而遭到封鎖

401 Unauthorized（401 未授權）代表這個網頁對搜尋引擎提出授權要求，沒有得到授權就不能爬取，所以 Googlebot 無法爬取內容，自然無法索引內容。

解決方案：允許使用者跟 Google 瀏覽此頁面，除非這個頁面不應該被使用者跟 Google 瀏覽。

八、因拒絕存取（403）而遭到封鎖

HTTP 403 代表客戶端不能存取網站，也就是 Google 跟使用者都不能觀看網頁內容，自然無法建立索引。

解決方案：如果這個網頁應該被使用者跟 Google 觀看，那就開放權限、不需要驗證權限即可瀏覽，移除 403。

九、遭到網頁移除工具封鎖

Google Search Console 有個功能是將特定的網址從 Google 搜尋引擎移除索引。如果執行，就會顯示「遭到網頁移除工具封鎖」，那麼此網址沒有被索引也就是理所當然的事情了。移除網址工具位置是：「Google Search Console ＞左側欄位＞產生索引＞移除網址」。

解決方案：如果你希望此網址被索引，可以去「移除網址工具」[3] 取消要求。

內容問題｜常見的索引錯誤情境

網站爬取如果沒問題的話，一定就能被索引嗎？顯然不是。以下列出的問題，都是有正常爬取，但 Google 不願意索引的內容，比起明確的技術問題，這種曖昧的狀況反而是更讓人頭痛的，接下來讓我們來一一破解。

一、已檢索，目前尚未建立索引

這個意思是 Google 已經爬取過網頁了，但目前不想索引你。這個可以

說是最麻煩的狀況，簡單來說就是 Google 基於種種神秘的理由，認為我們的內容不配被索引。**換句話說，很可能是內容不夠好，所以不值得被索引**。以下我提供粗略的解決方案，大原則就是提供讀者有幫助的內容，並且常更新，讓 Google 認為你的網站、網頁是值得提供給讀者的。

解決方案：

- 先確認裡面的網址是否值得被索引，對於使用者有價值嗎？
- 你的網站有使用不正當的黑帽手段嗎？
- 如果你認為內容對使用者有價值，但沒有被索引，那就需要調整網頁內容。
- 建議新增內容、改寫部分內容、增加內部連結跟外部連結，讓這篇內容變得更加充實且有用。
- 可以嘗試重新發布改寫過的內容，並刪除舊的網址。
- 等待 Google 的再次臨幸。

二、已找到，目前尚未建立索引

這個情況是指：Google 已找到網頁，但尚未進行爬取，也就是說 Google 知道有這個網址，但預期會造成該網站的流量超載，還沒有實際爬取網頁，自然就沒有索引了。

解決方案：

- 可以先觀察一下狀況，約莫七天。
- 如果 Google 一直沒有來爬取，那代表可能網站的爬取預算（Crawl Budget）太少了。
- 可以嘗試把一些完全不重要的網頁用 robots.txt 擋掉，或是提升網站主機的效能。

關於 robots.txt，可參考章節《6-2 robots.txt 介紹｜優化爬取》。

三、替代頁面（有適當的標準標記）

代表這個網頁是別的網頁的「替代頁面」（分身），也就是說目前被標註成替代頁面的網頁不是「標準網頁」（本尊）。很常見的狀況就是 utm，下面舉個例子。

我的這個網址「https://frankchiu.io/why-you-need-ebook/?utm_medium=facebook&utm_source=post&utm_campaign=fb-group-ebook-recommendation」被判定成替代頁面。而標準頁面則是「https://frankchiu.io/why-you-nccd-ebook/」，因此上面那個後面帶有 utm 參數的網址就會被當成替代頁面，不需要被索引。

解決方案：

- 一般狀況都沒事，不用理會。
- 除非有大量的標準頁面被判定成非標準頁面，那要看一下網站有沒有發生異狀。

至於如何設定標準網址，可以參考《7-5 重複內容與 Canonical ｜優化索引》。

四、這是重複網頁；使用者未選取標準網頁

「重複網頁」（Duplicate Content）是指兩個頁面內容高度相似。如果兩個頁面內容完全相同，這會被算成重複頁面；如果兩個頁面非常雷同，像是紅色的衣服、藍色的衣服，也有機會被判定成重複頁面。為什麼 Google 不喜歡重複內容？你可以想想看，**如果今天 Google 一個關鍵字，結果 10 個搜尋結果有 6 個完全相同，這樣的搜尋體驗是不是很糟糕？這就是 Google 不喜歡重複內容、重複頁面的原因。**

而「這是重複網頁；使用者未選取標準網頁」，意思就是 Google 發現有兩個重複網頁，但使用者（網站主）沒有設定哪個是標準頁面，哪個是替代頁面，這個時候就會由 Google 幫你選。如果被 Google 當成非標準網頁，也就是替代頁面，就會被歸類到「這是重複網頁；使用者未選取標準網頁」。

解決方案：

- 如果你認同這裡面的網址是替代網址，所以不用索引，那就沒問題。
- 如果你不認同 Google 挑選的標準網址，那可以透過 Canonical 這個方法來嘗試改變 Google 標準。

可參考章節《7-5 重複內容與 Canonical｜優化索引》。

五、這是重複網頁；Google 選擇的標準網頁和使用者的選擇不同

這個情況是指：我們（使用者）認為某個網頁是標準網址，但 Google 不認為這個是標準網址，於是 Google 自己選了另一個更適合的網址當作標準網址。

如果要查看 Google 所選的標準網址，位置在「網頁索引 > Google 所選的標準網址」底下。如果要查看使用者（你）選擇的標準網頁，請前往「網頁索引 > 使用者宣告的標準網址」。

會出現「這是重複網頁；Google 選擇的標準網頁和使用者的選擇不同」，就意味著 Google 認為自己選的標準網址比較好；你可以確認一下 Google 說的有沒有道理，以及網站為何會發生你認為的標準網址跟 Google 不相同這件事。很常見的狀況是 Canonical 標籤設錯，又或是網站出現了重複內容，使得 Google 必須選擇其中一個網頁當作標準內容。

解決方案：

- 通常不會有大問題。
- 但如果數量非常多的話，可以去看一下這些網頁發生什麼問題，研究爲什麼 Google 不認同這些網址是標準網址。

六、頁面會重新導向

這就是該網頁會轉址（Redirect）的意思，由於網址跳轉了，所以這個網址不會建立索引。

那麼轉址後的那個新網址會不會被索引呢？而這個就是新網址自己的事情了，它需要重新經歷 Google 的爬取跟索引檢測，如果通過就能被索引，這就跟舊網址無關。

沒有索引，就沒有排名

恭喜你把這個章節看完，這個章節真的很重要，因為索引是排名的前提，沒有索引就沒有排名可以討論了。

新手要一次掌握 10 多項問題並不容易，許多 SEO 人碰到這些問題也會要稍微 Google 一下找回清晰的記憶，因此新手對自己不用太嚴苛，先稍微看過有個印象就好了。當你實際碰到這些問題時（只要你做 SEO，一定會碰到的），可以再回來看翻這個章節、去 Google 細節，碰過幾次就熟了，加油！

---

[1] 網頁索引報表
https://support.google.com/webmasters/answer/7440203?hl=zh-Hant
[2] 使用 noindex 禁止 Google 搜尋建立索引
https://developers.google.com/search/docs/crawling-indexing/block-indexing?hl=zh-tw
[3] 移除與安全搜尋檢舉工具
https://support.google.com/webmasters/answer/9689846?hl=zh-Hant

7-5 | 重複內容與 Canonical ｜優化索引

在前面索引的章節我們很常提到「重複內容」（Duplicate Content）以及「標準網址」（Canonical URL），接下來我們就來好好瞭解這兩個 SEO 的重要觀念。

重複內容是什麼？

所謂的「重複內容」（Duplicate Content），顧名思義即是重複、相同的內容，而這樣的相同內容會使搜尋引擎跟使用者感到困擾，進而影響 SEO 成效。更簡單的定義的話：**如果有內容相同、但網址不同的情況，即為 SEO 中的重複內容**。這也是為什麼我前面要特別單獨討論網址、網址結構的重要性，因為了解網址的屬性，我們才更容易理解重複內容的概念。

另一方面，**這個「重複的定義」主要還是由 Google 判斷，如果一個頁面內容有 80% 相同，也有機會被判定成重複內容。**

為什麼重複內容不好？

今天你翻這本書，你不會希望某個章節是完全重複的，這樣會浪費你的時間跟金錢，使用體驗很糟糕。在搜尋引擎也是相同的，Google 不想提供重複的資料給使用者，也不想浪費資源去爬取、索引重複的頁面。而使用者也討厭獲得相同的內容，這樣沒有意義。

因此管理網站內重複內容的狀況，也是管理 Crawl Budget 很重要的方

式之一。

重複內容的發生位置

重複內容可以發生在同網域——你自己的網站內；也能發生在不同網域——別人的網站。

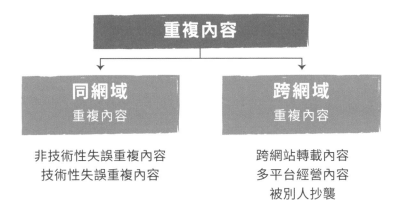

非技術性失誤重複內容
技術性失誤重複內容

跨網站轉載內容
多平台經營內容
被別人抄襲

同網域內的重複內容

第一種狀況，就是你網站內容有兩份重複的內容。假設我的網站同時有兩篇文章、內容差不多，分別是：

- 《SEO 重複內容終極指南：什麼是重複內容，及爲何 Google 討厭重複內容？》
- 《SEO 重複內容終極指南：爲何 Google 討厭重複內容？》

這樣就會被判定成重複內容。

非技術性的重複內容問題

非技術性的重複內容，是指不是因為網站程式設定錯誤，而導致網站有相似的內容。

相似但不同

如果你網站上有一件衣服，分成黃、綠、紅色，這個時候三個頁面就會很相像，Google 會想把它當成重複內容來看。這個狀況可以說是非戰之罪，會建議利用 canonical 方式來進行處理，下面會介紹。

完全相同

你網站上就是有兩個不同的網址，但內容完全相同、一模模一樣樣。這種頁面若非必要，就建議刪除掉重複的。我也鼓勵你挖掘一下為什麼會發生這樣的狀況？是上稿流程有問題？還是網站出 bug 導致內容增生？都很值得了解。

技術性的重複內容問題

技術性重複內容多半跟網址結構有關，我在章節《4-4 網址是什麼？SEO 最大地雷跟核心基礎》裡面提到的「網址就是地址，一個字都不能動」，裡面討論到的六個舉例，就是不少網站技術端的缺失，才會產生這樣的重複網址。

我這邊重複使用那邊的例子，好比說：這兩個網址差了一個「/」，所以這是不同的網址。

https://frankchiu.io/seo-f12-dev-funtion/
https://frankchiu.io/seo-f12-dev-funtion

這個狀況來說，上述是兩個網址，但卻是相同的內容，因此就是重複內容；其他的舉例我就不複製上來了，不然也有點像是重複內容（開玩笑的）。

總結來說，常見的技術性重複內容包含：

- 網址中結尾的「/」有無
- 網址中的「https」與「http」
- 網址中的「www」與「non-www」
- 網址中的「大寫」與「小寫」（建議統一小寫）
- 產生大量沒有價值的內部搜尋結果頁
- 產生大量沒有價值的標籤彙整頁面

這是因為技術端沒有設定好網址結構跟伺服器設定，才導致網站複製了很多沒意義的重複內容。

跨網域的重複內容

除了同網域的重複內容之外，第二種狀況，就是你的網站跟別人網站有兩份相同內容。如果我今天把我的文章轉載給小王雜誌，所以小王雜誌的網站上面也會有同樣的文章。

- Frank Chiu：《SEO 重複內容終極指南》
- 小王雜誌：《SEO 重複內容終極指南》

此時在 Google 搜尋引擎的資料庫中也會有兩筆資料，分別是 Frank Chiu 網站的文章網址，以及小王雜誌網站的文章網址，一共兩個，因此產生重複內容。

在這個情況下，對於這兩個網站的網頁索引可能會造成影響，有可能

其中一個網址很難被索引；**而更常見的狀況是：只會有其中一篇文章獲得排名，另一篇文章則會被當成重複內容被忽視**。這個意思是指，如果這篇文章可以獲得「重複內容」這個關鍵字第九名，那麼可能是 Frank Chiu 網站獲得，也有可能小王雜誌獲得，但通常不會兩個網站都獲得排名，總有一個人會受傷。

而還有一種狀況就比較無奈，就是對方抄襲你的文章，這也會造成重複內容問題，我也會建議需要去溝通跟處理，降低對自己網站跟品牌的傷害。

重要文章不要轉載

　　因此我在這裡也要慎重提醒你：如果有一篇文章對你超級重要，你網站是靠此文章獲得大量自然流量，那麼請不要轉載這篇文章，因為有可能流量會跑到對方網站上。

這個狀況不是 100% 會發生，但如果對方網站非常知名、權重比你高，那這個狀況就很有可能發生，我自己就親身經歷過很多次。如果你想了解更多文章轉載的注意事項，可以參考這篇文章《文章轉載終極指南：轉載對於 SEO 有什麼影響？創作者又要如何看待轉載？》[1]。

如何解決重複內容問題

那麼要如何解決重複問題呢？這篇提供幾個方法。

一、適可而止

首先我們要明白：網站多少都會有一點重複內容，這很正常、也不會有什麼危害，所以不要矯枉過正。除非發現有一把又一把的重複內容網址，你再特別去研究這些網址有什麼共通性。

二、從根本上避免重複內容發生

像是技術類型的重複內容，如：http 網址存在、網站沒有統一網址格式，這種都是能一次性、大規模處理好的，建議與網站工程師討論，並且進行調整，通常難度不高。

多數的重複內容網址都會有一些共通點，你可以在 Google Search Console 索引報表的「這是重複網頁；使用者未選取標準網頁」這裡面就都會是重複內容的網址。詳請可以參考章節《7-4 Google 網頁索引報表詳解：什麼狀況不會被索引｜優化索引》。

三、善用 Canonical 標籤

Canonical 的意思是「標準、典範」的意思，而當有兩個、三個、甚至更多的重複內容，搜尋引擎需要知道「誰是老大」（標準網址）、「誰是替身」（非標準網址），然後會把標準網址提供給使用者。 好比說，我們網站上法蘭克特製衝鋒衣，有紅色、藍色、綠色，我就統一說：以後都以紅色當做標準網址，搜尋引擎爬到藍色、綠色、紅色網頁的時候，都會得到一個資訊：這些頁面都是「紅色頁面為準」。

此時 Google 通常就會參考你的建議，以紅色頁面為準提供給使用者，所以使用者搜尋「法蘭克特製衝鋒衣」，跳出來的就會是紅色顏色衣服的網頁。

Canonical範例

紅色衣服
frankchiu.io/products/clothes-red
<link rel="canonical" href="https://frankchiu.io/products/clothes-red">

藍色衣服
frankchiu.io/products/clothes-blue
<link rel="canonical" href="https://frankchiu.io/products/clothes-red">

綠色衣服
frankchiu.io/products/clothes-green
<link rel="canonical" href="https://frankchiu.io/products/clothes-red">

圖：7-5-01

Canonical 調整注意事項

　　以下說明使用 Canonical 的注意事項，也稍微提醒：Canonical 的調整通常不會對你的成效有決定性影響，屬於有做更好，不做不會完蛋的調整。

一、Canonical 的對象

　　Canonical 是讓「目前所在的網頁」，以「另一個網頁為準」，而 Canonical 只能在自己的網頁設定。因此，在你的網站中，你沒辦法設定抄襲者的網站 Canonical 到你自己的原文，除非對方願意設定，但我從來沒見過這樣的抄襲者。如同前面說的，Canonical 是讓「目前所在的網頁」，以「另一個網頁為準」，這個狀況我們會叫做 Self-canonical，也就是我把自己這個網址當成標準頁面，這是很好的做法。

　　前面圖片範例的紅色衣服，就是把自己的網址當成標準網址。

二、Canonical 只是參考

　　儘管我們會設定 Canonical，但不代表 Google 要買單，這只是參考性的。因此你會發現 Google 索引報表中有個選項叫做：「這是重複網頁；Google 選擇的標準網頁和使用者的選擇不同」，這代表 Google 不認同你選擇的標準網址。

　　你可以稍微看一下你選擇的網址跟 Google 選擇的網址哪個比較好，如果 Google 選的好，有時候也未必要理他，或是重新設定你的 Canonical 即可。

　　有的情況下，儘管某個網頁不是標準網址，排名卻會比標準網址高，因此這個標籤就是盡人事，剩下聽 Google 給我們的命。

三、Canonical 哪裡設定

　　許多網頁後台都會有標準網址、Canonical 的設定欄位，這個欄位你就放入「標準網址」的網址即可，如果自己就是標準網址，就放自己的網址。你可以詢問你的網站工程師、網站商這個功能在哪裡，但有一些平台沒有這個功能，那就無法設定。

　　也請特別注意，如果要設定 Canonical，請不要設定錯誤，像是設定到 http 網址、設定到不相關的網址，這也會被 Google 判定錯誤，要設就要設對。

　　本文介紹了 Canonical 核心觀念，另一方面 Canonical 的小細節還很多，本書受限於篇幅沒辦法一一介紹，有興趣了解的朋友可以參考這篇《SEO canonical 終極教學指南：利用"rel canonical"解決重複內容、跨平台轉載困擾》[2]。

圖：7-5-02

---

[1] 文章轉載終極指南：轉載對於 SEO 有什麼影響？創作者又要如何看待轉載？
　　https://frankchiu.io/seo-article-reproduce-guideline/
[2] SEO canonical 終極教學指南：利用"rel canonical"解決重複內容、跨平台轉載困擾
　　https://frankchiu.io/seo-canonical-tags/

7-6 | 不想被索引該怎麼做？
| 優化索引

　　正常來說，我們都希望網站內容被索引，因為有越多的索引，代表有越多的排名機會。但如果我就是不想被索引，那該怎麼辦呢？這篇就來跟大家討論不被索引這個主題。

什麼情況下會不想被索引呢？

1. **過時的網頁**
   - 網頁內容可能過時，但又有留存的需求，因此不希望被索引。
2. **限定對象內容**
   - 這個網頁可能只對特定人公開，像是只給某些貴賓的報名頁面，不希望一般人能在搜尋結果找到這個頁面。
3. **未公開的內容**
   - 有些內容尚未正式發布，不能提前被搜尋引擎曝光。
4. **隱私內容**
   - 網頁內容包含消費者、個資，不應該在搜尋引擎被展示。
5. **個人原因**
   - 基於個人原因，網站主不希望被索引。

要如何不被 Google 索引？

　　要如何不被索引，可以分成爬取前、爬取、索引，三個階段各自有能

處理的方法。

一、爬取前將內容從網路移除

一個最簡單的作法，就是連被爬取的機會都不要有，這樣內容就不會被索引了。像是網頁內容需要權限才能讀取、網頁內容只存在內部網路中、前端與後端分離，這類受保護的內容都沒有機會被 Google 索引。

另一方面，如果這個內容你認為不應該在 Google 被看到，那麼它搞不好也不應該在你的網站被看到，你可以直接從網站上移除這樣的內容，把內容下架，永遠根絕後患。

一個不存在的網頁，就不用擔心會不會被索引了。

- 處理方案：跟 Google、網際網路隔絕，前端與後端分離，連被爬取的機會都沒有。
- 不被索引效果：最好。

二、利用 robots.txt 避免 Google 爬取

前面我們教過 robots.txt，就能限制爬蟲不要爬取特定頁面，當沒有爬取，自然就沒有索引行為發生。

但這個方法最大的風險有兩個：

- robots.txt 疏漏：爬蟲未必會尊重你的規則，有時候還是會不小心在搜尋引擎看到。
- 外部連結的爬蟲：儘管從你的網站爬不到你的內容，但如果爬蟲從別的網站的連結，順藤摸瓜，不小心爬到內容，還是有機會被索引。這是因為別的網站還是可以爬取，沒有被限制。

　　因此 robots.txt 這個方法可以處理掉大多數不想被索引的頁面，但不能說是十全十美的；robots.txt 控制的是應不應該爬取，但還是有機會因為別的原因造成索引。

- 處理方案：利用 robots.txt 避免爬取
- 不被索引效果：還不錯，但有漏網之魚。

三、利用 noindex 標籤，避免索引

　　在網站中有一種標籤叫做「noindex」，這種標籤顧名思義，就是 no + index，不要索引的意思。當一個頁面上掛著 noindex 的標籤，就是直接發給爬蟲一張好人卡，告訴爬蟲我們之間不適合，請離開我吧！所以在 Google Search Console 的網頁索引報表中，noindex 也是一種問題，會顯示成：「網址含有 noindex 標記」，因為這樣就不能被索引了。

　　因此，如果有哪些網頁你很不希望被索引，就利用 noindex 標籤。但如果你希望網頁被正常索引，可千萬不要誤用到這個標籤。

　　需要提醒的是：這些標籤對於搜尋引擎來說都是參考性的，因此總是有意外，有時候搜尋引擎就剛好鬧脾氣不遵守規則，因此如果真的是千千萬萬不可以洩漏給搜尋引擎的資料，還是老老實實用密碼或其他權限保護吧！

- 處理方案：noindex 標籤
- 不被索引效果：好，偶爾有意外。

四、利用移除網址工具

　　Google Search Console 有個功能是將特定的網址從 Google 搜尋引擎移

除索引，叫做移除網址工具[1]。但需要注意的是：**此工具只能「暫時」移除網址，效果可維持約六個月，如果希望永久移除索引，還是需要靠上面的方法。**

這個方法是應急用的，像是網站被駭入時，為了避免糟糕的惡意網址被索引。移除網址工具位置：「Google Search Console ＞左側欄位＞產生索引＞移除網址」。

- 處理方案：移除網址工具
- 不被索引效果：好，但只是暫時性

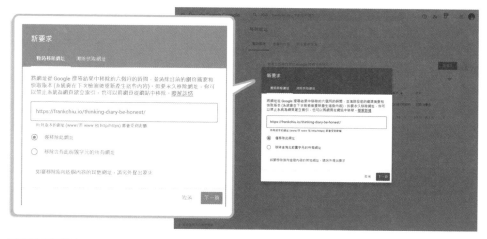

圖：7-6-01

重要提醒：noindex 與 robots.txt 不可同時使用

前面講了 noindex 跟 robots.txt 都能達到讓特定頁面不被索引的效果，這個時候聰明的人會想到：那麼我兩個一起用，效果一定更好吧！**答案很可惜，這兩個 1+1 不但沒有大於 2 的效果，還會產生 1+1=0 負面影響！**

因為 robots.txt 的效果會讓爬蟲不能讀取該網頁，因此該網頁身上的

noindex 也不會被爬蟲讀取到，所以爬蟲不會認為此頁「不能被索引」。

如果上述這段你覺得有點複雜也沒關係，**總之不想要被索引選 noindex；不想要被爬取，選 robots.txt。兩者只能二選一。**

如果不是我網站的內容，要如何避免索引？

有一種常見的狀況，可能是基於隱私、維護自身權利等原因，希望別人網站的內容不要出現在搜尋引擎上，我們可以怎麼做呢？

一、請對方下架

這是最直接的方法，直接寄信請對方下架內容；若法理上有依據的話，你也可以請法律團隊協助。

二、要求 Google 下架

在很特殊的情況下，第三者是有機會要求 Google 把特定網址取消索引的，這個狀況多半跟色情內容、非自願性內容有關。其他狀況包含：版權侵害、商標侵權、法院命令等。你可以透過《要求 Google 移除特定資訊》[2] 跟 Google 提交申請。

---

[1] 移除與安全搜尋檢舉工具
　　https://support.google.com/webmasters/answer/9689846?hl=zh-Hant
[2] 要求 Google 移除特定資訊
　　https://support.google.com/websearch/troubleshooter/3111061

7-7 │如何提升索引效率？
│優化索引

理解了各種索引概念後，接下來我來分享如何加快索引效率的方法，幫助你的網站內容更快被索引。

一、主動要求 Google 建立索引

如果這個網址對我們很重要，或是希望盡快看到這個網址到搜尋引擎上跟大家廝殺，那麼我們可以到 Google Search Console 中的「網址審查」功能，提交網址後，主動按下「要求建立索引」。

接著就會看到 Google 說：收到了，我會盡快處理。根據經驗，通常提出要求後，只要網站體質不要太差，一般 1~3 天內都會在搜尋引擎上看到你的網址。

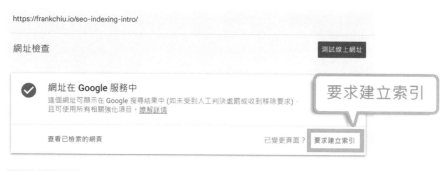

圖：7-7-01

圖：7-7-02

主動提交雖然很好，但相當費時費力

　　主動提交是很有效的方法，正常來說非常快速就能獲得成效，但這個方法有個缺點——就是挺耗時，而且非常手工。光是檢查網址就要花上一分鐘，有時候甚至更久，後續的要求建立索引也要花上一些時間，一個網址還好，如果大型網站有數千條的新 URL，就不建議這樣做了。

　　因此，**透過建立完善的 XML Sitemap、網站架構、以及好的內外部連結、優質的網站內容才是正道**；又或者修身養性，告訴自己 Google 總有一天會索引的，只是時候未到——讓時間來解決索引問題也是一種方法。

二、利用內外部連結幫助索引

　　除了主動提交之外，**你也能在「已經被索引的網頁」中，放置你希望被加快索引的網頁連結**。由於 Google 會爬取這些已被索引網頁中的內容與連結，因此可以提高讓目標連結進入到 Google 資料庫的機會。

三、自動更新 XML Sitemap

　　在章節《6-4 XML Sitemap ｜優化爬取》中，我有提過 XML Sitemap

這個東西，這是一個給搜尋引擎讀取的目錄檔案、一個網址的懶人包，幫助搜尋引擎可以更快速索引網站內容。

如果這個 XML Sitemap 會自動更新，你更新的網址也會進入到這個 XML Sitemap 當中，就會被 Google 索引。**因此設定好 XML Sitemap 會自動更新，並且提交給 Google，對於我們的索引也會很有幫助。**

進階方法：Indexing API

如果你今天對於索引有更高的要求，希望可以提交更大量的網址被索引，此時可以用 Indexing API 來幫助我們。

Indexing API 是什麼？

Indexing API 是一個能幫助網站更快提交索引的方法，透過 Indexing API 可以一次提交大量網址，並且跟 Google 直接溝通，是一種更進階的索引提交方法。

Google 官方介紹 [1]：Indexing API 可讓網站擁有者在新增或移除網頁時直接通知 Google，以便 Google 為這些網頁安排重新檢索，進一步提升使用者流量的品質。

Indexing API 可以做到什麼？

如果你有以下需求，Indexing API 會很有幫助。

- 更新網址：通知 Google 有新網址需要檢索，或是先前提交的網址內容有所更動。
- 移除網址：從伺服器中將特定網頁刪除後，通知 Google 將該網頁從索引中移除，避免讓系統一再嘗試重新檢索該網址。

- 取得要求的狀態：針對特定網址檢查 Google 最近一次收到各類通知的時間。
- 傳送批次索引要求：將最多 100 個呼叫合併爲一個 HTTP 要求，減少用戶端需進行的 HTTP 連線數。

使用 Indexing API 就不需要 XML Sitemap 了嗎？

關於這點，Google 官方說法是：「建議您使用 Indexing API 而非 Sitemap，因為相較於先更新 Sitemap 再通知 Google，使用 Indexing API 可促使 Googlebot 更快開始檢索網頁。不過，我們還是建議您提交 Sitemap，以便 Google 全面檢索您的網站。」

所以條件允許，Indexing API 跟 XML Sitemap 都做會比較好；如果並非新聞網站、大型網站，XML Sitemap 就很夠了。

[1] Indexing API 快速入門導覽課程
　　https://developers.google.com/search/apis/indexing-api/v3/quickstart
[2] 使用 Google Indexing API 提交網址
　　https://www.seo-tea.com/submit-url-to-google-index-api/

7-8 | 行動版內容優先索引
｜優化索引

　　除了網站架構、內容品質之外，行動版內容也是想提升索引狀況的重要目標。**手機至上這個想法，我想已經無須更多贅述，在目前所有網站中，手機版（Mobile）的重要性都大於桌面版（Desktop）。**

　　而這點對於 Google 來說也相同，在 2021 年 Google 正式採取了「行動版內容優先索引」（Mobile-first Indexing）的政策，也就是說，同樣有手機跟電腦版的內容，Google 會優先索引手機版，之後再索引電腦版。如果我們希望內容盡快被索引，那麼有一個優秀的手機版網站就是非常必要的。接下來我會跟各位說明「行動版內容優先索引」的內涵，以及我們要如何檢測自己的網站是否符合要求。

比起 Mobile-first，Mobile-only 更是重點

　　就算我們暫時擱下 SEO 考量，行動版還是遠遠大於電腦版，因為目前多數的流量來源都是從手機來，我們想要在網路做生意，就要做好手機版。根據《Digital 2023: TAIWAN》的報告[1]，人均使用手機的總時數為 4 小時，而使用電腦加上平板的時間則為 3 小時，手機的使用時長已經超越電腦。

　　那麼讓我們把視角重新看回 SEO 跟搜尋引擎上，行動裝置為大已經不是趨勢，而是已經發生的事實。根據 SISTRIX 分析，在美國有 64.9% 的搜尋行為來自於手機，電腦版有 38.1%。

　總而言之，無論基於 SEO 考量、商業考量，我們都需要把自己網站的行動版本搞定。

手機版與桌面版的爬蟲不同

　回到前面討論的 Mobile-first Indexing，為什麼有辦法做到優先索引行動版本呢？難道這是雙標嗎？你還真說對了，這就真的是雙標，因為手機版跟桌面版的爬蟲是不同的爬蟲，它們的名稱就不同。在章節《6-2 robots.txt 介紹｜優化爬取》，我們有討論到爬蟲的名稱（User-agent）。

- Googlebot-Desktop：Google 桌面版搜尋引擎的爬蟲。
- Googlebot-Mobile：Google 手機版搜尋引擎的爬蟲。

　畫面中框起來的部分，我們可以看到是智慧型手機檢索器，也就是手機版爬蟲。因此手機版的內容會被手機版爬蟲爬取，桌面版的內容則會被桌面版爬取，Mobile-first Indexing 意思就是更優先索引手機版內容。

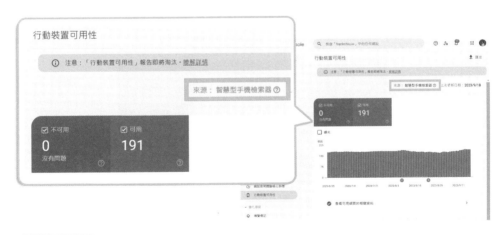

圖：7-8-01

怎麼確認自己的網站是不是符合行動版標準？

這邊我提供確認行動版體驗的三個方式。

一、拿多個手機實際使用自己網站

我會建議你在很多台手機上使用看看自己的網站，好比自己的手機、朋友的手機、同事的手機。實際用用看，自己的行動版網站到底好不好用，像是：字清不清楚、按鈕好不好點、速度載入如何，如果連自己這關都過不了，那麼就應該先好好處理。

二、行動裝置相容性測試（將關閉）

Google 官方有個免費工具叫做「行動裝置相容性測試」[2]，顧名思義，這就是拿來測試手機版本是否堪用，你只需要把網址丟進去，Google 就會告訴你檢測結果。如果通過了，那大致上就不用太擔心；但如果通過了，你自己卻覺得自家網站很難用，我還是會鼓勵你好好調整網站，永遠記得：使用者至上。

此功能預計於 2023.12 月會被關閉，附上此圖做為歷史見證。

圖：7-8-02

三、Google Search Console「行動裝置可用性」（將關閉）

上面「行動裝置相容性測試」的最大缺點，就是只能看到一則網址的狀況，當然我們可以透過抽樣的方式來檢查整個網站，但難免沒有效率，以及容易遺漏。這邊則是一個系統性檢測的方法，就是利用 Google Search Console「行動裝置可用性」，當我們在 Google Search Console 點開「行動裝置可用性報告」，就可以一目了然看到整個網站哪些頁面符合行動裝置標準，哪些不是。

如果有不符合的，行動裝置可用性報告也會提供給你最基礎的修改方向，讓你可以自己調整，或者跟網站工程師討論。關於這份報告中的錯誤項目解釋，可以參考 Google 官方的說明，每一項都有解釋。[3]

報表位置：「Google Search Console ＞左側欄位＞體驗＞行動裝置可用性」。此功能預計於 2023.12 月會被關閉，附上此圖做為歷史見證。

圖：7-8-03

四、其他檢測工具

由於上述兩個工具即將到期，這邊再提供別的選項給你進行檢測。

- Google Lighthouse[4]：按下 F12，在 Element 這一列右邊你會找到「Lighthouse」，即可進行測試
- Mobile-Friendly Test[5]（Bulk Testing Tool）：放入網址即可進行測試

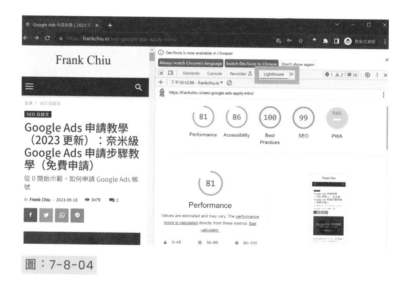

圖：7-8-04

行動裝置建議的 SEO 相關做法

以下介紹行動裝置 SEO 的基本注意事項，幫助你有一個更好使用的手機版網站。

一、使用 RWD 響應式設計

RWD（Responsive Web Design）是響應式網頁設計，是可以根據網頁

在不同大小、解析度下，調整網頁版面。這種做法可以讓手機版跟桌面版在同一個網址下，都有很好的使用者體驗。

二、注意手機版網頁載入速度

手機版的載入速度非常重要，如果手機版載入太慢，大家就會跳出了，而載入太慢對於廣告成效、購物體驗都會有嚴重的負面影響。

根據 Google 調查[6]：當頁面加載時間從 1 秒增加到 3 秒時，使用者離開網站的可能性會增加 32%。比起桌面版的速度，手機版速度更需要留意。關於網站速度的詳情可以參考《6-6 網站載入速度｜優化爬取》章節。

三、注意手機排版

許多在電腦版上很好看、容易閱讀的排版，在手機上卻不見得是好的。這點特別反應在文章內容上，在手機版上的文章分段要分得更多，我強烈建議要實際用手機版來看自己的寫的文章，當你覺得某個段落太長了、太厚了，就應該分段。

另一方面，像是很多的 POP-UP、蓋版廣告，在電腦版上看起來還好，但在手機上會不會占掉太多的版面？這也是網站需要評估的。

總結：確保索引是新網站的當務之急

爬取、索引、排名，是最重要的搜尋三階段，當內容被爬取後，下一步就是要被索引。當文章上線後，確認索引是第一要務，但 Google 索引這件事情還是挺看他老爺心情的，但大致上你的網站速度越快、架構越好、體質越棒、內容品質越好，索引速度就會越快。

當文章上線後，不要急著看這篇文章的排名如何，而是要看這篇文章到底被索引了沒，也就是 Google 這間圖書館有沒有看到這本書。有時候

內容明明沒被索引，卻花了一堆力氣做內容優化、調整標籤，這就顯得不夠聰明了。

在這個章節我們一起學習了：

▪ 索引是什麼？

▪ 如何評估索引狀態？

▪ HTTP 狀態碼是什麼？ 301 轉址為何很重要？

▪ Google 網頁索引報表詳解：什麼狀況不會被索引

▪ 不想被索引該怎麼做？

▪ 如何提升索引效率？

▪ 行動裝置為什麼很重要？

希望以上內容能幫助你更了解索引的細節，那就讓我們繼續往排名章節前進，了解獲得好排名的秘密。

---

[1] 台灣人愛滑手機、每天上網 7 小時都在看什麼？ 8 大調查報告全公開
https://www.gvm.com.tw/article/100415
[2] Google 官方：行動裝置相容性測試
https://search.google.com/test/mobile-friendly?hl=zh-tw
[3] Google 官方：行動裝置可用性報告
https://support.google.com/webmasters/answer/9063469
[4] Google Lighthouse
https://developer.chrome.com/docs/lighthouse/overview/?hl=zh-tw
[5] Mobile-Friendly Test（Bulk Testing Tool）
https://technicalseo.com/tools/mobile-friendly/
[6] Google 官方：Find out how you stackup to new industry bench marks for mobile page speed
https://www.thinkwithgoogle.com/marketing-strategies/app-and-mobile/mobile-page-speed-new-industry-benchmarks/

第八章

SEO 排名
優化技術

8-1 | 排名本質、排名要素、演算法 | 優化排名

爬取、索引、排名，經過前面兩個階段的學習，我們終於走到了排名（Rank）階段了。我相信排名階段是你最在意的內容，網站主不在意內容有沒有被爬取、有沒有被索引，只在意內容有沒有好排名。

當然現在認真的你一定也理解了：**想要有好排名，先要有爬取跟索引**。如果說你已經突破了爬取跟索引後，那麼我們就來解密排名這件事吧！

排名的本質之一：服務使用者

相較於爬取跟索引，這兩個階段更多是為了搜尋引擎本身服務，我們的關注點是搜尋引擎方不方便、讓 Google 更輕鬆。仔細討論排名的細節之前，我們先來思考一下排名的這個本質：「Google 想提供哪種內容給使用者？」

再換個角度，你自己作為一個使用者，你使用搜尋引擎喜歡哪種內容、討厭哪種內容？如果你不喜歡，那麼 Google 也不喜歡，因為 Google 是靠使用者喜歡用自己的搜尋引擎來獲得利潤，因此要盡可能避免使用者討厭使用自己的搜尋引擎。**因此網站想要獲得高排名，就要符合使用者的需求**。

這邊我分享好的搜尋引擎使用體驗的常見要素：

1. 網站使用體驗

使用者希望網站有正常的使用體驗，像是不喜歡一進去就是蓋版廣告、

網站載入太久、網站的按鈕會飄移、沒有行動裝置版本，這些都是使用者不喜歡的網站特點。

2. 內容相關性

人們使用搜尋引擎就是為了獲得解答，**因此使用者希望自己搜尋關鍵字後，可以快速獲得與問題相關的資訊**。因此網站內容要有相關性，像是搜尋咖哩的食譜，內容就應該是咖哩食譜的解答，這樣才能解決使用者的問題。

3. 內容的品質

只給使用者答案還不夠，這個答案還要可靠才行。搜尋引擎無法確保答案「正確性」，但搜尋引擎會盡可能提供「可靠性」給使用者。**因此透過網站的權重、外部連結、內容引用的資料、內容的撰寫細節，Google 能推敲出這個頁面是否值得信賴**，也就是內容跟網站的品質。

只要你圍繞上述這三個重點，你的 SEO 就不會做得太差，當然接下來我會提供更多的細節跟操作方式，但我們永遠要記得：**使用者搜尋關鍵字是為了獲得解答、解決問題**。品牌要做的是提供解答，並且藉這個機會讓消費者認識品牌。

排名的本質之二：競爭

我今天搜尋一個關鍵字「公關」，搜尋顯示約有 13,400,000 項結果（搜尋時間：0.28 秒）。

不知道你能否理解這是什麼意思。上述這個數字代表：有將近一千三百萬個搜尋結果，而我們要想盡辦法出現在前 30 名。這代表參賽的選手有 13,400,000 人，而你要成為前面的 30 名，就意味著你的網站與內容，必

須要比其他 13,399,970 人強，因為前 30 名就只有 30 個額度，你必須要比別人更好。

當今天我們認為自己的網站排名不夠好，值得更好的排名，**我們需要深刻的自我提問：我們的網站與內容，是否能比前面的對手們都更好？更值得提供給讀者？**

如果答案是否定的，那就是我們網站跟內容需要調整的地方。搜尋結果頁就是透明的榜單，更優秀的網站跟內容，就會獲得更好的排名。

圖：8-1-01

因此要能獲得排名，就是誰可以更好的服務使用者，當我們比競爭對手還要更用心，就能獲得好排名。

而這個競爭程度在每個領域都不同，像是美妝、旅遊、美食，這些領域競爭就會非常激烈，你必須要更認真才能獲得好排名。如果你關注的領域比較少競爭者，那通常就會好做許多。

如何排名？排名要素與演算法

那麼搜尋引擎要怎麼從 13,399,970 篇內容中，篩選出 30 篇內容呢？這就需要一個遊戲規則了，這個遊戲規則有很多別稱，像是演算法、排名要素，這些都是幫助 Google 篩選出使用者想要內容的遊戲規則。

在 2018 年，因為 Google 上搜尋「川普」有一些川普先生不太喜歡的內容，因此美國眾議員詢問 Google CEO Sundar Pichai 為何會有此狀況，

以下是 Google CEO 的說明，透過這段對話你能更理解排名要素與演算法是什麼：

「我們 Google 會爬資料，並存成數十億份網頁副本再歸檔。當你打了一段關鍵字，我們就會把關鍵字拿去比對網頁，而排序則是參照像關聯性、即時性、熱門度、其他使用者行為等超過 200 項指標，進而計算出順序。基於以上，我們會在搜尋發出的那一刻試圖找到並排名出最好的搜尋結果，最後我們還會依照客觀的指南，請外部協助評估這份結果。」[1]

在這段描述最開頭提到的：「我們 Google 會爬資料，並存成數十億份網頁副本再歸檔」，這段就是指爬取跟索引。而下一個段落「當你打了一段關鍵字，我們就會把關鍵字拿去比對網頁，而排序則是參照像關聯性、即時性、熱門度、其他使用者行為等超過 200 項指標得來，進而計算出順序」這就是在說明排名演算法的內容了。

演算法是什麼？

想學 SEO 的朋友，一定常常聽到 SEO 人口口聲聲說的：XX 演算法又改了！**這個「演算法」（Algorithm）就是指 Google 搜尋引擎決定排名順序的遊戲規則。而這個演算法是隨時、每分每秒都在更動的。**現在的演算法裡面也有大量的機器學習成分，因此學習 SEO 要永遠注意當下的狀況是什麼，平常沒事多看看搜尋結果頁，看看自己網站的狀況，是培養 SEO 敏感度很好的方式。

以下簡單列舉幾個知名的 Google 演算法版本，後續會再針對比較重要的演算法做詳細討論。

- 熊貓演算法（Panda Update）：針對網站內容品質。
- 企鵝演算法（Penguin Update）：針對外部連結。
- RankBrain：機器學習與搜尋意圖。
- 鴿子演算法（Pigeon Update）：在地訊號判讀。
- Medic Update：網站必須更加專業且具權威。
- BERT：能更清楚分辨查詢字詞的語意。
- ......

知名的演算法還有很多，這邊只是簡單列舉；上述這些我們中文圈通常會稱呼 XX 演算法，但從英文你也會發現，這些原文叫做「更新」（Update）。換句話說，上述這些更新，可以當成 Google 整個演算法系統的特定升級，像是針對反向連結的判讀做升級更新、針對在地訊號做升級更新。

而實際進行排名的時候，**所有的演算法會被綜合考量，進行整體性評估，最後被演算法認為「最合適提供給使用者的內容」，就會由高到低呈現在搜尋結果頁上**。如果想了解更多排名演算法的資訊，可以參考 Google 官方資訊《Google 搜尋排名系統指南》[2]。

排名要素是什麼？

基於上面兩點，服務使用者加上競爭，國內外專家會推測出一些影響排名的要素，我們稱之為「排名要素」（Ranking Factor）。一般業界認為 Google 的排名要素約莫有 200 個以上，就如同前面 Google CEO 的說明。而每個要素的權重不見得相同，也不是只做好幾個排名要素後排名就會好，或是有幾個排名要素沒做好排名就不好。

針對排名要素，**我認為你應該盡可能落實多數重要的排名要素，隨著時間慢慢把排名要素越做越完整，不求滿分，但求越來越好。**

後續我會介紹最常見的排名要素，這邊只需要了解這個概念即可。好比說：

- 內容相關度
- 搜尋意圖
- 行動裝置友善
- 關鍵字使用
- 網站載入速度

- 外部連結
- 網站權重
- 網站架構
- 網站使用體驗
- ......

你會發現這裡面很多名詞你已經都聽過跟學過了，因為這些就是會影響排名的關鍵要素，當我們把這些要素做好，網站就能更容易獲得好排名。而我也想跟你分享，**SEO 這場遊戲是累積制的，只有當正確的事持續累積、並且累積到一定門檻，才能在排名遊戲中勝出。**

以上就是排名章節的序章，希望透過這個章節你能更明白排名的核心概念！

備註：如果想了解業界比較有共識的排名要素一覽，可以參考延伸資料 [3]、[4]。

[1] 為什麼搜尋「白痴」會出現川普？ Google 執行長國會聽證大混戰
　　https://www.inside.com.tw/article/14969-google-hearing
[2] Google 搜尋排名系統指南
　　https://developers.google.com/search/docs/appearance/ranking-systems-guide?hl=zh-tw
[3] Google Ranking Factors 2019: Opinions from 1,500+ Professional SEOs
　　https://sparktoro.com/blog/google-ranking-factors-2019/
[4] Google's 200 Ranking Factors: The Complete List （2023）
　　https://backlinko.com/google-ranking-factors

8-2 | SEO 派別：白帽 SEO 與黑帽 SEO ｜優化排名

在進一步討論演算法細節之前，我想先來聊聊一個重要的 SEO 概念：「白帽 SEO」與「黑帽 SEO」。為什麼要了解白帽跟黑帽呢？因為理解白帽跟黑帽後，我們會更清楚怎麼樣的排名優化方式是妥當的，讓你在做 SEO 的路上不會誤觸 Google 的地雷。

白帽、黑帽、灰帽 SEO

SEO 中有三種常見的帽子，分別是白帽、黑帽、灰帽 SEO，分別代表著三種 SEO 的操作方向。這三種帽子都是想要獲得更好的搜尋成果，但採用了不同的方式，也導致 Google 對待這三種方式有不同的態度。

白帽 SEO

所謂「白帽 SEO」（White Hat SEO）：指以正當、符合使用者需求與搜尋引擎規範的方法，來進行搜尋引擎優化。

舉例來說，認真撰寫符合使用者需求的文章、幫助網站更容易被搜尋引擎理解、優化使用者體驗，藉此幫助網站提升排名，就是常見的白帽 SEO 手段。白話來講，白帽 SEO 就是 Google 眼中的資優生跟乖寶寶，會送你一朵小紅花，也是 Google 鼓勵的操作方式。

本書內容盡可能提供白帽 SEO 的操作方式，確保這些方法對於網站主的長期發展會是最妥善跟有效的。

黑帽 SEO

所謂的「黑帽 SEO」（Black Hat SEO）：指透過欺騙搜尋引擎跟使用者的方式，獲得排名與流量。

「黑帽」一詞與「白帽」相對，像是黑帽駭客之於白帽駭客。黑帽駭客是指為了個人利益而從事資訊破壞行為，相對的，白帽駭客更多是為了測試資安系統的安全性等而做出滲透舉動。黑帽 SEO 則是純粹為了自身網站的利益，透過操作一些有違使用者需求跟搜尋引擎規則的手段，來讓自己網站排名到前面去。通常黑帽 SEO 的成效短暫，且長期來說容易造成網站主的危害與損失。

白話的說，如果某個優化方法 Google 禁止、甚至會懲罰，就是黑帽 SEO，就是 Google 眼中的壞學生跟犯罪者。

灰帽 SEO

所謂「灰帽 SEO」（Gray Hat SEO）是一種介於黑帽 SEO 跟白帽 SEO 的優化方式，也就是規則的「灰色地帶」。

某些情況下 SEO 人想要榨出更多成效，多多少少會碰觸一些灰帽 SEO 的範疇，像是私下購買連結、過度優化、關鍵字填充等。白話來說，灰帽 SEO 可以說就是在合法跟違法的中間反覆橫跳跟試探，這是一片充滿曖昧的灰色地帶。

為什麼 Google 討厭黑帽 SEO？

黑帽 SEO 最大的問題是採用欺騙跟誤導的方式對待 Google——讓不應該獲得好排名的內容，獲得了好排名。這個狀況下，使用者就會看到很糟糕的內容，覺得 Google 很難用。當 Google 聽到「使用者覺得自己很

難用」，臉色就很難看了，Google 會盡可能避免這種狀況發生，這就是為什麼 Google 會討厭黑帽 SEO。

所以你會發現，**Google 演算法每次更新，都是在想辦法對抗這些心術不正的優化方法，讓壞人知道此路不通**，只有提供優質的內容跟體驗給使用者才是正道。

案例解說

黑帽 SEO 舉例：亂塞關鍵字

好比說，以前有人會亂塞關鍵字在文章中，假設目標關鍵字是公關，下面就胡亂放一坨公關、公關推薦、公關公司 ......etc，但內文跟公關毫無關係。在 Google 還不成熟的時候，這樣的內容還真的有機會獲得好排名，但這樣的內容對於讀者來說就是垃圾內容。

Google 認為這樣不行，所以後來推出了熊貓演算法，整治這些亂塞關鍵字、低品質的內容網站，讓胡亂塞關鍵字的網站沒辦法獲得好排名。以現在來說，在一個劣質內容的頁面，過度填充關鍵字就有黑帽 SEO 的嫌疑，所以不要這樣做。

黑帽 SEO 的常見手法

常見「黑帽 SEO」大概有以下這幾種作法。值得注意的是，**這幾種作法大多都已失效，如果被 Google 抓到會造成網站評級下降、甚至被懲罰，不建議初學者貿然嘗試。**

- **堆砌關鍵字（Keyword Stuffing）**：在文章中不自然地堆砌大量的關鍵字。

- **隱藏關鍵字（Keyword Hiddening）**：將大量關鍵字的字體顏色改得跟背景一樣、或以其他方式隱藏關鍵字內容，讓使用者無法發現，但可以提供關鍵字讓搜尋引擎來爬取。
- **偽裝網頁（Cloaking）**：先透過一個符合搜尋引擎規範的頁面獲得排名，接著進入到該頁面後就會跳轉到目的頁。
- **付費連結（Paid Links）**：付費購買連結，進而使自己網域權重提升。
- **垃圾評論（Spam Comments）**：於各網站進行垃圾評論，進而使得自己網域權重提升。
- **購買舊網域**：購買權重較高的舊網域進行轉址，進而灌溉自己的網域權重。
- **私人部落格網路（Private Blog Network，PBN）**：自己建置許多部落格，並透過這些私人部落格網路來建置反向連結。

關於 Google 明定不建議使用操作方式，請參考《Google 網頁搜尋的垃圾內容政策》[1]，裡面有很詳細的說明。

什麼產業常用黑帽 SEO？

由於長期做黑帽 SEO，網站早晚會壞掉或被封掉，所以通常會做黑帽的 SEO 都是需要炒短線的網站類型，像是一些賭博、成人網站、盜版網站會做黑帽 SEO。當然這不代表這些類型網站的 SEO 都不老實，像是 PornHub SEO 就做得很好，只是特定產業會有更多想炒短線的人，因此選擇黑帽 SEO。

被 Google 處罰會怎麼樣？

那麼做黑帽被 Google 懲罰會怎麼樣？主要會反映在排名下滑上，如果

你發現整個網站排名都嚴重下滑，除了演算法影響外，也有可能是因為網站主被判定成黑帽 SEO，導致 Google 認為這個網站是劣質網站。還有一些狀況，Google 會直接把整個網站的索引移除，讓流量歸零，因此黑帽 SEO 若觸法的話，代價是非常巨大的。

人工判決處罰

如果你在 Google Search Console 的「安全性與人工判決處罰」[2] 中發現自己被專人介入處理，代表你的網站被 Google 認定有問題，網站的操作方向可能有問題，需要謹慎處理。**如果發生此狀況，請務必確認網站最近有做什麼調整**，詢問網站人員、網站工程師、SEO 代理商是否有做黑帽的操作，影響到了網站的健康聲譽，並積極處理。

圖：8-2-01

我為什麼不建議做黑帽 SEO ？

回到我個人身上，我為什麼不推薦客戶跟學生做黑帽 SEO ？理由不是因為道德，而是因為這樣不划算。**在 2023 年，多數的黑帽 SEO 手段都不管用了，你做壞事也沒效，那你幹嘛要做壞事？**就算有效，可能就那麼一下下，或許兩個月後就沒效了，這樣也太辛苦了。

　　黑帽 SEO 對我來說，就是「長期低回報，但長期高風險」，很不划算。而且當你選擇做黑帽 SEO 的時候，就等於你想要跟 Google 宣戰，想要當 Google Search 的敵人。而 Google Search 是全世界最頂尖的網路公司中最核心的產品，擁有全世界最聰明的頭腦，我可不會想與這些人為敵。

　　因此，我也不建議一般的網站主去做黑帽 SEO。

注意 SEO 公司會不會做黑帽

　　現在你應該能明白：做黑帽 SEO 對於網站主會有很大的傷害。所以我們在挑選 SEO 廠商時，也要多留意對方的 SEO 操作手法是否正當。

　　我當然不推薦你直接問對方：「你有沒有做黑帽 SEO」，這不是一個很好的問法，你無法得到誠實的答案。我會推薦你詢問對方會用什麼方式操作你的網站，常態的操作方法如：關鍵字研究、新增網站內容、修改網頁內容、調整網站架構、優化網站速度、增加內外部連結、搜尋意圖研究......，也就是這本書提到的多數內容，相信你已經耳熟能詳。

　　如果對方的操作方法你大概都聽過，那麼可以稍微放心一點，對方大概是正常的 SEO 公司。換句話說，**只有甲方提升 SEO 的相關知識，並且願意挑選市場上有口碑的 SEO 公司，才能最大程度保護自己的品牌跟網站。**

　　相對的，如果對方什麼方法都不願意透漏，卻說不太需要修正你的網站內容，還誇口能確保你很好的成效，而且很快就見效（三個月內），那我覺得你應該要小心一點，其中可能有黑帽。

---

[1] Google 網頁搜尋的垃圾內容政策
　　https://developers.google.com/search/docs/essentials/spam-policies?hl=zh-tw
[2] 專人介入處理報告
　　https://support.google.com/webmasters/answer/9044175?hl=zh-Hant

8-3 | 經典演算法介紹，以及如何順應演算法｜優化排名

理解完排名原理、白帽 SEO 後，接下來我們就來聊聊大家耳熟能詳的「Google 演算法」（Google Algorithm）。

這些 Google 演算法對於一般人來說都不需要背或記憶，像是 1949 年有三七五減租、1980 年有台灣關係法——這不是歷史課，所以你完全不需要背誦演算法更新的年份跟最正確的名稱，**只需要大概記得演算法的內涵，以及 Google 為何會想這樣改，並掌握 Google 重視的核心價值觀，這樣就夠了。**

以下我會提供一些比較經典演算法的概述，幫助你快速了解經典的演算法更新。

Google 經典演算法介紹

這些經典演算法許多都已經融入核心演算法中，並且會持續修改跟優化。因此，我建議不要太聚焦在演算法本身是什麼，**而要多思考 Google 重視什麼，以及網站主該做什麼調整，這樣能更靈活應用這些演算法更新帶來的天啟。**

另一方面，Google 針對許多演算法的更新，都會寫在 Google 搜尋中心的網誌 [1] 中，這個就是考官的公開洩題，可以多多參考。如果這些演算法的更新內容你都很熟悉，也都知道如何對應，那麼你的網站在 SEO 就做得非常好了。

下方的表格結構會說明：

更新時間	該演算法發起的年份。
解決目標	這個演算法想要解決什麼問題。
對應方式	是指在 2023 年的當下，我們做 SEO 應該注意什麼事情。

熊貓演算法（Panda Update）

因為網路上有太多垃圾內容，想靠抄襲、重複、亂塞關鍵字的垃圾內容獲得好排名，因此 Google 推出熊貓演算法來處理此問題。

更新時間	2011 年
解決目標	處理重複、抄襲的垃圾內容、關鍵字堆砌內容。
對應方式	老實寫內容，不要抄襲、不要亂塞無意義的關鍵字，確保內容是對讀者有幫助的。

企鵝演算法（Penguin Update）

反向連結（外部連結）一直是搜尋引擎評估排名的重要依據，而這個部分也被太多有心人士惡意操作，導致許多垃圾內容依靠反向連結獲得高排名，企鵝演算法就是要解決這個問題，要判斷哪些反向連結是值得重視的。

反向連結詳請參考《8-4 反向連結介紹｜反向連結優化》。

更新時間	2012 年
解決目標	不相關的垃圾連結、過度優化錨點文字的垃圾連結。
對應方式	反向連結應該要自然，兩個連結之間應該有關聯性，錨點文字要自然。

蜂鳥演算法（Hummingbird Update）

儘管有熊貓演算法，但搜尋引擎提供給讀者的內容品質依然不夠好，還是很多壞人想靠亂塞關鍵字就獲得好排名，因此 Google 在蜂鳥演算法中導入搜尋意圖（Search Intent）的概念，提供給讀者更好的答案。

關於搜尋意圖可以參考《8-10 搜尋意圖：最重要的 SEO 概念｜ SEO 操作實務》。

更新時間	2013 年
解決目標	低品質的內容、關鍵字堆砌。
對應方式	導入搜尋意圖，使用者想看的是答案而不是關鍵字，要提供好內容。

行動裝置相容性更新（Mobile-Friendly Update）

Google 從 2015 年更加重視行動裝置體驗，因此開始提升網站行動版的權重，要確保使用者在行動裝置搜尋時，也能獲得好的使用體驗。

關於行動裝置相容性可以參考《7-8 行動版內容優先索引｜優化索引》。

更新時間	2015 年
解決目標	將重心逐漸轉移至行動版，提升行動裝置體驗。
對應方式	確保行動版的使用體驗、載入速度是優秀的。

RankBrain

RankBrain 是蜂鳥演算法的一部分，Google 導入了機器學習（Machine Learning），透過更 AI 的方式，搜尋引擎能更理解使用者搜尋關鍵字背

後的意圖，並提供給使用者更相關、需要的內容。

關於搜尋意圖可以參考《8-10 搜尋意圖：最重要的 SEO 概念｜ SEO 操作實務》。

更新時間	2015 年
解決目標	低相關性內容、低品質內容、糟糕的網頁體驗。
對應方式	提供更符合使用者搜尋意圖的內容，並且注意網站的使用體驗。

Medic Update

Google 認為針對 YMYL（Your Money Your Life，要錢或是要命）領域的內容應該要更謹慎，避免危害到使用者，因此這些 YMYL 的網站應該要想辦法證明自己網站是值得信賴的。

E-A-T 原則會在《8-12 E-E-A-T 原則：什麼是高品質的內容？｜ SEO 操作實務》進行介紹。

更新時間	2018 年
解決目標	提升 YMYL 領域的內容品質可靠度。
對應方式	如果是 YMYL 領域，需要特別提升內容權威度、網站權威度，內容要符合 E-E-A-T 標準。

BERT Update

BERT 演算法中 Google 利用 NLP 技術，進一步增強了解讀使用者搜尋關鍵字的能力，可以更準確辨識搜尋字詞中每個字的意涵以及組合後的意思。好比說：「蘋果跟三星」、「蘋果跟鳳梨」這兩組關鍵字，BERT

可以判讀第一個應該在講蘋果手機公司，而後者則在討論水果。換句話說，搜尋引擎又更聰明了。

關於搜尋意圖可以參考《8-10 搜尋意圖：最重要的 SEO 概念｜ SEO 操作實務》。

更新時間	2019 年
解決目標	提供給讀者更相關的搜尋結果，判讀搜尋意圖能力更強。
對應方式	更鑽研使用者的搜尋意圖，並提供對應的精準答案。

網頁體驗演算法（Page Experience Update）

SEO 總說良好的網頁體驗，那這個「體驗」到底要怎麼被定義跟衡量？Google 的答案是：Page Experience Update，提供網頁中明確的體驗指標，我們能在 Google Search Console 的「網站使用體驗核心指標報告」[2]，找到網站目前有哪些技術上的體驗問題。

關於更詳細的「網站使用體驗核心指標報告」，請參考《6-7 網站使用體驗核心指標｜優化爬取》。

更新時間	2021 年
解決目標	提升使用者網頁體驗，並提供更明確的指標。
對應方式	針對 Google 提出的網頁體驗指標進行優化，如：INP、CLS、LCP。

核心更新（Core Update）

自從 2017 開始，Google 開始把許多重大的更新稱之為「核心更新」

（Core Update）[3]，告訴所有網站主說：我們更新了。現在大概每隔幾個月都會有 Core Update，像是 June 2021 Core Update、May 2022 Core Update、March 2023 Core Update，從名稱上沒辦法直接理解是什麼面向的更新。

因此這塊會需要網站主緊跟社群的討論跟分析，並監測網站流量跟排名是否有比較大的起伏，如果有，可以去社群看一下最近 Google 是否有更新，以及是否有需要什麼調整。

更新時間	2017 年起
解決目標	每次都不一樣。
對應方式	每次都不一樣。

其他演算法

這邊也簡介一些沒那麼知名，但很值得認識的演算法，有興趣讀者可以再深入了解，只要搜尋「XX Update SEO」都能找到海量資料。

- 鴿子演算法（Pigeon Update）：強調在地訊號，讓使用者搜尋特定關鍵字（如餐廳、醫院），可以獲得周邊的資訊。
- 產品評論更新（Product Reviews Update）[4]：更好的彙整優質產品評論，提供給消費者。
- 實用內容更新（Helpful Content Update）[5]：獎勵使用者覺得滿意的內容，同時改善不符合使用者期望且成效不佳的內容。
- 垃圾內容更新（Spam Updates）[6]：利用 AI 技術（SpamBrain）來偵測網站上是否有垃圾內容跟垃圾連結。

總結 Google 演算法特徵

瞭解上述這麼多個演算法，相信你也頭昏了，接下來我們總結上述內容。

永遠的北極星：使用者至上

綜觀上述演算法，你應該能清晰地感受到：Google 很認真想照顧好使用者，沒有任何一個演算法跟使用者無關。**因此如果你的網站堅決為使用者服務，替使用者著想，那麼你不用太擔心演算法更新對你造成的影響，因為你走在正確的道路上。**

技術面更新

有些演算法會明顯偏向網站技術面的問題，如：

- 行動裝置相容性更新（Mobile-Friendly Update）
- 網頁體驗演算法（Page Experience Update）

這類演算法更新就仰賴網站工程團隊的協助。

內容面更新

許多的演算法更新都是為了提供給讀者更相關、更實用、更好的網站內容，我們可以看到以下的演算法都是跟內容品質密切相關的。

- 熊貓演算法（Panda Update）
- 蜂鳥演算法（Hummingbird Update）
- RankBrain
- Medic Update

- BERT Update
- 實用內容更新（Helpful Content Update）

其中我們可以看到「熊貓→蜂鳥＋RankBrain→BERT」，Google對於使用者搜尋意圖的掌握越來越好，也就是越來越清楚使用者搜尋想得到什麼樣的資訊。同時，**Google 也更加要求網站主要能回應搜尋意圖，必須回答使用者真正需要的答案**，而不是塞一堆關鍵字的無關資訊給讀者，這是 SEO 人要時時刻刻注意的。

反向連結跟權重

另外一塊演算法非常著重的就是反向連結，這個在下個章節我們會詳細討論，因為反向連結是評估一個網站的權重跟信任度的重要因素。像是以下的演算法都跟反向連結有關連：

- 企鵝演算法（Penguin Update）
- Medic Update
- Spam Updates

因此獲得優質的反向連結是 SEO 很重要的一塊目標，且越來越不能投機取巧。

SEO 實戰：怎麼看待每次演算法更新

理解了這麼多演算法，回到我們日常的 SEO 工作環節，我們該怎麼看待每次的演算法更新？

面對演算法只有一個選項：順應

面對 Google 的調整跟規章，不要試圖去講道理、爭論合理不合理，因為 Google 就是道理本身，這個遊戲就是他設計的，網站主要做的就是順應演算法，從中找到生存之道。

演算法更新每天都在進行

我們要明白這些演算法隨時都在進行更新，很多時候 Google 會自己先更新，之後才公布有做更新。因此 SEO 的調整是一個無止盡的過程，不存在終點。**換句話說，SEO 人要習慣演算法的更新，變動是 SEO 的日常，並且 SEO 人要嘗試做得比 Google 期待的更好。**

流量發生劇變時要留意且冷靜

因此網站經營最重要的指標就是監測流量變化，當網站「整體流量大幅下降」時，請注意是「整體流量＋大幅下降」，可以特別留意最近是不是有什麼演算法大變動。而流量下降時，如果是網頁壞掉了、被駭了導致完全無法使用，此時要趕緊搶救網站；如果網站使用正常、但流量下跌，我會建議可以先觀察 7~14 天，很多時候流量都會慢慢回來。

因為許多網站主一看到流量下降了，就開始爆改網站，**但這種倉促且沒有策略的修改，很容易會造成更大的傷害**，所以會建議讓子彈飛一下，當事情塵埃落定後再多看看 SEO 社群的討論跟經驗，踏實修改網站。

也很推薦閱讀 Google 官方的指南《分析 Google 搜尋流量下滑的原因》[7]，裡面討論了很多流量下降的情境跟解決作法。

如果沒壞就不要亂改

面對演算法更新，如果自己的網站流量沒有明顯下降，那我不建議特別

修改，俗話說「如果沒壞就不要動它」（If it ain't broke, don't fix it.），這點完全適用於 SEO。

　　有時候排名好好的，我們自作聰明去修改，反而讓排名開始波動。當然，如果你知道目前網站有明顯問題，像是「網頁體驗演算法」（Page Experience Update）裡面提到的指標不及格，這就是很明確且有根據的修改，可以認真去調整。

[1] Google 搜尋中心網誌
　　https://developers.google.com/search/blog?hl=zh-tw
[2] 網站使用體驗核心指標報告
　　https://support.google.com/webmasters/answer/9205520?hl=zh-Hant&sjid=12835881081851794311-AP
[3] Google 搜尋的核心更新和您的網站
　　https://developers.google.com/search/updates/core-updates?hl=zh-tw
[4] Google 搜尋的評論系統和您的網站
　　https://developers.google.com/search/updates/reviews-update?hl=zh-tw
[5] Google 搜尋的實用內容系統和您的網站
　　https://developers.google.com/search/updates/helpful-content-update?hl=zh-tw
[6] Google 搜尋的垃圾內容偵測系統更新和您的網站
　　https://developers.google.com/search/updates/spam-updates?hl=zh-tw
[7] 分析 Google 搜尋流量下滑的原因
　　https://developers.google.com/search/blog/2021/07/search-traffic-drops?hl=zh-tw

8-4 | 反向連結介紹
| 反向連結優化

只要你讀過幾篇 SEO 文章，你多半聽過「反向連結」（Backlink）這個詞彙。當初 Google 演算法，即是加入了「反向連結」這個重要因子，幫助搜尋引擎識別哪些網頁是特別優質的，進而提供給使用者更好的搜尋體驗；從此之後，反向連結就成為了一個 SEO 長期的重要排名因子（Ranking Factor）。

在前面的章節中，也時不時會提到外部連結、反向連結這個詞，接下來就讓我們來好好討論這個重要的 SEO 要素。

「反向連結（Backlink）」是什麼意思？

Backlink，back+link，顧名思義即是反向的連結。**所謂的反向連結，簡單來說就是「別的網站，超連結到你的網站上」**——此時你的網站即獲得一個反向連結，因為是從對方過來（反向），所以叫做反向連結。

假設今天有人在 Medium 上分享 frankchiu.io 的文章超連結，那麼就是 frankchiu.io 獲得了一個來自 Medium 的反向連結。同時，因為反向連結**是從外部網站獲得的，因此也被稱爲外部連結（External Link）**。

為何反向連結如此重要？

在我之前的章節《5-1 超好懂的搜尋引擎運作原理：爬取、索引、排名》，我們會了解當 Google 透過爬取跟索引後，手上會有一大堆資料。

但搜尋結果畢竟要有次序，搜尋引擎需要評估該「優先提供」哪些資料給使用者，也就是排名；而為了要排序，也就產生了一系列的排名因子（Ranking Factor），反向連結也是其中的排名因子。

Google 發現反向連結很好用，因為 Google 有機會能透過反向連結的數量跟品質，來判斷一篇內容是否為優質內容跟可信賴的。

從論文引用理解反向連結

在學術圈中，論文被引用是非常重要且有價值的事情；如果論文能被許多人引用，就代表這篇論文可參考性很高，也就代表著高價值。**因此引用你論文的人越多越好，這是量。**

另一方面，如果引用該論文的人是一個學術大老，像是某個行業內非常有名望的人，在自己的論文中引用你的論文，那麼你的論文自然臉上有光、走路有風。**因此「誰」引用你的論文，也會很重要，這是質。**

接下來，讓我們把這些概念都套用回到搜尋引擎上。

在 SEO 場景中，如果今天有篇文章被很多網站引用，也就是在某網站中放上連結。**搜尋引擎就可以推測這篇文章應該不錯，不然怎麼會這麼多人引用呢？**那麼就可以考慮讓這篇文章更容易獲得好排名。這就是所謂的「反向連結的數量」。

另一個狀況，如果今天你的文章被超級厲害的網站引用了，像是BBC、Wikipedia、總統府、知名大學、知名醫院，搜尋引擎也會思考：**這麼優質的網站都願意引用你，那這篇內容應該很不錯吧？**可以考慮讓這篇文章更容易獲得好排名，這就是所謂的「反向連結的品質」。

反向連結有助於搜尋引擎判斷資料品質

我們可以把每次的「連結」當成一次投票，當今天某個網站願意給你一個連結，等於對你做了一次投票，代表認同你。

如果越多人投票給你，是不是代表你的網站可能有點意思？該網站就更有可能是對使用者有幫助的。因此，當一個網域的反向連結越多，通常該網域的權重度、信任度就會越高。而那些很厲害、高權重的網站，為什麼可以變成高權重網站？就是因為全世界的人都在使用它，並且引用它們的資料。

案例解說

以維基百科為例，很多人都引用過維基百科的網頁連結吧？透過 Ahrefs 我們可以發現，維基百科有 87,568,924 個反向連結，由超過 337,000 個不同網域提供反向連結。白話來說，有超過 337,000 個不同網域，連結到了維基百科 87,568,924 次；這可以說是相當多的數量，也可以看出維基百科對於網路世界的影響力。

所以你也能發現，Ahrefs 給維基百科的 Domain Rating（DR，網域評級）為 91 分的高分，這跟維基百科有著大量、且品質優異的反向連結，有著很大的關係。

圖：8-4-01

怎麼樣是好的反向連結？

反向連結優化的重點就是盡可能增加自己網站的反向連結，但不是每個反向連結都是好的，以下提供好的反向連結特性。

一、權威性

試想，如果今天我寫了一篇金融的文章，然後巴菲特的網站中放上了我文章的連結，從情理來看，這個連結是否非常有公信力，價值連城？不只你會這麼想，**Google 也會這樣想；假設一個網站從一個相當權威的網站獲得連結，意味著一個大咖替你背書，此時這個反向連結就會相當有價值。**

相對的，如果你今天都是從一些 nobody 的網站獲得反向連結，那麼這個反向連結的價值就沒有那麼高，對於排名的影響力也較小。所以現在你應該能了解：為何這麼多人想要在維基百科放上自己網站的連結（但這件事並不容易），因為維基百科的權重相當高，若能讓維基百科對自己網站「投票」，十分吸引人。

二、相關性

如果今天我寫一個漢堡的食記，此時 Asus 官網放上了我的食記連結。嗯，蠻有趣的，但這似乎就有點怪怪的？你會覺得奇怪的原因在於，因為 Asus 是一個科技、3C 的官方網站，連結到一個漢堡的食記，這樣好像沒有什麼關聯性、也沒什麼背書的效力？不只你會這麼想，Google 也會這樣想；**關聯性是 Google 相當看重的因素，SEO 操作也是緊密圍繞關聯度展開的。**

如果寫的是食記，從美食類型的網站獲得連結，那麼這樣的相關性才會比較高，像是如果是米其林網站引用這篇食記，那是不是非常的權威、且有關聯度？這就是很優秀的反向連結。相對的，如果你的反向連結都來自於一些沒什麼關聯度的網站，像是寫的明明是 3C，但反向連結都來

自於美妝網站，情況太誇張的話，很有可能因為低相關性被 Google 認為是作弊行為。

三、連結數量

這邊的連結數量有兩個意義，一個是反向連結的數量（Backlinks），另一個則是反向連結來源網域的數量（Refering Domains）。**如果一個網站獲得的反向連結數量越多、來源越多，當然越值得肯定**；假設一個網站只獲得來自一個網站的許多外連，另一個競爭者則獲得許多不同網站的外連，後者更多元、數量更多，自然越值得搜尋引擎信賴。

怎麼樣是壞的反向連結？

有好就有壞，那麼什麼樣的反向連結是糟糕的，甚至會被 Google 懲罰的呢？我們先回到 Google Search 的核心：幫助使用者更好搜尋到需要的資訊。Google 深惡痛絕違反使用者利益的網頁跟相關操作。如果你的內容跟連結能幫到使用者、是使用者需要的，就會是 Google 認可的內容及連結。

對於 Google 來說，它認為反向連結應該是「使用者主動、自願提供的」，而非被刻意建置的；從這個角度上，連結建置（Link Building）本身就有點灰帽的意涵在，因為這是網站方主動進行的行為。

如果這個投票系統被少數人惡意操作，就容易影響到整體資訊的有效度；因此壞的反向連結主要會圍繞兩點核心觀念：

- 第一點即是該連結是否有欺騙使用者。
- 第二點即是該網站 backlink 資料庫（backlink profile）是否「自然」。

如果一個反向連結的操作，有欺騙使用者的成分，又或是非常的不自然，正常網站根本不會這樣做的時候，那麼要小心，這樣的反向連結操

作可能會判定成黑帽 SEO。因此 Google 推出很多的演算法更新，來確保網站的反向連結品質是健康的，如：企鵝演算法（Penguin Update）、Medic Update、Spam Updates。

而以下我綜合出「壞的反向連結」的特徵，也是我們應該盡可能避開的反向連結特徵。

一、連結網域無關連性

當一個網站的連結「很突兀地」連結到一個很不相關的網站，此時這個連結的相關性很低，就容易被 Google 盯上。好比說一個講醫美的網站，連結到一個賣臭豆腐的網站，這就是網域間無關聯性。因此，網站主在選擇反向連結網站時，要盡量選擇較相關領域的網站。

二、錨點文字關鍵字過度優化

所謂的錨點文字就是超連結上的那串文字，也就是會變色的那段文字。由於錨點文字對於反向連結的關聯度來說相當重要，通常 SEO 人會盡量在錨點文字上放關鍵字，來增加跟「目標頁面」的相關性。好比說，如果一個網頁常常出現在「桃園美食推薦」的錨點文字上，那麼這個網頁跟「桃園美食推薦」的相關度就會提升。

然而如果一個網站獲得的反向連結錨點文字通通都太過漂亮，優化痕跡過重，此時 Google 會懷疑該網站透過不正常的方法來獲得連結。因此通常會建議錨點文字不要過度優化，太集中在特定關鍵字上，或是在錨點文字上塞一點關鍵字，這都不是推薦的作法。有的時候，什麼文字都不要放會更加自然（裸連結），可以適當使用。

三、錨點文字與對應超連結網頁無關聯性

錨點文字上的文字，應該要跟「該超連結頁面」有著相關性，否則將

有欺騙使用者之嫌，代表連結品質可能會較差。好比說，今天超連結網頁內容是在講機械鍵盤，但如果錨點文字是「桃園美食推薦」，超連結與錨點文字低相關，這樣就非常不合理，容易被當成作弊。

四、錨點文字與錨點文字所在網頁無關聯性

錨點文字上的文字，應該要跟「該錨點文字所在網頁」有著相關性，否則頁面關聯性較低，代表連結品質可能會較差。值得一提的是，傳聞 Google 也不只會看錨點文字本身，錨點文字附近的文字也會一併參考，換句話說，盡量不要投機取巧。

五、隱藏連結

隱藏關鍵字、隱藏連結，這對於現在的 Google 都相當容易辨識了，很明顯是欺騙搜尋引擎的行為，當然是劣質連結。這種小手段早就不管用了，千萬不要用；這不僅沒效，而且傷身。

六、付費連結（Paid Link）

Google 官方有明確表明不喜歡付費連結（Paid Link），也就是付錢一個網站，請對方放你的連結。許多網站都有因為被抓到使用付費連結，而導致被 Google 懲處，這就像投票買票一樣，會影響投票公正性。

當然付費連結並不好判斷，但如果做得太明目張膽，就很危險了；像是如果有個網站很常賣付費連結，還賣的很多，那 Google 就容易順著這個線頭去找到一系列有使用付費連結的網站。

因此如果有人要賣你連結，或者要買你網站上的反向連結，我建議都要非常謹慎，有可能會吃了大虧。

反向連結品質舉例

上述幾點或許有點抽象，我在此舉個例子來應用一下上述的要點。

案例解說

今天一篇討論市場分析的網頁，要連結到我 Google Trends 的教學。該篇文章假設這樣寫：

「如果想要分析各品牌在市場上的聲量，你可以透過 Google Trends 來幫助你進行市場分析。如果你想要了解 Google Trends 的正確用法，可以參考這篇 Google Trends 教學（https://frankchiu.io/seo-how-to-use-google-trends/），會很有收穫。」

針對上述文章內容，我們可以評估一下幾個要點：

1. 網域相關性：這個網頁是討論行銷的，連結到一個討論 SEO 的網頁，合理。
2. 錨點文字關鍵字優化：這個錨點文字「Google Trends 教學」，還算正常，沒有過度優化。
3. 錨點文字跟超連結網頁相關性：「Google Trends 教學」的錨點文字，與「揭密 Google Trends 正確使用方式：為何 90% 人都用錯 Google Trends？| Google Trends 教學」有相關性。
4. 錨點文字跟錨點文字所在網頁相關性：「Google Trends 教學」的錨點文字，跟這一篇市場分析有關聯。

因此這篇是「自然的」反向連結。

相對的，我舉個反例。今天一篇討論食記的網頁，要連結到我 Google Trends 的教學。

案例解說

該篇文章假設這樣寫：「晴光市場的這家漢堡真的相當好吃的，我很推薦情侶跟親子來這家用餐。其中它的雙層牛肉漢堡更是讓人非常難忘，酥脆的麵包、厚實的牛肉漢堡排，搭配上墨西哥辣椒更加好吃，我很推薦大家來這家餐廳。Google Trends 教學、Google Trends 秘密、Google Trends 技 巧（https://frankchiu.io/seo-how-to-use-google-trends/）」

此時我們可以評估一下幾個要點：

1. 網域相關性：這個網頁是討論美食的，連結到一個討論 SEO 的網頁，沒有關連性。
2. 錨點文字關鍵字優化：這個錨點文字「Google Trends 教學、Google Trends 秘密、Google Trends 技巧」，已經過度優化了
3. 錨點文字跟超連結網頁網頁相關性：「墨西哥辣椒」的錨點文字，與「揭密 Google Trends 正確使用方式：為何 90% 人都用錯 Google Trends？｜ Google Trends 教學」並無相關性。
4. 錨點文字跟錨點文字所在網頁相關性：「Google Trends 教學、Google Trends 秘密、Google Trends 技巧」的錨點文字，跟這一篇美食推薦並無關聯。

因此這是一個不好的反向連結，很高機率會被懲罰、且無效。

8-5 | 禁止垃圾反向連結及 nofollow 標籤應用 | 反向連結優化

負面 SEO 操作與禁止垃圾反向連結

前面講了負面的反向連結會降低一個網站的信任度，進而使得該網站的排名競爭力變差。那麼看到這裡或許你會好奇：那我能不能替競爭對手做一堆垃圾反向連結呢？

答案是可以的，這算是負面 SEO（Negative SEO）的一環。**如果你發現自己網站排名忽然下滑，卻不知道具體的原因，可以看一下自己的反向連結有沒有被加入很多垃圾反向連結。**常見的垃圾反向連結來源：色情、成人、賭博、毒品、內容農場網站，也就是黃賭毒＋垃圾內容。

如何禁止垃圾反向連結

要降低糟糕的反向連結的影響，可以使用 Google Search Console 的工具《禁止連結指向你的網站》[1]。Google 在頁面中有提到：「這是一項進階功能，請務必謹慎使用。如果使用不當，這項功能可能會影響你的網站在 Google 搜尋結果中的排名。」

這意味著反向連結真的會影響到我們的 SEO 排名，請務必謹慎使用這個工具；**只有真的非常明顯、惡劣的網域引用我們網站的時候，我才會推薦使用這個方式**，不然放著不動就好，沒必要亂動。

另一方面，做負面 SEO 的效益也不大，因為對手要阻止的成本很低，按幾個按鈕就能阻止了，因此我不建議你這麼做。

如果想查詢自己網站有哪些反向連結，可以參考章節《8-7 如何查詢網站的反向連結？｜反向連結優化》。

圖：8-5-01

反向連結與 follow、nofollow

前面是避免別人的反向連結侵害到我們網站，那麼在我們自己的網站中，如果你不想要自己的網站替別人的網站背書（不少 SEO 人會這樣），這個時候我們可以怎麼做呢？

又或者有種常見的狀況：留言機器人會在我們部落格的留言區放上連結，希望藉此獲得該網站的反向連結，這個狀況下我們要如何遏止呢？

這邊我們就要介紹三個很重要的標籤[2]：nofollow、sponsored、ugc。

nofollow 屬性

為了對抗垃圾留言，Google 大約在 15 年前推出了 nofollow 屬性[3]，程式碼為：「rel="nofollow"」。當一個超連結被設定成 nofollow，顧名思義，就是對 Google 說明：這個反向連結我不打算替它背書，請你忽略。

多數論壇的連結都會設定成 nofollow，就是希望希望自己的網站權重

不要分散出去。而現在 WordPress 上面的許多外掛功能，都會預設留言區的連結都會是 nofollow，避免影響到網站權重。而許多新聞網站針對頁面上的連結也會設定 nofollow。

nofollow 的反向連結還有用嗎？

你可能不想幫別人的網站背書、提供對方反向連結；而很多狀況對方也會這麼想，因此我們會發現很多網站給我們的反向連結都是 nofollow 的，而不是 follow 的反向連結。

那麼這樣代表 nofollow 的反向連結就完全沒有用嗎？儘管理論上是沒有用的，**但業界一般認為 nofollow 的反向連結還是對於網站有幫助，有比沒有好；SEO 機構指出：nofollow 在某些情況下還是能對網站 SEO 帶來正面影響** [3]、[4]。

有 nofollow 但沒有 dofollow

儘管有 nofollow，但是沒有 rel="follow" 或 dofollow 這種屬性，只要沒有放 nofollow 跟其他標籤，也就是正常的狀態，就意味著該反向連結是可以被 follow 的。

什麼情況下需要做 nofollow

我會建議你可以在以下情況做 nofollow：

- 網站留言區跟評論區：這邊很常會出現垃圾連結。
- 贊助或付費連結：Google 官方期待網站主可以對贊助或付費的連結做 nofollow 或 sponsored。
- 你不喜歡或不放心的反向連結：如果這個連結你覺得很奇怪，但又覺得必須放，可以考慮使用 nofollow。

sponsored 屬性

「sponsored 屬性」會標記出網站上做為廣告、贊助的連結，幫助 Google 了解這個反向連結的背景狀況，讓 Google 明白：這個連結有贊助性質，並不完全純粹是自然產生。

ugc 屬性

UGC（User Generated Content）代表使用者自製內容，我們可以在使用者自己產生的留言或論壇中放置的連結，使用 ugc 屬性。透過 ugc 屬性能讓 Google 明白：這個連結是從使用者這邊自行產生的。

SEO 實戰：情境分析練習

以下我列舉了很多狀況，幫助你評估反向連結的各種情境。

反向連結的好壞判斷

別人在優質網頁放我們網站連結(follow)
・我們獲得了一個好的反向連結，網站權重提升

別人在優質網頁放我們網站連結(nofollow)
・我們獲得了一個好的反向連結，網站權重微微提升、效果會打折

別人在垃圾網頁放我們網站連結(follow)
・我們獲得了一個壞的反向連結，會造成傷害
・對應措施：使用「禁止連結指向你的網站」

別人在垃圾網頁放我們網站連結（nofollow）
- 我們獲得了一個壞的反向連結，但傷害減小
- 對應措施：使用「禁止連結指向你的網站」

follow 與 nofollow 使用時機與效果

我們網站上有一個別人網站的連結，我們設定follow
- 別人獲得一個外部連結，獲得我們網站的背書

我們網站上有一個別人網站的連結，我們設定nofollow
- 別人獲得一個外部連結，但背書效果打折
- 如果我們不喜歡這個連結，就設定nofollow

[1] 禁止連結指向你的網站
https://support.google.com/webmasters/answer/2648487?hl=zh-Hant
[2] 「nofollow」再進化：辨識連結性質的新方法
https://developers.google.com/search/blog/2019/09/evolving-nofollow-new-ways-to-identify?hl=zh-tw
[3] Nofollow Links vs. 'Follow' Links: All You Need to Know
https://www.semrush.com/blog/nofollow-links/
[4] What Is a Nofollow Link? Here's A Simple Plain English Answer
https://backlinko.com/nofollow-link

8-6 | 反向連結與網站權重 | 反向連結優化

在上個章節我們理解了反向連結的基本介紹，接下來我們來更進一步聊聊「網站權重」跟「反向連結」之間的關係。了解網站權重，對於做好 SEO、評估競爭對手會有很棒的幫助。

網站權重是什麼？

「網站權重」（Website Authority），又稱為網站權威度；有時候也會稱為「網域權重」（Domain Authority）。**網站權重可以代表這個網站（網域）在搜尋引擎中的分量，高權重的網站會有更好的排名能力。**

好比說，我跟維基百科都寫了一篇文章在討論 SEO，假設兩者內容品質差不多，我的網站就會比維基百科排名更差，因為維基百科更權威。又好比說，我跟康健雜誌都寫了一篇文章在討論膝蓋保養，假設兩者內容品質差不多，我的網站就會比康健雜誌排名更差，因為康健雜誌在健康領域更權威。

相信上面這兩個舉例大家都能理解，因為我們實際在使用搜尋引擎時，多半也是這個狀況。在搜尋產品時，為什麼 PChome、momo、蝦皮通常會有很高的排名？不只是因為它們很認真做 SEO、設計好對應的網頁、網站架構完整，還有一個很重要的因素就是它們的權重都超高。

網站權重的起源

說起網頁權重的概念，最經典的就是 Google 的 PageRank 演算法。PageRank 數值從 0-10，也會被稱為 PR 值。通常 PR 值高的網頁，排名

表現也會較好，因此 PR 指標對於 SEO 人員評估競爭對手跟評估自己反向連結建置來說非常方便。

而為什麼我們會從反向連結討論到網站權重，又討論到 PR 值呢？因為 PR 值很大程度會參考反向連結的品質跟數量，可以說 PR 值就是網域權重的祖師。

到了 2016 年，Google 取消公布了 PR 值，儘管取消公布數值，但 Google 仍然會把 PR 作為排名演算法的要素之一。因此，一些機構就開始推出了模仿、替代 PageRank 的指標，想提供給 SEO 人做為參考使用。

替代 PR 的指標以及如何查詢反向連結數量

圖：8-6-01

為了找到另一個可以替代 PR 的指標，不同公司發明了各自的網站權重系統。

像是 Moz 推出了 DA（Domain Authority）跟 PA（Page Authority），分數是 0-100 分；你可以透過 Moz 的 Link Explorer 工具[1]來免費查閱你的 DA 值。

而 Ahrefs[2] 推出了 DR（Domain Rating）跟 UR（URL Rating），分數是 0-100 分；你可以透過 Ahrefs 的 Website "Authority" Checker 來免費查詢你的 DR 值[2]。

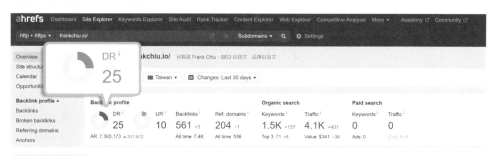

圖：8-6-02

透過上述這兩個工具，我們不只可以看到自己的網域權重分數，裡面還會提供你的網站目前有多少反向連結的數量跟網域數。

另一方面，我們可以看 Ahrefs 怎麼說明 DR 值是怎麼計算的，Ahrefs 提到：「我們計算 DR 的方式與計算 PageRank 的方式有些相似。主要的區別在於，PageRank 是在各個網頁之間進行計算，而 DR 則是在不同網站之間進行計算。」[3] 這段描述我們可以看出 Domain Rating 與 Page Rank 的歷史淵源。

而值得注意的是，**無論是 DR、DA、或是任何第三方公司提供的指標，這都是「參考」與「推測」，因為這些公司通通不是 Google，這些指標永遠不是 PageRank。**

因此，我們可以參考 DR 或 DA 來評估自己的網站權重，但不要過度迷信、甚至把提升 DR 或 DA 當成主要 KPI，這樣的方向並不正確。

UR 跟 DR 差在哪？

- UR（URL Rating）：單一網址的分數
- DR（Domain Rating）：該網域的整體分數

同理可以套用在 DA 跟 PA 上。如果單一頁面獲得很多的反向連結，那麼該頁面的 UR 就會特別高，而 DR 也會因為這些反向連結而獲益。我們可以想像，如果兩個網頁要競爭，內容品質幾乎相同，DR 相同，這個時候就會比誰的 UR 更高。

網站權重應用：評估競爭強度

講了這麼多，網站權重到底可以幹嘛？網站權重就是在 SEO 中的咖位、

就是拳頭的大小，因此透過 DR
與 DA，我們可以藉此評估競爭
者的實力強弱。這邊我稍微列
一下知名網站的 DR 值，你就
會知道這些常見的網站，其實
是非常強勁的競爭對手。

網域	DR
facebook.com	100
google.com	98
apple.com	97
amazon.com	96
wikipedia.org	91
line.me	95
pchome.com.tw	83
shopee.tw	86
momoshop.com.tw	80
books.com.tw	83

資料來源：Ahrefs，資料時間：2023.9.3

而如果你今天是自己架的網
站，用自己買的網域，你的 DR
就是從 0 開始，想要在熱門關
鍵字跟這些大哥大姊競爭，難
度會非常多。

另一方面，如果你發現你想要獲得關鍵字的 SERP，裡面每個網域都是
70 分以上，而且你自己的網站可能只有 10 分，那麼可預期的會比較辛苦。
這也是為何新網站該開始的時候會很吃力的原因，因為網站權重超級低，
接近沒有，競爭當然辛苦！

因此，**網站權重常常會拿來評估關鍵字的競爭難度，如果對手都是比
你高出 50 分以上的 DR，競爭難度會高上很多**；當然我還是會建議你試
試看，但獲得前 20 名的機會就會比較渺茫，請記得：SEO 的本質就是競
爭。

網站權重不代表一切

儘管網站權重很重要，但如果該關鍵字競爭沒有到太激烈的話，我們
還是可以憑藉搜尋引擎的優化技巧，贏過高權重網站。好比說我的網站
在 DR 不到 10 分的時候，也能把「公關」這個關鍵字排名到前三名，因
為我的內容寫得夠好，搜尋意圖掌握得當，且這篇內容也有獲得反向連
結，所以能獲得好排名。

因此了解網站權重不是爲了讓我們躺平，而是更客觀了解自己的籌碼跟競爭狀態，如果自己的網域權重不夠好，那就要把別的 SEO 項目做到更好，才有機會贏過高權重的競爭對手。

然而透過優質的內容、良好的網站架構、反向連結經營，讓自己的網站在長期經營下可以提升網站權重，獲得更大的競爭優勢，這就是 SEO 的生存之道。

如何提升網站權重

既然網站權重這麼重要，我們可以如何提升網站權重呢？答案就是增加網站的反向連結數量。越多的反向連結就能提升網域權重，這是最有效的方式之一。

從下面的表格你可以看到，我的網站從 2020 年，DR 只有 5 分，只有 100 個反向連結、17 個反向連結網域。到了 2023 年，我的 DR 變成了 25 分，有 561 個反向連結、204 個反向連結網域，這就是反向連結的功勞。

備註：反向連結數量有時候會有很多浮動，因為可能很多是沒價值的反向連結在灌水，如果移除就會改變很多，而工具判讀反向連結標準跟能力也會改變；但連結網域的數量通常會比較穩定。

Date	DR	Ref. Domains	Backlinks
20-06-02	5	17	100
20-06-11	6	20	315
20-06-28	6	25	646
20-07-20	10	26	649
20-08-05	10	28	576
20-09-21	10	35	573
20-11-21	8	76	780
20-11-26	9	77	854
21-02-15	8	122	901
23-09-03	25	204	561

　　同時，做 SEO 要堅持，如果過程中有更換網域，那麼這些數據都必須從頭開始，因此盡量不要換網域；如果要換，也記得做好 301 轉址，才能避免網站權重流失。而要如何獲得更多反向連結的方式，請參考《8-8 如何獲得更多反向連結？｜反向連結優化》。關於 301 轉址，請參考《7-3 HTTP 狀態碼與 301 轉址為何重要？｜優化索引》。

提升網站權重的其他方式

　　更嚴謹來說，網站權重是綜合性的概念，不只有反向連結的成分，還有一些內容品質、社群訊號、網站年份 ...... 等要素，也能提升網站權重。但反向連結的數量跟品質，是業界認為影響網站權重最核心的要素。

網站權重不算是 Google 官方承認的概念

　　值得一提的是，**網站權重算是 SEO 業界歸納出來的一種概念跟共識，但這個概念並不算獲得 Google 官方的認可**，就如同 DA、DR 這些指標，Google 官方也都沒有正式承認。

　　因此我認為比較健康的概念是：**SEO 人員應該理解到不同網站之間的競爭力會有客觀差異，而透過長期的內容經營跟外部連結經營，就能慢慢提高自己的網站權重跟競爭力。**

　　但評估網站權重並不容易，而且網站權重不是勝利的保證，SEO 人要聰明的「參考」跟「評估」網站權重帶來的影響，這是我想帶給讀者朋友的觀念。

[1] Moz Link Explorer
　　https://moz.com/link-explorer
[2] Ahrefs Website"Authority"Checker
　　https://ahrefs.com/website-authority-checker
[3] Domain Rating:What It Is & What It's Good
　　https://ahrefs.com/blog/domain-rating/

8-7 | 如何查詢網站的反向連結？
| 反向連結優化

理解了反向連結的意涵、反向連結與權重的關聯，下一步我們來聊聊：「如何查詢網站的反向連結數量」，進而評估網站的反向連結健康狀態。

監測反向連結的兩大指標

關於監測反向連結，我們會監測兩大指標。

反向連結數量

反向連結的數量有多少，有無持續增加？這是非常重要且直覺的指標，越多越好。

反向連結的網域數量

除了單純連結的數量，我們還會想知道這些連結是否來自不同的網域。反向連結就是一種背書，我們當然會希望這種背書來自於不同的網站，而不只是從單一網站。因此網站的反向連結的網域數量是否有越來越多，也是很重要的指標，越多越好。

反向連結的品質評估

除了上述兩個直觀的數據外能反應「量」之外，我們還需要了解更多「質」的資訊。

連結品質

反向連結的數量、反向連結的網域數量都很重要，但這邊只能看得出來「數量的多寡」，而無法看出來品質的好壞。因此會建議去看一下自己的反向連結到底長什麼樣子，如果都是健康、合理的好網站，有機會可以去跟人家說聲謝謝（我有因為這個方式認識幾個新朋友）。**有好的關係，才容易有好的反向連結；Link building 很多時候來自於 Relationship building**[1]、[2]。

如果發現很多反向連結都像是那種自動生成的網站，對於正常讀者毫無價值的那種網頁，那麼就要提醒自己：目前的很多連結有灌水、不要太當真，之後要更積極尋找更多優質的反向連結。至於需不需要將這些連結排除掉，我認為除非是那種非常惡劣的、有黃賭毒之嫌的網站，不然可以不用特別費心處理。

如果想要把這些垃圾網站從自己的反向連結庫中排除掉，換句話說就是不想要這些垃圾網站替自己背書，可以參考《8-5 禁止垃圾反向連結及 nofollow 標籤應用｜反向連結優化》中的「負面 SEO 操作與移除垃圾反向連結」教學。

錨點文字類型

我們的錨點文字（連結文字）都是什麼樣的錨點文字，也是很值得多關注的環節。前面提到錨點文字也會影響搜尋引擎理解相關性，**因此如果錨點文字跟我們網站想要爭取的目標關鍵字有關連，那就會是很棒的事情。**

好比說，如果一個網站想要獲得「公關公司推薦」的排名，那麼他的反向連結錨點文字最好也跟「公關公司推薦」、「公關公司」有關聯會最好。

另一方面，如果你發現自己網站的錨點文字都超奇怪，點入該反向連

結後也覺得那個錨點文字很不合理，很像硬塞的，那麼這就是比較糟糕的錨點文字。好比說，在很多早餐店的文章中，不自然的提到「公關公司推薦」，然後連結到你的網站，這就是不自然的狀況。

如果糟糕、不相關、不自然的錨點文字太多，會有被 Google 認為有作弊的嫌疑，這個時候我就會建議要使用前面提過的「負面 SEO 操作與移除垃圾反向連結」技巧，來降低自己的風險。

外部連結到的網址

別的網站是連結到你的哪個網址，這也是很值得了解的項目。正常來說都是首頁居多，這樣並沒有問題。**而在理想狀況下，反向連結所連結到的網址，最好是你希望提升競爭力的網址**，也就是希望可以提升 PA（Page Authority）或 UR（URL Rating）。

好比說，我今天希望提升我公關文章 A 的排名競爭力，那麼最好的情況就是一個討論公關的文章 B，裡面放了我文章 A 的連結。此時放文章 A 的連結，效果會比放我首頁的連結來得更好。

一、用 Google Search Console 查詢反向連結

說了這麼多，那麼我們要如何查詢自己的反向連結呢？這邊有兩類方法讓你可以查詢自己網站反向連結的狀況。

第一類方式是我們的老朋友 Google Search Console，你可以點開 Google Search Console 左側面板，最下方有個「連結」，點開就可以看到網站外部連結跟內部連結的狀況了。

名詞解釋：

▪ 外部連結──連結總數：外部連結的總數量

- 外部連結──最常連結的網站：是哪些網域連結到我們網站
- 外部連結──最常見的連結文字：別人是用哪些連結文字（錨點文字）連結到我們網站
- 內部連結──熱門連結網頁：網站內最常被引用的連結

圖：8-7-01

優點

- 不用錢：不用解釋。
- 最實際：如果被記錄在 Google Search Console，就代表這個反向連結真的有被 Google「認列」，這會比第三方資料更有參考價值。

缺點

使用 Google Search Console 的連結功能，固然可以讓我們基本了解網站的反向連結狀況，但有幾個缺點。

- 無法了解數量變化：因為這個功能沒有辦法看到時間，所以網站主要自己手動紀錄連結數量，這樣之後才能對比說網站連結的變化。

- 無法了解對方是哪個網頁引用我們：Google 沒辦法讓我們了解對方是哪個網頁引用我們，這對於分析錨點文字、對方引用連結的情境分析，都會有很大的限制。
- 無法評估對方的網域品質：對方網域的品質需要靠第三方工具來協助評估。

二、用第三方工具查詢反向連結

我認為 Google Search Console 反向連結的功能確實相對簡陋，因此購買可查詢反向連結的第三方工具是很值得的投資。我們前面提到可以拿來看網站權重的第三方 SEO 工具，都可以拿來監測反向連結，因為他們正是依靠反向連結的資料庫藉此推估網站權重的。

Moz Link Explorer

Moz 有一個 Link Explorer 可以免費查閱你網站的反向連結，當然免費版也有些數量限制，但對新手來說非常好用了。

連結：https://moz.com/link-explorer[3]

- 基本指標解析
  - DA（Domain Authority）：網域權重
  - PA（Page Authority）：網頁權重
  - Linking Domain：反向連結的網域數量
  - Inbound Links：反向連結的數量
  - Follow 與 Nofollow 比例：Follow 與 Nofollow 的比例，Follow 佔比越多越好

- Top pages on this site：網站中高 PA 的頁面
- Top followed links to this site：該網站的反向連結列表
- Top anchor text for this site：同 GSC「最常見的連結文字」
- Linking Domains by DA：指連結到你網站的 DA 分布，如果高 DA 網站比例很高，那就是好事；如果都沒有高 DA 網站，那比較可惜

- 摘要
  - 每月有少量免費額度可以嘗試。
  - 能更細節的提供反向連結的資訊。
  - 會提供反向連結的增加與減少的資訊。
  - 建議每月、每季定期追蹤上述指標，並額外手工紀錄當月數據。

Ahrefs Backlink Checker

Ahrefs 有一個 Backlink Checker 可以免費查閱你網站的反向連結，當然免費版也有些數量限制，但對新手來說非常好用了。

連結：https://ahrefs.com/backlink-checker[4]

- 基本指標解析
  - Domain Rating（DR）：網域權重
  - Backlinks：反向連結數量
  - Linking Websites：網域連結數量
  - dofollow：反向連結為 follow 的數量 [5]
  - Referring page：反向連結的網址（別人網站）

- Anchor and target URL：錨點文字與反向連結導入的我方網站連結

- 摘要
  - 每月有少量免費額度可以嘗試。
  - 能更細節的提供反向連結的資訊、對方的權重跟實際連結。
  - 建議每月、每季定期追蹤上述指標，並額外手工紀錄當月數據。

利用第三方工具研究對手的反向連結

當我們購買這些第三方的反向連結工具，最大的價值除了研究自己的反向連結狀況跟細節之外，更重要的是可以研究「對手的反向連結」。

透過這些工具，你可以研究對手的網站權重、透過哪些網站來做反向連結，這些通通能一覽無遺！而這個是非常非常有價值的資訊。**SEO 的操作在這些工具的幫助下，可以說近乎是透明的，想藏也藏不住。**

因此我認為做為一個 SEO 人要不斷的自我進化跟成長，因為過去累積的技巧跟操作痕跡，對手只要有心都能取得跟分析，只有不斷進化才能確保自己網站的競爭優勢，這是 SEO 人的生存之道。

---

[1] Relationship-Based Link Building: How to Earn Trust & High-Quality Links
https://ahrefs.com/blog/relationship-link-building/
[2] 7 個關於反向連結（Backlink）你要知道的事
https://www.ringoli.net/backlinks-advance-knowledge/
[3] Moz Link Explorer
https://moz.com/link-explorer
[4] Ahrefs Backlink Checker
https://ahrefs.com/backlink-checker
[5] follow 與 nofollow 可以參考章節《8-5 禁止垃圾反向連結及 nofollow 標籤應用｜反向連結優化》

8-8 | 如何獲得更多反向連結？
| 反向連結優化

如何增加好的反向連結？

前面章節說了這麼多，那我們到底要如何增加好的反向連結呢？我必須坦承：這並不容易，因為反向連結要靠別人家的網站，這有時候不是 SEO 知識能解決的。

也因此反向連結的優化，通常是網站的長期優化項目，不會是短期優化項目，因為難度很高；懂 SEO 人的看到網站健檢報告寫說「建議多增加反向連結」，心情大概就是「建議你減肥要少吃多動」，很正確、但很困難。

以下我會列出比較容易執行的反向連結獲得方法，請注意，這些方法如果操作失敗、操作太偏激，都有機會被判定成黑帽或灰帽，這是操作連結建置（Link Building）要特別謹慎的地方。

一、撰寫高品質的內容

業內有種觀點：只要網頁內容品質夠好，該網頁長期來說一定會被引用；這個說法對於網站主很有吸引力，有種酒香不怕巷子深的嚮往。我非常支持網站主必須盡可能提供優質的內容，這是獲得排名的硬道理，也是搜尋引擎期待我們做的，**只是根據我的經驗，好的內容未必會獲得引用，一個網站中通常只有很特定的內容會獲得引用。**

因此除了撰寫好內容以外，我們還需要有一些方式幫助我們獲得反向連結。

二、模仿競品反向連結策略

在章節《8-7 如何查詢網站的反向連結？｜反向連結優化》中，我們提到可以利用工具查詢別的網站的反向連結。因此我們也能藉由這個方法剖析競爭者的反向連結，進而去爭取相關的反向連結。

三、主動洽談

看到適合的網站跟網頁，然後寄個信問對方有沒有機會引用自己的資料，這就是主動洽談的方式。聽起來很傻、很笨、很累，但這個方法確實有效。

這個方法可以再做得更細節：

- 像是對方有一個連結壞掉了，所以給對方一個可以替換的連結（自己適合的網頁）。
- 請對方放自己的連結，自己也放對方的連結，請務必注意自然且合理。
- 多跟網站主們交流，大家彼此支援跟協助，對於你的 SEO 之路會很有幫助。

四、新聞稿、廣編稿、部落客

如果你的品牌有機會發新聞稿、廣編稿、部落客，請務必把握機會請對方放上你網站的連結。久而久之，網站的反向連結會越來越多。

五、撰寫吸引人引用的內容

如果你撰寫的內容對於人們有很多幫助，人們就更願意分享跟引用，像是我撰寫的《揭密 Google Trends 正確使用方式：為何 90% 人都用錯 Google Trends ？》，因為內容非常實用，很多人討論 Google Trends 時

都會用到，因此這篇文章獲得很多的自然引用。

六、設計小工具

　　如果你可以設計出一些人們非常受用的小工具，就容易獲得人們的引用跟分享。好比說你設計了一個很好用的 emoji 工具、某某計算機，大家會在自己網站引用這個連結，那麼你就能獲得反向連結。

七、客座發文（Guest Post）

　　客座發文（Guest Post）是指在別人的網站上發布內容，對方會獲得優質內容，而你則可以獲得反向連結。

操作提醒

　　請特別注意，上述的反向連結建置方法都要留意：

- 對於使用者來說是否有用，這個反向連結對於使用者來說有沒有加分？
- 是否欺騙使用者或搜尋引擎？
- 反向連結跟原網站，是否有相關性、足夠自然合理？

8-9 │ 設計搜尋結果的結構化資料 │ SEO 操作實務

當你在使用 Google Search 的時候，相較於常見的搜尋結果，我們有時候會見到一些「特殊的」搜尋結果，好比像是下圖這種搜尋結果的樣式。**相較於一般的搜尋結果，這種版塊能提供更多資訊給使用者，也會更加吸睛。我們會稱呼為「複合式搜尋結果」（Rich snippets、Rich results）。**

會出現這種特殊版面並非巧合，而是因為這些網站有設定「結構化資料」（Structured Data）的緣故；現在我們就一起來了解什麼是結構化資料吧！

圖：8-9-01

什麼是結構化資料？

根據 Google 官方說法：「結構化資料是一種標準化格式，作用是提供網頁相關資訊並將網頁內容分類。例如在食譜網頁上，結構化資料就能分類材料、烹飪時間和溫度、熱量等內容。」我的白話文解釋：「結構化資料，就是透過標準的格式，幫助 Google 更容易了解網頁上的特定資訊。」

實際上，Google 儘管很聰明，但並沒有我們想像的那麼聰明，儘管一個頁面上有很明顯的價格、評論、評分等資訊，但 Google 未必能認得網

頁上的這些元素的意義就是價格、評論、評分。因此，**我們能透過特定的程式碼格式，幫助 Google「認得」特定的資料訊息，這段特定的程式碼，就是結構化資料。**

好比說，我希望 Google 知道我這一個產品頁的價格是 1,699 元，那我就可以在網頁貼上一段「產品價格＝ 1,699 元」的結構化資料。透過這一段程式碼，Google 就能「讀懂」這一頁，知道這一頁產品價格是 1,699 元，並且有機會顯示在搜尋結果上。

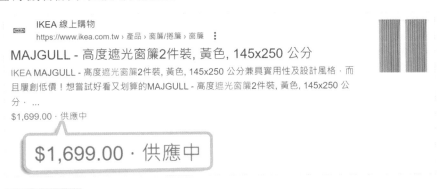

圖：8-9-02

為什麼要做結構化資料？

因為這種版位格式跟其他搜尋結果較不相同、更吸睛，所以點閱率通常會變高，進而獲得更多流量。根據 Google 提供的資料[1]：

- 爛番茄將結構化資料新增至 100,000 個不重複網頁，發現相較於不含結構化資料的網頁，透過結構化資料強化的網頁在點閱率上高出 25%。
- 雀巢發現以複合式搜尋結果形式顯示的網頁，其點閱率比未啟用複合式搜尋結果的網頁高出 82%。

因此結構化資料對於特定的大型網站來說，會非常的有幫助。

怎麼製作結構化資料？

結構化資料的格式

結構化資料就是一段標準的程式碼，透過這段程式碼可以讓機器人（搜尋引擎）搞懂網站內容。而根據不同的屬性，如產品價格、FAQ、麵包屑等，會有不同的程式來做撰寫。

至於結構化資料的格式分為「JSON-LD」、「Microdata」、「RDFa」；Google 官方最建議採用「JSON-LD」的格式，所以以下我都會用「JSON-LD」作為說明。

結構化資料的程式碼長成怎樣？

我們以 Google 說明中心《Google 搜尋中的結構化資料標記簡介》[1] 的解釋，如果一個搜尋結果長得像下圖這個模樣。

圖：8-9-03

其背後的結構化資料，也就是其中的程式碼，會如以下示範。覺得很複雜嗎？先別怕，我們後面來講解。

程式碼

```
<script type="application/ld+json">
{
  "@context": "https://schema.org/",
  "@type": "Product",
  "name": "Executive Anvil",
  "image": [
    "https://example.com/photos/1x1/
photo.jpg",
    "https://example.com/photos/4x3/
photo.jpg",
    "https://example.com/photos/16x9/
photo.jpg"
  ],
  "description": "Sleeker than ACME's
Classic Anvil, the Executive Anvil
is perfect for the business traveler
looking for something to drop from a
height.",
  "sku": "0446310786",
  "mpn": "925872",
  "brand": {
    "@type": "Brand",
    "name": "ACME"
  },
  "review": {
    "@type": "Review",
    "reviewRating": {
      "@type": "Rating",
      "ratingValue": "4",
      "bestRating": "5"
    },
    "author": {
      "@type": "Person",
      "name": "Fred Benson"
    }
  },
  "aggregateRating": {
    "@type": "AggregateRating",
    "ratingValue": "4.4",
    "reviewCount": "89"
  },
  "offers": {
    "@type": "Offer",
    "url": "https://example.com/anvil",
    "priceCurrency": "USD",
    "price": "119.99",
    "priceValidUntil": "2020-11-20",
    "itemCondition": "https://schema.
org/UsedCondition",
    "availability": "https://schema.org/
InStock"
  }
}
</script>
```

拆解結構化資料的細節

上述細項看起來很複雜沒錯，但如果耐心觀察，你會發現沒那麼恐怖跟糾結。我先從上面拆出「product」的相關內容：

程式碼

```
"@type": "Product",
"name": "Executive Anvil",
"image": [
  "https://example.com/photos/1x1/
photo.jpg",
  "https://example.com/photos/4x3/
photo.jpg",
  "https://example.com/photos/16x9/
photo.jpg"
],
"description": "Sleeker than ACME's
Classic Anvil, the Executive Anvil
is perfect for the business traveler
looking for something to drop from a
height.",
"sku": "0446310786",
"mpn": "925872",
"brand": {
  "@type": "Brand",
  "name": "ACME"
},
```

接著，我們把項目裡面的內容清理乾淨（把裡面的代稱清除掉），就可以看到：

程式碼

```
"@type": "Product",
"name": "【產品名稱】",
"image": [
"【圖片網址】",
],
"description": "【產品描述】",
"sku": "【商品貨號】",
"brand": {
"@type": "Brand",
"name": "【品牌名稱】"
}
```

也就是說，這串程式碼的結構大致上會是個 "@type" : "【XX】"，配上該屬性的細項說明，像是 name、image、url⋯⋯etc，是不是就沒那麼恐怖了？**結構化資料不過就是個填字遊戲！**

最後，我們如果透過結構化資料檢測的結果來觀測，就會更好理解了。

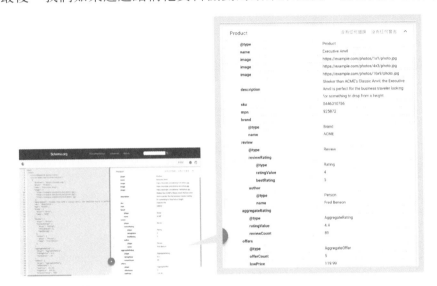

圖：8-9-04

透過上圖，我們可以明確看到，@type：Product 下面有 name、image、description、sku、brand、offers 等細項。然後在 brand 跟 offers 等細項，又有小細項，透過下一層的 @type 繼續標註，所以出現了像是 offers 下面的 url、price 等說明。

只要把這些「洞」一個一個填完，結構化資料就完成了，是不是覺得輕鬆多了？

要去哪裡找結構化資料的範本？

結構化資料這東西有一點像是「照樣造句」的遊戲。當初有設定結構化資料的起因，就是希望所有人都能遵守同一套規則，因此它是一個有

接近正確答案的課題。

通常你可以在 Google 關於結構化資料的說明中心[1]、Schema.org[2]，尋找範本來做改寫；現在你也能透過 ChatGPT 來幫助你撰寫結構化資料。

實務上的結構化資料

實務上資料庫是動態的，所以不太會用這麼「人工」的做法來撰寫結構化資料，工程師會用專業的方法來更有效率的產出結構化資料。同時，市場上也有更多現成的外掛來幫助我們撰寫結構化資料，像是 Yoast SEO、Rank Math 等外掛就有現成的工具可以使用。而了解結構化資料的程式碼原理，能幫助我們更有判斷能力跟理論基礎，來判斷自己的結構化資料有無問題。

檢測結構化資料是否正確

完成結構化資料後，最重要的就是要檢測是否寫得正確。畢竟花了這麼多力氣調整結構化資料，如果因為一個逗號、一個括號沒寫對，導致 Google 認為結構化資料有誤，那就太可惜了；**網站有錯誤的結構化資料，會比沒有結構化資料更為糟糕**。若要撰寫結構化資料，我們要先釐清非必要項目的欄位內容是什麼，再決定是否需要加入，若是硬要加入而隨便填寫，結果可能會更糟。

同時，我們會透過「複合式搜尋結果測試」（結構化資料測試工具）來檢驗結構化資料是否正確。

方法一：複合式搜尋結果測試

連結[3]：https://search.google.com/test/rich-results?hl=zh-tw

這個「複合式搜尋結果測試」是 Google 官方的測試工具，你可以透過

這個工具測試結構化資料是否正確。你有兩種測試方式，一種是利用網址做測試，另一種利用程式碼片段做測試。

圖：8-9-05

■ 網址測試

網址測試顧名思義，就是把完整的網址丟到測試中，來檢驗上線網頁的結構化資料是否有問題。需要注意的是：該網址必須要是公開可被爬取的才可以。同時，**當我們發現有一個網頁的搜尋版位很特別，你也可以丟到結構化資料檢測器來看看對手用了什麼花招──所以我常說 SEO 是個很透明的技術。**

我們這邊就可以拿開頭的 Kobo 搜尋結果來檢測，會得到以下結果，我們發現裡面有商品摘要、商家資訊、導航標記、標誌、查看摘要，這些結構化資料都有被正確讀取。

圖：8-9-06

- 程式碼檢測

如果你今天網址還沒正式上線，或是你只想測試其中一段程式碼，那你就能把這段程式碼剪出來，丟到這上面來檢驗。好比說，我們拿前面那段程式碼來示範，就會得到以下結果。

圖：8-9-07

- 檢測標準

檢測完後，右邊 Google 會跟你說檢測出來的成果，會有幾個類別。

- 如果是有效，代表通過。
- 如果是非重大問題，代表還不錯，但有改善空間。
- 如果是「無效項目」（重大問題），這就比較嚴重，建議馬上改善。

我會建議標準是「不要出現無效項目」，因為如果要全部弄到零警告會比較麻煩，而且有時候網站的確就沒有那個屬性可以填，像是很多網站就沒有 rating、review 這些資料，但 Google 會希望你有，這就比較為難。

但有負面影響的會是「無效項目」，**因此我建議拿「不要有錯誤」當標準，先求不犯錯，再求有，不然寧願不要做結構化資料。**

方法二：透過 Google Search Console 檢測

另一方面，你也能透過 Google Search Console 來檢測你的網站結構化資料是否有設定錯誤。像是下方 Google Search Console 我們就能發現網站的結構化資料錯誤，快速進行檢測，並跟工程師討論如何處理。

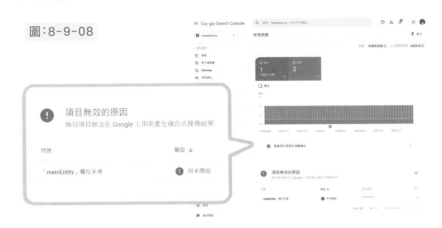

圖：8-9-08

哪些資料性質有結構化資料？

結構化資料類別非常多，可以多觀察搜尋結果頁上面有哪些結構化資料呈現，接著搜尋看看「OO 結構化資料」，或「OO structured data」。舉例來說，像是「review structured data」、「食譜 結構化資料」，如果你想了解更多的結構化資料類別，可以參考《Google 搜尋支援的結構化資料標記》[4]。

[1] Google 搜尋中的結構化資料標記簡介
https://developers.google.com/search/docs/appearance/structured-data/intro-structured-data?hl=zh-tw
[2] Schema.org
https://schema.org/
[3] 複合式搜尋結果測試
https://search.google.com/test/rich-results?hl=zh-tw
[4] Google 搜尋支援的結構化資料標記
https://developers.google.com/search/docs/appearance/structured-data/search-gallery?hl=zh-tw

8-10 ｜ 搜尋意圖：最重要的 SEO 概念 ｜ SEO 操作實務

在前面許多章節，無論是關鍵字研究、排名規則、演算法，我都反反覆覆提到一個詞彙：搜尋意圖（Search Intent）。

搜尋意圖的概念不難理解，就是使用者搜尋的意圖，使用者碰到的問題，以及希望獲得的答案。在這幾年的 SEO 競爭中，我認為搜尋意圖是最重要的核心要素；如果搜尋意圖抓得準，小網站也有機會打贏高權重網站，因此我也稱搜尋意圖是 SEO 中的聖杯。我甚至認為，如果這本書你只能讀一個章節，那就會是這個章節。

相對的，如果搜尋意圖抓偏了，就算網站權重很高、技術力滿點，還是有很高的機會無法獲得排名。接下來就讓我們來討深入聊聊「搜尋意圖」（Search Intent）吧！

搜尋意圖是什麼？

「搜尋意圖」（Search Intent）就是使用者搜尋某個關鍵字的時候，希望獲得什麼樣的資訊類型、答案的意思。你可以想像，每個使用者搜尋一個「關鍵字」，其實都是一次提問；而每一個提問，都會需要解答——搜尋意圖就是使用者想要知道的解答方向。

搜尋引擎與搜尋意圖

Google Search 的終極目標就是有效率地幫助使用者找到資訊、回答使用者的問題。

　　一個搜尋引擎對於搜尋意圖的處理極為重要，這也是搜尋引擎「好不好用」的重要關鍵；有時候你覺得搜尋引擎不好用，就是因為你沒得到你想知道的資訊——而這就得仰賴搜尋引擎可以理解使用者的搜尋意圖才能辦到。**因此 Google 很多的優化跟演算法，都是為了能更好的掌握使用者的搜尋意圖，進而提供給使用者更好的資訊。**

　　而達成這件事的條件有兩個：

解讀問題　✕　提供答案

　　所謂的搜尋意圖研究就是鑽研這兩者的技術，我們需要了解使用者想知道什麼，以及要如何回答才正確。其中蜂鳥演算法（Hummingbird Update）、RankBrain、BERT，都不斷把搜尋意圖的重要性提高。因此想要做好 SEO，搜尋意圖就是絕對、絕對繞不開的一環。

搜尋意圖的實例

　　接下來會用幾個例子幫助你好好理解何謂搜尋意圖。

「衛生紙」

　　你今天搜尋「衛生紙」，此時你會看到相當多的電商網站搜尋結果，這就是 Google 認為使用者搜尋「衛生紙」時，想看到的是購買資訊，因此提供更多電商的搜尋結果。因為「衛生紙」的搜尋意圖是「購買行為」，所以要提供電商網站來滿足這個意圖。

圖：8-10-01

「衛生紙推薦」

但如果你搜尋「衛生紙推薦」，你會發現大多數內容會是資訊型網站，而且更有趣的是，文章內容討論的衛生紙「都不只一個品牌」，而是什麼 10 大排名之類的。像是：2023 年最推薦的 10 款衛生紙品牌。

因為「衛生紙推薦」的搜尋意圖是「想了解比較資訊」，所以要提供內容媒體來滿足這個意圖。

圖：8-10-02

「牛肉麵推薦」

最後一個例子，我想舉「牛肉麵推薦」為例，因為這類關鍵字有很強的「在地訊號」，Google 認為搜尋這類關鍵字，你會需要離你不會太遠的搜尋結果，所以人在士林的我，就得到了台北為主的搜尋結果。

儘管我前面沒有加上「台北牛肉麵推薦」，但出來的結果都還是台北，這是因為地點的搜尋意圖。

圖：8-10-03

相對的，當我在新竹搜尋牛肉麵，看到的就是另一番光景：推薦店家都變成新竹的店家了，**這就是在地訊號不同，造成搜尋結果的不同。** Google 認為搜尋這類字詞，使用者的搜尋意圖就是「你想要找到你家附近的餐廳」，所以 Google 提供給你這些資訊。

圖：8-10-04

怎麼猜測使用者的搜尋意圖

既然了解了搜尋意圖的重要性了，那麼我們要怎麼了解使用者的搜尋意圖呢？

在開始前我想要提醒：實際上使用者的搜尋意圖是會變化的，而且沒有人可以告訴我們自己推理出來的搜尋意圖是正確還是錯誤的，也就是說這沒有標準答案，這也是我用「猜測」這個詞彙的原因。但好在我們會有提高勝算的解題方法，幫助我們更容易猜對使用者的搜尋意圖。

一、以關鍵字為單位

從上面的舉例你應該能發現：**搜尋意圖都是以關鍵字為單位的**，只要不同的關鍵字，搜尋意圖就很有可能不同。所以做搜尋意圖的研究蠻累人的，需要逐個從關鍵字去挑選，但效果卻非常值得。因為沒辦法一時間把所有關鍵字的搜尋意圖抓完，**這部分我建議從關鍵字研究中進行排序，從搜尋量較高、較有機會轉換的目標關鍵字先進行搜尋意圖的研究。**

二、從關鍵字的字面去猜測意思

我相信能閱讀到這裡的你，一定智力絕佳，所以能直接推論出「牛肉麵推薦」，消費者是想知道牛肉麵店家的推薦，而不是牛肉麵作法、或牛肉乾的推薦。大多時候，使用者都沒有我們想像的那麼複雜，**所以我們 80% 都能從關鍵字的字面意思，去猜測使用者的搜尋意圖。**

三、從 SERP 搜尋結果頁逆推

SERP 搜尋結果頁的呈現，就代表著搜尋意圖的結果，代表著 Google 認為：使用者就想要知道這些內容。

好比說，「牛肉麵推薦」這個關鍵字，為什麼我不能只推薦一家牛肉麵呢？這也是牛肉麵推薦啊？但 Google 說不能，因為 Google 在跟使用

者互動的過程中，產生了一個答案：搜尋牛肉麵推薦的人想要知道不只一家的牛肉麵推薦，至少要 10 家、而且要是最新年份的資料。

所以最精準得知搜尋意圖的方式，就是實際搜尋該關鍵字，**好好瀏覽該關鍵字的搜尋結果頁（SERP），看看大家都在寫什麼內容、怎麼下標，從中歸納出來使用者想得知什麼答案。**

四、AI 回答

如果設計得當，也有機會透過 ChatGPT 等 AI 工具回答關鍵字的搜尋意圖，方法像是詢問：「使用者搜尋○○○的時候，想要獲得什麼樣的答案？」。好比說下面這張圖，AI 的回答也是有模有樣，如果你想不出來搜尋意圖時可以參考。

又或是利用爬蟲，**將搜尋結果第一頁的資訊截取下來，接著利用 AI 分析資料高排名內容的共通點，進而判斷搜尋意圖。**

由於這個判讀不算很容易，會建議盡可能用最先進的語言模型，判讀會更加精準。而最後，我都建議要透過方法二跟方法三進行再次檢測，因為 AI 沒有義務要確保它的答案是正確的，但你需要。

圖：8-10-05

找不到搜尋意圖該怎麼辦？

多數情況下我們都能猜到搜尋意圖，不過有時候也沒這麼幸運，接下來跟你分享什麼情況下會較難猜測搜尋意圖。

猜不到搜尋意圖的狀況，通常會出現在「很簡潔」的關鍵字上，有時候我們會稱呼這類關鍵字叫「大字」[1]。舉例來說，「貓」這個關鍵字的搜尋意圖就不好抓，我們看完搜尋結果頁後，還是不太確定使用者想知道什麼答案。

或許你會說，貓就是貓呀，使用者就是想看貓！但問題是，貓這個主題過廣，是想要討論「幼貓」嗎？還是「貓飼料」？還是「貓（電影）」？

這就是搜尋意圖很難判讀的時候，通常關鍵字越短，我們就越難猜測它的搜尋意圖、不知道使用者想看什麼，像是：車子、手機、電腦、部落格、貓，都有這種屬性。碰到這類關鍵字，我們很難猜測使用者到底想獲得什麼資訊、哪一種特定的解答，搜尋結果頁也很不好歸納出個所以然來，因此產製的內容要匹配搜尋意圖的難度就會非常高。

圖：8-10-06

方法一：繞道而行

遇到這個狀況，我通常會建議品牌不要太執著這種大字上，取而代之的，品牌可以針對這樣的「主題」做大量的內容產製：像是如果品牌很重視「貓」的相關主題，那就去寫各種貓的小主題內容，也就是針對貓的各種「長尾字」[1] 進行內容產製。像是：貓飼料、幼貓、貓砂、貓咪照顧…etc。

當品牌產製這麼多相關主題的內容、把該領域內容寫爆後，會有兩個好處：

- 首先，你可以獲得這些關鍵字的自然搜尋流量，這些都會對你的業績跟網站有幫助。
- 第二，你或許「有機會」可以吃到像是「貓」這樣的關鍵字，因為 Google 覺得你的網站都在討論貓的主題，所以有可能會讓你獲得排名。

當然，請記得你永遠不只為了 SEO 在寫文章，內容應該也要對於你的行銷漏斗有所幫助才對。有時候遠路反而是捷徑。

方法二：人海戰術

這個方法與方法一有些重疊，當我們抓不到搜尋意圖的時候，或是認為搜尋意圖可能是 A 或是 B。好比說，我感覺「機械鍵盤」這個關鍵字的搜尋意圖，可能是文章資訊頁，也可能是產品分類頁，那我該怎麼做？

簡單，兩個都做就好，看看哪個會中。**面對重要的關鍵字，如果我們不確定搜尋意圖是什麼，就可以多方嘗試，試到成功為止！**

總結：心存善念，就是找到搜尋意圖的最佳方法

前面講了這麼多案例跟小技巧，不過真的要說掌握搜尋意圖的方法，我覺得唯一的原則就是「心存善念」，我是認真的。當我們想要跟 Google 正面對抗時，就會想努力找到漏洞、想要硬塞一些內容給使用者，但這條路卻非常的艱辛，而且很沒安全感，因為你不知道自己的優化方向是否正確。

相對的，如果我們能放下這些妄念，**乖乖的服務使用者，真真切切的思考使用者需要什麼資訊、使用者碰到什麼困難，並老老實實地回答使用者的疑問**，那麼品牌的內容行銷、SEO 內容，通常不會離使用者的搜尋意圖太遙遠。

搜尋引擎就是個純粹的問答機器，品牌、創作者、SEO 人必須要謙卑的回應使用者的問題，才能獲得使用者跟 Google 的信任與獎勵。祝福你可以順利找到搜尋意圖，獲得 SEO 中的聖杯。

---

[1] 可參考章節《3-3 短、中、長尾關鍵字是什麼？》

8-11 | SEO 內容撰寫實戰七步驟 | SEO 操作實務

恭喜你讀到這邊，真是不簡單，接下來就是收獲甜美果實的時候了！在我們理解了 SEO 各種概念跟排名要素後，這個章節我要分享 SEO 內容撰寫的具體操作項目，你會發現非常多的項目你都已經學過了。

步驟一：選關鍵字

在前面關鍵字研究的章節，我們已經聊過了要怎麼找到大量的關鍵字，以及查詢關鍵字的搜尋量。**並且我們要從關鍵字堆中找到對於品牌來說有價值的關鍵字，將其篩選爲目標關鍵字。**

這邊我的示範案例選擇了「皮鞋保養」作為目標關鍵字，我期待使用者藉由這個關鍵字，認識我的皮鞋品牌，進而產生購買意願。

練習題目

1. 關鍵字清單：關鍵字、關鍵字搜尋量
2. 目標關鍵字清單：勾選目標關鍵字

參考章節：《3-2 關鍵字研究實戰演練》

步驟二：研究關鍵字搜尋意圖

選好目標關鍵字後，我們就要想辦法讓自己的網站卡到目標關鍵字的

前兩頁上。**這個時候我們就需要逐一研究該關鍵字的搜尋意圖，思考什麼樣的內容，能幫助搜尋這個關鍵字的讀者。**

那麼要怎麼收斂我們的搜尋意圖呢？**我會建議你可以在選定目標關鍵字後，幫這個關鍵字取上一個文章標題**。好比說，我今天想要「皮鞋保養」這個關鍵字，我看過搜尋結果頁後，觀察排名前面的內容大多是探討皮鞋保養的方法，因此就設定一個標題「皮鞋保養怎麼做？皮鞋保養的 N 個方法」。

8-11-01

練習題目

目標關鍵字的文章試擬標題

參考章節：《8-10 搜尋意圖：最重要的 SEO 概念 | SEO 操作實務》

步驟三：撰寫文章大綱

請圍繞你設定的標題，開始撰寫文章。我會先建議你撰寫文章大綱，

這部分我們可以透過 ChatGPT 等工具幫助我們產生文章大綱。你可以自己寫，也可以透過 AI 工具來協助你，以下我示範使用 AI 工具的大綱。

案例解說

以「皮鞋保養怎麼做？皮鞋保養的 N 個方法」為例，我對 ChatGPT 說：「請幫我撰寫以下文章的大綱：皮鞋保養怎麼做？皮鞋保養的 N 個方法。」

他就產生了：

- 引言
  - 皮鞋的價值與重要性
  - 皮鞋的使用頻率與保養的關聯

- 皮鞋的基本保養常識
  - 了解鞋材質：全皮、絨面皮、合成皮等
  - 存放皮鞋的環境：避免潮濕、過高或過低的溫度

- 皮鞋保養的 N 個方法
  - 清潔皮鞋 – 使用皮鞋專用清潔劑 – 定期刷除鞋面的灰塵與髒污
  - 保濕與滋養 – 使用鞋油或鞋蜜 – 注意使用的頻率和用量
  - 防水與防潮 – 防水噴霧的使用方法 – 鞋墊的選擇與更換
  - 保持鞋型 – 使用鞋撐 – 避免折疊和壓縮
  - 換鞋原則 – 避免連續穿同一雙鞋 – 讓鞋子有休息和通風的時間
  - 維修與替換 – 定期檢查鞋底和鞋跟 – 及時修補或更換破損部分
  - 注意鞋帶的保養 – 清洗鞋帶 – 替換老舊或破損的鞋帶

- 專業保養的重要性
  - 定期將鞋子送到專業鞋匠或修鞋店
  - 專業保養的優點和價值

- 結論
  - 保養皮鞋的長期益處
  - 建立良好的皮鞋保養習慣的重要性

大綱看起來還不錯對吧？希望透過這些工具能降低你對於寫作的恐懼，寫作就跟我們平常跟朋友聊天、跟客人介紹產品相同，只是我們用文字記錄下來而已，放輕鬆！

接下來你可以透過自身的專業知識來把文章修改得更符合實際狀況，以及加入自己的品牌特色；像是在文章段落增加：「法蘭克皮鞋要如何保養？、多名客戶保養後皮鞋變得非常耐用的心得、穿了多年後依舊好看的實例……等內容」來增加消費者的購買意願。

而大綱完成後，要請你從頭看一遍，看一下這篇文章大綱如果寫完後**能否滿足讀者的搜尋意圖，以及是否有置入品牌的特色，促成轉單機會。**

練習題目

擬定文章大綱

步驟四：撰寫文章內容

撰寫文章草稿

接下來就要把文章撰寫出來，**請你按照列出來的大綱，每個大綱項目預計 200~400 字，只要把這些洞填完，你的文章就完成了！**

文章撰寫要口語、白話、簡單易懂，請拋棄學生時期那種大考老師喜歡看的作文，你可以多去看一些數位媒體，或一些你很喜歡的部落客，讓自己的文章好讀、好懂。**有一個很簡單的方式，可以判斷你寫的文章會不會太拗口：把文章唸出來，對著一個人唸看看。**如果文章唸出來你會覺得有點尷尬，好像不像是正常說話的感覺，那很有可能就是文章裡面太多艱深的詞彙了。

如果還是不行，市面上也有很多寫作書籍，你可以參考一下；不然就是將文章撰寫外包，但要注意文案作者的品質。

撰寫階段請勿排版、找圖片

需要提醒：**撰寫文章階段，請不要排版、找圖片、做文章首圖、調整文章結構。**上述這些都是編輯階段才要做的事情，請都先不要做；我撰寫超過百萬字、數百篇文章的經驗中，撰寫過程中一定要把撰寫跟編輯分開，因為這兩者動用到的邏輯跟大腦狀態是不同的，如果同時進行會很沒效率。

因此那些排版不好看的問題都等等再處理，先認真寫文章就好！

加入目標關鍵字

內容要有好的 SEO 表現，內容放上目標關鍵字是必要的，在撰寫過程中可以稍微刻意放入目標關鍵字。

以這篇文章來說，「皮鞋保養」就是我的目標關鍵字，所以我要在內文中盡量、合理的放入目標關鍵字。

- 原文：除了日常的基本保養外，如果能夠做到定期讓鞋子休息，交替穿著不同的鞋，這將大大延長皮鞋的使用壽命。鞋子「休息」時，皮革的紋理有機會恢復。
- 修改：除了日常的基本**皮鞋保養**外，如果能夠做到定期讓鞋子休息，交替穿著不同的鞋，這將大大延長皮鞋的使用壽命。鞋子「休息」時，皮革的紋理有機會恢復，這也是**皮鞋保養**的重要概念。

你看上下兩個版本，就多了兩次目標關鍵字的置入次數，讀者閱讀上也很自然，這就是好的關鍵字置入。

文章字數

文章字數也是讓內容有競爭力的關鍵，我提供以下關鍵重點。

- 一篇 SEO 文章建議 1,300~1,800 字左右；特別競爭的關鍵字可能要撰寫 2,000~4,000 字。
- 如果文章暫時沒辦法寫到這麼長，可以慢慢練習、分段撰寫。
- 一篇文章目標關鍵字建議15~30次；以自然為優先、做不到不要勉強。
- 不要硬塞關鍵字、把內容灌水，這樣會被懲罰；讀者也會討厭你。

練習題目

1. 完成文章內容
2. 撰寫過程中要加入目標關鍵字

步驟五：修改 SEO 標籤

前面階段，我們已經得到一篇很優秀的 SEO 文章，這個時候你直接拿這篇文章上線，在競爭不激烈的關鍵字上大概也會獲得不錯的成效。但我們還可以做得更好，因此我們要把文章的 SEO 標籤修正得更好。

我會建議最重要的三個 SEO 標籤一定要顧好，也就是我發明的 HTC 法則，這個 HTC 分別是：

- Header
- Title
- Content

Header 大標小標

文章的大標小標通常會用 h2、h3、h4 這些標籤，這些就是所謂的 header，以前面的文章大綱舉例，裡面的「皮鞋的基本保養常識」、「皮鞋保養的 N 個方法」就會是大標或小標。

我會建議大標、小標盡量要放目標關鍵字，因此我會調整：「皮鞋的基本保養常識」→「皮鞋保養的基本常識」，這樣就會有更多的目標關鍵字了。

Title

Title 是超級重要的 SEO 標籤，可以說是最重要的 SEO 標籤了。因此 Title 一定要放目標關鍵字 1~2 次，無論如何一定最少要放一次，而且越前面越好！如果想了解更多 Title 撰寫的細節，可以參考文章《SEO Title Tag 大全：Title Tag 是什麼？要怎麼寫好 Title Tag ？》[1]。

Content

Content 就是指內容，也就是「步驟四：撰寫文章內容」，裡面我提到

要放目標關鍵字,就是為了 Content 這個指標。除了內文要有目標關鍵字以外,**我強烈建議你在文章第一段跟第二段,一定要提到 3~5 次以上的目標關鍵字,這是超重要的秘訣。**

其他 SEO 常見標籤

HTC 就是最重要的 SEO 標籤,如果你今天希望做得更多,以下提供更多操作建議給你。

- **撰寫 Description**:儘管寫 Description 效果甚小,但如果時間允許還是可以撰寫此標籤。
- **圖片 alt**:撰寫圖片 alt 的內容;點開網站圖片你會發現有個圖片替代文字(圖片 alt)可以設定。
- **增加內部連結**:在文章內容中增加 2~3 組的相關內部連結,提升文章實用度,爬蟲也更容易爬取。
- **增加權威外部連結**:如果有適合放的權威外部連結,可以新增在內文的參考資料,提升文章可信度。
- **增加反向連結**:如果有別人的網站願意放上你文章的連結,而且是很自然且適當的,那麼可以提升文章的競爭度。
- **撰寫文章網址**:撰寫一個好懂的文章網址,詳情可以參考章節《4-9 怎麼撰寫好的網址命名與網址結構?》。

練習題目

完成 SEO 標籤設定

步驟六：文章編輯

在寫完文章後，SEO 標籤也調教好了，這個時候就可以進入到文章編輯階段了。由於 SEO 內容都相對長，很多朋友會擔心讀者看不完。這是個合理的擔憂，但另一方面也有一句話：「讀者不是不看長文，而是不看你的長文」，我認為也很有道理。

因此，我們的文章排版、文章內容品質就很重要了，以下分享幾個實用技巧。

手機看稿

請務必注意手機的排版，一定要用手機閱讀看看自己的文章。因為用手機看自己的文章有 2 個好處：

- 手機閱讀對於文章分段會很敏感，只要段落太長，就很難閱讀。
- 手機看文章比較慢，會更容易發現內容通不通順、有無錯字。

多分段、多斷句

相較於紙本書，在網站上看文章大家會習慣有更多的分段，閱讀起來會更輕鬆。

分段技巧：

- 3~4 個逗號內，就需要放一個句號或分號。
- 2 個逗號內，要換行分段；分段不用錢。
- 請多一些大標題跟小標題，這對於讀者閱讀會很有幫助。

由於每個人對於「好讀」的排版有不同的標準，你可以多研究自己認為哪種排版比較好讀，並且盡可能確保自己的網站文章是好閱讀的。

增加圖片

文章中增加圖片，對於降低文章閱讀的壓力有很大的幫助；也別忘了替你的文章封面選擇一張好看的封面圖，Google 有時候也會抓取圖片到搜尋結果中。

綜合展示

下面這張圖我想展示給你看看排版會造成的差異：你會發現，文章從沒有大小標、很少的分段；變成很多大小標＋多分段＋圖片，是不是閱讀的壓力感整個不一樣了？這就是文章編輯的重要性！

如果你想看在電腦上的感覺跟詳細文章編輯的技巧，可以參考這篇文章《文章排版入門指南：服侍讀者的眼球，提升文章完讀率》[2]。

練習題目

完成文章排版

步驟七：文章完成！

恭喜你完成了文章！辛苦你了。如果你希望文章盡快被 Google 索引的話，可以主動提交索引，可以參考章節《7-7 如何提升索引效率？｜優化索引》。

如果你不做，正常的網站 3~5 天內應該也能獲得索引。

文章排版演進

圖：8-11-02

文章完成後你可以做這 3 件事：

- 再用手機看一次文章有沒有錯字或錯誤。
- 分享到社群媒體。
- 主動提交到 Google Search Console。

練習題目

獲得文章正式網址

[1] SEO Title Tag 大全：Title Tag 是什麼？要怎麼寫好 Title Tag ？
https://frankchiu.io/seo-title-tag-intro/
[2] 文章排版入門指南：服侍讀者的眼球，提升文章完讀率
https://frankchiu.io/writing-article-layout-editing/

8-12 │ E-E-A-T 原則：什麼是高品質的內容？ │ SEO 操作實務

做白帽 SEO 的總是會耳提面命：要做好優質的內容，才能吸引讀者跟搜尋引擎的注意。那麼到底什麼是優質的內容呢？這個章節會提到高品質內容的相關定義，幫助你釐清自己有沒有做到高品質內容的標準。

Google E-E-A-T 標準

Google 官方有一份內容品質評分者指南[1]，裡面有個原則叫做 E-A-T，也就是 EAT（吃）。而後續 Google 又增加了一個 E，變成了 E-E-A-T。今天如果你的產業是 YMYL（Your Money Your Life，要錢還是要命），也就是生命財產相關的行業，EEAT 原則非常重要，一定要把握。

YMYL 相關領域：

- 新聞和時事
- 公民、政府和法律
- 金融
- 健康和安全
- 購物
- 人群
- 與「重大決定或人們生活的重要方面」相關主題

E-E-A-T 詳細解析

　　以下會提供 E-E-A-T 的解析，並且引用 Google 官方《建立實用、可靠且以使用者為優先的內容》[2]，解決方案則是我認為可以盡量達到該標準的作法。

專業性（Expertise）

權威性（Authoritativeness）

可信度（Trustworthiness）

實際經驗（Experience）

專業性（Expertise）

　　網站的內容有沒有專業性？

　　解決方案：

- 由專家撰寫文章內容。
- 請專家確認內容正確性跟嚴謹性。
- 不要撰寫錯誤、不準確的內容。
- 內容要有詳細、細節、扎實的描述。

權威性（Authoritativeness）

　　內容、網站是否有權威性可言？

　　解決方案：

- 網站深耕特定領域，獲得該領域認可。
- 獲得權威網站的反向連結。
- 引用權威網站的數據及連結。

可信度（Trustworthiness）

使用者是否可以信任內容作者跟網站？

解決方案：

- 使用 HTTPS 安全性憑證。
- 透明公開網站背景：關於我們、聯絡方式。
- 定期更新內容，確保內容時效性。

實際經驗（Experience）

網站內容是否包含第一手真實經驗？

「實際經驗」（Experience）是 2022 年新增的 E，**因為許多搜尋引擎上的內容都是二手資訊的重製，因此 Google 開始更鼓勵網站主提供第一手的經驗跟資訊。**

解決方案：

- 內容盡可能增加網站主、品牌主的第一手經驗內容。
- 增加親身經驗的第一手資訊。

Google 的優質內容指南

下面我的內容是直接引用 Google 官方內容《建立實用、可靠且以使用

者為優先的內容》資料，因為這樣才是最原汁原味的、最能代表 Google 立場的內容。裡面很多問題，對於我們判斷網站頁面是不是優質內容會很有幫助，我們需要誠實的面對自己撰寫的內容是否符合標準。

內容及品質相關問題

- **內容是否提供原創的資訊、報表、研究或分析資料？**
- 內容是否針對主題提供充實、完整或詳盡的說明？
- 內容是否提供深入分析見解，或是值得注意的資訊？
- **如果內容借鑒了其他來源，是否力圖避免單純複製或是改寫來源內容，而是設法提供具有原創性及大量附加價值的內容？**
- 主要標題或網頁標題是否提供了敘述清晰的實用內容摘要？
- 主要標題或網頁標題是否力圖避免使用誇飾或聳動的敘述？
- **您會想要將這類網頁加入書籤、分享給朋友或推薦給他人嗎？**
- 您覺得紙本雜誌、百科全書或書籍有沒有可能採用或引用這項內容？
- 比起搜尋結果中的其他頁面，這項內容是否提供了更高的價值？
- 內容中是否有任何錯字或是樣式問題？
- 內容製作品質是否良好？呈現出來的樣貌是否讓人覺得草率或是急就章？
- 內容是否為源自許多創作者的大量生產內容、外包給大量創作者，或者遍布於網路上的眾多網站，導致個別網頁或網站無法獲得足夠的關注？

專業度相關問題

- 內容呈現資訊的方式是否讓人覺得信服？舉例來說，**內容是否提供了清楚的資訊來源、具備專業知識的證據、作者或文章發布網站的背景資訊（例如作者介紹頁面或網站簡介頁面的連結）？**

- 在有人探索了製作這項內容的網站後，他們是否覺得就這個網站的主題而言，網站提供的資訊十分值得信賴，或是廣受相關權威人士的認可？
- 這項內容的作者是否為專業人士，或是明顯通曉並熱衷於內容主題的人士？
- 內容中是否有任何顯而易見的錯誤資訊？

專注於使用者優先的內容

- **使用者優先的內容是指專為大眾製作，而非以操控搜尋引擎排名為目標的內容。**
- 如何評估您製作的內容是否屬於使用者優先內容？如果您針對下列問題回答「是」，表示您可能正採用使用者優先的方法：
  - 您的業務或網站是否有既有或預期的目標對象，且這些目標對象如果直接閱讀您的內容，會覺得內容很實用？
  - 您的內容是否清楚呈現第一手專業知識及具有深度的知識（例如因實際使用產品／服務或造訪某個地點所獲得的專業知識）？
  - 您的網站是否有主要目的或重點？
  - **使用者在閱讀完您的內容後，是否覺得他們對某個主題有足夠的瞭解，可協助他們達成目標？**
  - 使用者在閱讀完您的內容後，是否覺得滿意？

避免建立以搜尋引擎為優先的內容

我們建議您將重點放在製作以使用者為優先的內容，藉此在 Google 搜尋中取得理想排名，而非製作以搜尋引擎優先的內容，試圖提高搜尋引擎中的排名。

　　如果您針對下列部分或所有問題回答「是」，表示這是一種警告跡象，意味著您應該重新評估自己建立內容的方式：

- 內容是否主要是爲了吸引來自搜尋引擎的造訪？
- 您是否針對不同主題建立大量內容，希望部分內容在搜尋結果中獲得良好成效？
- 您是否大規模運用自動化功能，針對許多主題建立內容？
- 您主要是匯總其他人說話的內容，但其實並沒有帶來太多的價值？
- 您之所以撰寫內容，只是因爲這些內容似乎很熱門，而非爲您既有的目標對象而撰寫？
- 您的內容是否會讓讀者覺得他們需要再次搜尋，才能從其他來源取得更完善的資訊？
- 您是否因爲聽說或讀到 Google 對於撰寫的內容有偏好的字數，所以您才撰寫一定字數的內容？（不，我們沒有這種偏好）。
- 您是否在沒有眞正專業知識的情況下，決定進入某個小衆主題領域，但其實主要是因爲您認爲自己會獲得搜尋流量？
- 您的內容是否承諾可以回答實際上沒有答案的問題，例如在日期未經確認的情況下，表示知道產品、電影或電視節目的推出日期？

製作內容的原因

　　「原因」可能是與您內容相關的最重要問題。為什麼要著手建立這項內容？**建立內容的主要「原因」應該是協助人群，讓訪客直接造訪您的網站時，可以取得實用內容**。這麼做的話，您就符合一般的 E-E-A-T 標準，這也是核心排名系統決定排名的因素。

　　如果您建立內容的主要「原因」是要透過內容吸引搜尋引擎造訪，就不符合 Google 系統的排名因素。**如果使用自動化技術產生內容（包括**

AI 產生）的主要目的為操控搜尋排名，則違反我們的垃圾內容政策。

延伸討論：避免建立以搜尋引擎為優先的內容？

上述的內容都很值得我們反覆回味跟參考，其中我想聊聊：關於「避免建立以搜尋引擎為優先的內容」，這一段內容真的很有意思，這裡面許多問題都是對於 SEO 人的靈魂拷問。我認為很多 SEO 人在上述問題都多少會涉獵，因為這是 SEO 們的工作。

因此在此情況下，我認為 SEO 人更應該要把握 EEAT 原則，心存善念，真心提供有價值的內容，這也呼應了 Google 的「製作內容的原因」——使用者為上。

「不要設計那些你自己不願意，甚至也不願你的家人看到的廣告。」
（"Never write an advertisement which you wouldn't want your family to read."）

—— David Ogilvy

SEO 行業要能讓人尊敬，我們必須要有更高的道德標準，我們不能讓 Google 上充滿 SEO 人產製的垃圾，要讓 SEO 是個引以為傲的行業，需要我們一起努力。

---

[1] 品質評分者指南的最新資訊：在 E-A-T 中增加了 E（Experience）
https://developers.google.com/search/blog/2022/12/google-raters-guidelines-e-e-a-t?hl=zh-tw
[2] 建立實用、可靠且以使用者為優先的內容
https://developers.google.com/search/docs/fundamentals/creating-helpful-content?hl=zh-tw#get-to-know-e-a-t-and-the-quality-rater-guidelines

8-13 │ SEO 成效評估與常見 KPI 指標 │ SEO 操作實務

　　辛苦了這麼久，我們的文章終於上架了！那我們要怎麼評估 SEO 的 KPI 跟成效呢？這就是這篇文章要討論的主題。

該如何理解 SEO 的 KPI ？

　　我個人認為 SEO 不是一個標準的廣告方案，甚至可能不能被稱作廣告方案；因為成熟的廣告方案會有確定性，像是 Google Ads、FB 廣告，你今天投了 10,000 元下去，成效可能好或壞，但至少都能拿到一點東西回來，可能是曝光跟點擊，而這個幾乎是被保證的成效。

　　那 SEO 呢？你今天有可能找一間 SEO 公司，花了十萬下去，卻沒有得到多少回報，這是有可能發生的，**因為 SEO 不是一種廣告方案，無法確保成效。**

　　因為是廣告方案，所以 Google Ads 會確保你有一定的成效；因為 SEO 不是廣告方案，錢也不是 Google 賺走，所以 Google 根本不管你，想要保證就花錢去買 Google Ads。

　　根據上述的討論，導致 SEO 的 KPI 不能像 FB 廣告、Google 廣告那樣單純、明確，而是有較多的模糊性跟不同情境的指標。所以，如果品牌今天要做 SEO，品牌主必須要花更多力氣去管理 SEO 的進度、專案狀況，並且理解該 SEO 指標對於品牌的意義。

前提：SEO 對你的品牌來說，到底是什麼？

在前面的內容我們討論了「品牌要如何靠 SEO 獲利」，也提到 SEO 只能帶來流量，而流量本身是不值錢的，只有品牌主能讓流量轉變成銷量。因此在思考 SEO 的 KPI 之前，你不妨先思考，SEO 對於你品牌的戰略意義、行銷漏斗、商業模式、流量獲取來說，究竟扮演什麼樣的角色？

- 有人期待 SEO 直接帶來訂單，能直接轉換
- 有人期待 SEO 帶來信任感
- 有人期待 SEO 接觸新客，不求直接轉換，之後進行再行銷
- 有人覺得特定關鍵字拿到就好，其他都沒關係
- ⋯⋯

當這點想清楚後，你才能找到合適的 SEO KPI，評估自己的 SEO 成效。

怎麼樣的 SEO KPI 是可以接受的？

相較於成熟的廣告系統，SEO 的操作不僅相對人工，報價也是各家不一。像是我跟多位 SEO 同行朋友交流過，彼此報價的邏輯跟方式都不太相同，這很可能是 SEO 市場的常態。

作為品牌主，你需要做的事情是：

1. 看懂 KPI：你至少要知道這個 SEO KPI 是什麼意思、大概會透過哪個方法來達到、最後帶給你生意的效益是什麼。
2. 計算最終回報：無論是用哪種 SEO KPI，品牌主只需要思考：「這樣的成效，對得起我付出去的總預算嗎？」
3. 思考 KPI 如何融入整體商業架構：任何一種工具單獨存在都是沒意義的，因此品牌要思考這個指標對於商業架構本身的意義與戰略目標。

只要這 3 點能想通，無論是怎樣的 KPI，你都能迎刃而解，找到適合自己的行銷工具，而且上述邏輯適用於所有的行銷工具。

多久以後會有成效？

根據我的經驗，**如果不是全新的網站，內容上線後、被索引後大概 3~5 週會慢慢有成效，2~3 個月排名會穩定；如果是非常競爭的關鍵字，則可能要 4~8 個月才會有成效**，我之前做過一個非常競爭的關鍵字，過了 10 個月才爬到第一頁，最後在第一頁維持了兩年多的時間。

因此建議網頁調整完一個月後，再去評估優化方向是否正確。如果一個多月後發現成效完全沒有起色，可以考慮去微調內容，看看會不會有起色。

SEO 有哪些常見 KPI 類別？

說起 SEO 常見的 KPI，多半就跟 SEO 執行過程中會碰到的元素有關。以下列舉一些我常碰到的 SEO KPI 類型及對應指標。

一、成效型指標

成效型指標跟網站表現有關，也是業主最喜歡的類型。以下則為常見的成效型指標：

- Google Search Console：點擊（Clicks）、曝光（Impression）、點擊率（CTR）、排名（Position）
- Google Search（無痕模式）：排名
- Google Analytics：工作階段、使用者 ...etc

Google Search Console 指標

成效四大指標：以下四個是 Search Console 的指標。

- 點擊（Clicks）：
  - 只要點擊操作會將使用者導向 Google 搜尋、Google 探索或 Google 新聞之外的網頁，系統就會將此計為一次點擊。
- 曝光（Impressions）：
  - 曝光指的是使用者在 Google 搜尋、探索或新聞中「看到」你網站的連結次數。
- 點閱率（CTR）：
  - 將「點擊／曝光」就會得到 CTR（Click Through Rate）；排名（Position）越高、CTR 越高。
- 排名（Position）：
  - 排名指標的作用，是呈現出特定連結在網頁上相對於其他結果的大致位置。

其中「點擊」跟「排名」是最常被拿來當作 SEO KPI 的指標；以上四個指標可以拿來看整個網站、特定關鍵字、特定網頁。

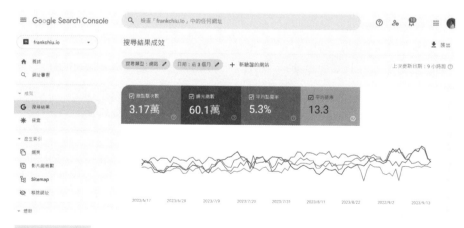

圖：8-13-01

針對 Google Search Console，我認為點擊（Clicks）是最適合的指標，也是衡量網站 SEO 流量狀況最好的標的。其他的曝光、排名、點擊率，不是說沒意義、但會比較難應用。

以曝光（impression）來說：

▪ 有時候曝光增加很多、點擊卻沒增加，是因為新的關鍵字只有曝光，卻沒帶來實際點擊。
▪ 還有種情況可能曝光減少、點擊增加，通常是因為操作收斂了特定的關鍵字組，去除不必要的關鍵字，所以曝光降低、但點擊反而提升。
▪ 曝光的起伏變化會大於點擊。

以排名（position）來說：

▪ 由於 Google Search Console 的總排名是一個平均的概念，所以我們很難從這個排名的起落，來評估網站現在是變好還變壞；有時候網站流量增加非常多，但排名反而微幅下降了。
▪ 如果要用排名，我也建議是使用「個別關鍵字」的排名，而非網站的整體排名。
▪ 理想上網站的排名提升，應該會反應在整體點閱率的提升。
▪ 但有時候也會因為你獲得更多關鍵字的曝光（這是好事），反而讓你的點擊率下降，這時候 CTR 的變化，也未必能提供明確的分析意義。
▪ 我認為最好評估網站狀態的，還是「點擊」最直覺、最精準，然後搭配其他指標（曝光、點閱率、排名等）。

以點擊率（CTR）來說：

- 理想上網站的排名提升，應該會反應在整體點閱率的提升。
- 但有時候也會因為你獲得更多關鍵字的曝光（這是好事），反而讓你的點擊率下降，這時候 CTR 的變化，也未必能提供明確的分析意義。

Google Search Console 指標小結：

- 將點擊作為指標，通常就是 YoY（年成長）、MoM（月成長），這個數字在 10~40% 都有可能；分母越大（基數高），高成長率通常會越來越困難。
- 我們也要特別注意自己的產業有沒有週期性存在，好比說，雨傘在梅雨季需求很大，但其他季節會稍微變少，這個時候評估 Clicks MoM 就要比較謹慎。

案例解說

以我部落格來說，假設每月點擊為 20,000，SEO KPI 可能是成長 15%，當專案結束後，我的每月點擊應該要到 23,000。

要不要接受這個 KPI？那你要計算看看每月如果多出 3,000 個點擊，對你來說值多少錢，這樣就好了。

Google Search：關鍵字排名指標

許多人認為 SEO 就是一種排名的技術，因此排名是 SEO 最常見的 KPI 之一。把排名當成 KPI，我認為最單純，也相對沒有爭議、非常好懂。

只是要注意，**記得請服務的 SEO 夥伴，在專案執行前需提供目標關鍵字的搜尋量，以及預期的排名範圍，這樣在結案時比較不會引起爭議。**避免出現 SEO 公司認為 XX 關鍵字排名很好，但對於品牌方卻毫無意義的狀況發生。

而排名 KPI 有一個最大的缺點，就是每個關鍵字的價值是有差異的，不管是搜尋量、還是實際的訂單價值。

好比說，我在公關這個字排名前三（月搜 3,600），這對公關公司來說非常有價值，但我來說，就是一點點微不足道的 AdSense 廣告收入，價值不高。相對的，我在 Hahow 的 SEO 線上課程，在「SEO 課程」排名第一名，這就很有價值，就算搜尋量只有 590，對我就是特別有意義。

所以品牌主在看待關鍵字的時候，有時候不妨拿起放大鏡，並且透過 GA 分析、SEA 關鍵字廣告的轉換字詞，來思考哪些頁面是特別有價值的。

	A	B	C	D	F	G	H	I
1	主題	關鍵字	每月平均搜尋量	網站排名_230915	品牌關鍵字	優化順序	困難度	文章編號
2	A 手術	A手術恢復期	170	9	O			
7	A 手術	膝蓋A手術	90	82				
8	A 手術	A手術置換	210	17	O	1	普通	G-1
9	B 手術	關節鏡手術後遺症	170	23	O	3	普通	G-3
10	B 手術	B手術復原時間	210	47	O	3	普通	G-3
11	B 手術	B手術	390	70	V	3	困難	G-3
12	B 手術	B手術住院幾天	390	80	O	3	普通	G-3
13	B 手術	B手術費用	480	7	O	3	普通	G-3
14	B 手術	新式微創B手術	110	46				
25	C 手術	C 手術	9900	43	V	2	困難	G-2
26	C 手術	C手術原因	110	12	O	2	普通	G-2
27	C 手術	C手術膝蓋	110	30	O	2	普通	G-2
28	C 手術	C手術看哪一科	590	36	O	2	普通	G-2
29	C 手術	C手術症狀	1900	20	O	2	普通	G-2
30	C 手術	C手術治療	2400	76	O	2	困難	G-2
31	C 手術	C手術手指	1000	56	O			

D 欄位即為網站排名

圖：8-13-02

你可以用下面方法查詢排名：

▪ Google Search Console 查詢關鍵字排名：利用關鍵字排名報表去

看自己的目標關鍵字成效，但有時候會找不到特定關鍵字。

- Google Search 手工查詢：記得開無痕模式，然後把搜尋結果數量設定改成 50 個、然後搭配 SEO quake 外掛，查詢會比較輕鬆。
- 第三方付費工具：Ahrefs、awoo、Ranking 等工具都可以查詢排名。

要提醒大家設定排名指標時要注意：

- 要提供關鍵字搜尋量
- 記得用無痕模式
- 業界常見 KPI：SERP 1~3 頁之間（1~30 名之間）
- 注意每個關鍵字價值並不等值，前期要認真挑選

案例解說

設定關鍵字排名指標的描述就像是：某客戶希望在：公關公司、公關危機、公關品、公關行銷、公關特質、公關 ae、公關案例、公關危機處理案例等關鍵字上面，品牌官網至少有 20% 的關鍵字出現在前一頁，60% 前三頁。

常見疑問：SEO 廠商能保證做到第一名嗎？

很多老闆對於 SEO 排名的期待，劈頭就是第一名、前三名、或是第一頁，沒有其他討論空間。然而這樣合理嗎？讓我們來快速討論一下。

首先，因為 Google 不是任何一個 SEO 廠商開的，所以理論上沒有一

間 SEO 廠商可以「100% 保證做到第一名」，最多是「有較高的機率做到目標」。關於這點，Google 官方也親口說明過：「沒有人可以保證能在 Google 上排名第一」[1]，下方即是 Google 官方截圖。

- **沒有人可以保證能在 Google 上排名第一。**

  請特別提防那些宣稱可以保證排名、聲稱與 Google 有「特殊關係」，或以能夠「優先提交」內容給 Google 做為宣傳噱頭的 SEO。Google 從不提供優先提交的待遇。事實上，直接將網站提交給 Google 的管道只有透過網址檢查工具或是提交 Sitemap，而且您可以自行操作。

　　當然，屬害的廠商可以盡可能讓 SEO 成效很好，或是有沒達標的配套措施或對應條款，這樣當然沒問題。但如果廠商說：「我們跟 Google 有特殊管道、特殊關係，一定可以做到第一名」，這種 99.5% 有問題。**許多我認識極為強悍的 SEO 高手，在保證 SEO KPI 上依舊非常謹慎。作為品牌主，聽到超級誘人的 SEO KPI，你也應該更加謹慎，而不是更加興奮。**

Google Analytics 指標

　　將 Google Analytics 設定為指標的優點是：

- 把 GA 的數據做為指標的好處，在於可以更好的整合 SEO、SEA、Facebook 等各廣告的成效，將 SEO 跟所有行銷方法共同評估。
- 同時，透過 GA 數據，也能評估 SEO 的轉換、歸因等指標。

　　不過有個比較麻煩的狀況，就是 Google Search Console 跟 Google Analytics 的指標是不同的，數字也無法完全對上。如果一個網頁在 GSC 拿到 1,000 個 clicks，可能在 GA 只有 930 個工作階段；但 SEO 人的日常調整又是以 GSC 為主，變得有點小為難，這導致一些 SEO 人不喜歡拿 GA 作為 SEO 的指標。

　　將 Google Analytics 設定為指標的缺點是：

- GA 對於 SEO 的優化較不直接：許多 SEO 的指標都是 GSC 獨有的，如果拿 GA 的指標去套用在 SEO 上，會比較難分析。因此如果要拿 GA 的數據來直接優化 SEO 項目，效果會比較差。

將 Google Analytics 設定為指標的提醒是：

- GA4 需要記得設計轉換事件，這樣評估 SEO 內容有無帶來轉換會更加精確。
- 記得把 GA4 跟 GSC 的資料做串連，可以看更多分析。

小結：我個人會建議，團隊內部應該要以 GA、歸因模型來分析 SEO 的商業成效。但如果是評估 SEO 做得好不好，或評估 SEO 下一步優化項目，Google Search Console 還是會是最好的工具。

案例解說

設定 Google Analytics 指標的描述就像是：某客戶每月 Organic 的工作階段為 18,910，希望透過 SEO 成長 15% 的工作階段。

二、銷售型指標

銷售型指標，就是大名鼎鼎的「業績」，我想這也是不少 SEO 人最害怕的指標之一，更是 Inhouse SEO 不得不面對的現實。所有行銷活動都是為了銷售，FB 廣告要銷售、IG 廣告要銷售、Google 廣告要銷售，SEO 當然也不例外，但使用銷售型指標評估 SEO，需要注意兩點。

- 不少的 **SEO 內容都有很高的內容行銷屬性，不見得有辦法馬上轉單**，因此如果只是單純看 SEO 內容的轉換率，很可能會覺得 SEO 投資報酬率很差。
- **銷售業績是結果，跟 SEO 的因果性也不到非常高**，業績好不好，有時候跟 SEO 做得好不好關連沒那麼大，因此這個 KPI 有時對於 SEO 優化的指導意義較小。

那麼，難道做 SEO 就應該不看業績、不看轉換嗎？我不是這個意思。

- 要能正確評估 SEO 的商業價值，除了需透過 GA 建立好歸因模型，評估 SEO 在顧客旅程中的節點價值，**並且將 SEO 納入到行銷架構、行銷體系中**，這樣能更好的定義出 SEO 價值跟對應指標。
- 同時，**我們也能增加每一篇 SEO 文章的 call to action**，詢單、email 留單、電話、購買連結等，將 SEO 提升可能的轉換價值。這是每個網站主都應該做，也必須做的事情。

許多客戶願意做 SEO，也是因為發現 SEO 帶來的流量確實提升了業績成長，這是 SEO 這個服務能持續存在的根本理由。

案例解說

設定銷售型指標的描述就像是：過去三個月，全部 SEO 內容預計帶來 300 筆詢單，希望透過本次專案優化，可以讓 SEO 內容帶來 20% 的詢單量提升。

三、技術型指標

技術型指標則是針對 SEO 技術面的指標當作 KPI，好比網站速度、網站使用體驗指標、索引比率、重複頁面數量、跨國語系等 ...etc。只要跟技術相關的問題或 bug，也能當作一種技術型指標的 KPI。許多常見的網站健檢、網站技術調整，通常就跟技術型指標很有關聯。

技術型的調整對於大型網站特別有意義，但技術的調整有時候未必能直接換算到實際的商業價值；因此在我的經驗中，技術型的 KPI 較難單獨報價，通常是大型網站、大型公司比較容易使用 SEO 技術型指標。

好比說，多數 SEO 都很認可網站速度的價值，但如果提升網站速度 30% 的價值該有多少？這就是一件很不容易量化的事情了。難量化，就難報價，對甲乙雙方都是為難。不過，如果公司已有很成熟的技術團隊、認可技術改進對於整體商業的價值，那麼技術型指標、技術型調整就會更容易被接納與進行。

技術型指標通常會採用 Google Search Console 的技術指標

案例解說

設定技術型指標的描述就像是：某網站在 100,000 個網頁中，只有 60,000 個網頁被索引，希望透過 SEO 技術調整，在三個月後讓索引比率達到 85%。

總結

上述整個章節讀下來，會發現要能將 SEO 順利嵌入商業、轉換成商業價值，並不是那麼直觀的事情，而是需要品牌主仔細規劃，這也是我認為行銷主管一定要對 SEO 有基本認識的重要原因。

SEO 成效有許多的間接性跟模糊空間存在。如果品牌拿著計算機，一筆一筆算 SEO 的投資是否能換成明確的收益，那你可能會算得有些為難，因為 SEO 這筆帳真的不好算，未必可以一碼歸一碼。

但相對的，只要 SEO 執行到位，又確實能扎扎實實的幫助品牌的流量與生意。所以要不要冒一點風險、是否願意接受一些較難被估算跟量化的模糊區間，就是品牌主的選擇。

同樣的，我也認為 SEO 廠商、SEO 代理商，應該善盡溝通的義務，幫助客戶了解正確的 SEO 期待，並且取得合理的商業回報。

補充
SEO 常用工具介紹

　　SEO 是一個很需要工具輔助的技術，最常見跟必要的工具本書幾乎都介紹了，但由於本書篇幅所限，沒辦法介紹完所有的實用工具。這部分會建議你參考我的線上文章，裡面介紹了我最常用的 30 種 SEO 工具，以及對應連結。

- 類別：綜合型 SEO 軟體
- 類別：網站健檢必備
- 類別：關鍵字研究工具
- 類別：排名追蹤
- 類別：反向連結軟體
- 類別：其他實用小工具

　　延伸學習：《SEO 軟體指南：超過 30 個 SEO 軟體及 SEO 軟體推薦》[2]。

---

[1] 您需要 SEO 嗎？
　　https://developers.google.com/search/docs/fundamentals/do-i-need-seo?hl=zh-tw
[2]SEO 軟體指南：超過 30 個 SEO 軟體及 SEO 軟體推薦
　　https://frankchiu.io/seo-seo-tools/

第九章

AI 對 SEO 的
現在未來影響

查看本書教學圖片數位高解析版

 https://tao.pse.is/
seo-book-notion

9-1 | Google 如何看待 AI 生成內容？

現在能利用 AI 產製內容的工具越來越多，且使用門檻越來越低，已經不再是少數人掌握的工具了。而本書也有許多段落都鼓勵大家可以用 AI 來輔助執行，AI 已經是所有 SEO 從業者不可迴避的現實。透過 AI，一個禮拜要產製 30+ 篇內容再也不是難事，但這樣的操作是否完全沒有問題？Google 是怎麼看待 AI 產製的內容？這就是本篇要討論的 AI SEO 內容方針。

前提聲明

AI 改變一日萬里，本書寫於 2023 年 10 月，盡可能如實記錄當下我所知的 SEO 業界觀點，以及各專家的相關看法。我相信針對 AI 的討論在未來必定有改變與演進，本章節討論的是大方向，以及試圖探討背後的底層邏輯，也建議你後續可以追蹤我的社群媒體及部落格、相關 SEO 專家，取得最新的 SEO 發展趨勢。

Google 目前對 AI 內容的觀點

我們是看 Google 臉色吃飯的，而 Google 已經針對 AI 內容提出了相關規範：《Google 搜尋的 AI 產生內容相關指引》[1]，我非常推薦所有朋友仔細看完裡面的每一條說明，以下我這邊摘要並整合 Google 本篇的內容。

搜尋引擎的根本邏輯：服務使用者

本書看到這裡，相信你非常能夠理解：Google 搜尋引擎的根本邏輯就是服務使用者，讓使用者願意使用、帶來流量，並且從中獲得廣告收入。

因此只要能達成這個目標，Google 沒有那麼介意達成目標的手段：

- 如果 AI 內容對於使用者有幫助，那麼當然能獲得好排名。
- 如果人工撰寫的是垃圾內容，那麼就應該被懲罰、獲得爛排名。

上述這段話，我認為就是《Google 搜尋的 AI 產生內容相關指引》的核心內容，對於 Google 來說要努力的事情一直沒有改變，就是努力讓良幣驅逐劣幣，讓高品質內容驅逐低品質內容。

Google 認為：「針對自動產生的內容，我們多年來一直遵循同樣的指引。使用自動化功能（包括 AI）產生內容時，如果主要目的是操控搜尋引擎中的排名，這是違反垃圾內容政策的行為。多年來，Google 已經有相當豐富的經驗，對付採用自動化功能試圖影響遊戲搜尋結果的做法。無論垃圾內容是怎麼製造出來的，我們杜絕垃圾內容的措施（包括 Spam Brain 系統）都會持續運作。」

所以說，好內容的標準沒有變過，搜尋意圖沒有變過，但透過 AI，這件事可能會變得更容易滿足、產生成本更低，但對於內容的標準並沒有變。

什麼樣是好內容？

而怎麼樣的內容會是符合 Google 標準的好內容？Google 也分享：「如前所述，無論內容製作途徑為何，**任何人想在 Google 搜尋中獲得良好成效，都必須致力於製作原創性、高品質，且以使用者為優先的內容，也必須達到 E-E-A-T 標準**。如要進一步瞭解 E-E-A-T 的概念，創作者可參閱製作實用、可靠，且以使用者為優先的內容說明頁面。此外，我們也更新了該網頁，從對象、方法與原因的角度來思考內容製作，並提供相關指引。」

從這個段落我們能理解 E-E-A-T 的重要性，因此很推薦大家閱讀前面的《8-12 E-E-A-T 原則：什麼是高品質的內容？| SEO 操作實務》，裡

面對於 E-E-A-T 有詳細的討論。

為什麼 AI 內容不見得會獲得好排名

我們理解 Google 對於 AI 並無偏心，但許多人使用 AI 內容卻沒有獲得好排名，這是什麼狀況？

我認為的原因是：多數人產製的 AI 內容確實比較粗糙。因為用 AI 產生的東西很快、看起來很漂亮、看起來很完整，但這只是「看起來」。如果真的每個段落、每一行仔細看，這樣的內容是不是真的那麼好讀？能給讀者啟發？**我看到許多 AI 自動生成網站，只是看起來有模有樣，但實際讀起來卻俗不可耐——別忘了，讀者可是會一個字一個字看的。**

但如果你的內容只追求快，看起來很 OK，但實際閱讀下去，枯燥無味，只有一些呆板的框架，那麼難怪無法獲得好排名。我很喜歡廣告教父大衛奧格威的名言：**「顧客不是白痴，她是你的妻子。」**（**The customer is not a moron. She's your wife.**）

我認為用 AI 撰寫內容，上述這句名言也很值得我們參考；我們不能把消費者當成沒有判斷力的人。如果你的 AI 內容調教得當、或者有額外人工調整，讓讀者能解決他碰到的問題、滿足搜尋意圖，那麼這樣的內容就有機會獲得好排名。

推測：或許未來內容品質要求會越來越高

我在這裡也做個推測，當高品質 AI 內容越來越多，或許搜尋引擎對於內容的期待會越來越高，無論是 AI 或是人類，都必須想辦法提供更好的內容，就讓我們繼續觀察下去吧！

---

[1] Google 搜尋的 AI 產生內容相關指引
https://developers.google.com/search/blog/2023/02/google-search-and-ai-content?hl=zh-tw

9-2 │ 使用 AI 工具做 SEO 的注意事項

使用 AI 生產內容非常誘人，但為了獲得好排名、降低商業風險，我們需要多做一些調整。我這邊提出一些注意事項，幫助你產生 AI 內容更加順利。

符合 E-E-A-T

AI 內容也要符合 E-E-A-T 的概念，在上這個章節已經討論很多了，也就是說我們要符合四個指標。

- 專業性（Expertise）
- 可信度（Trustworthiness）
- 權威性（Authoritativeness）
- 實際經驗（Experience）

AI 有機會符合這些概念，也有很大的機會不符合，AI 沒辦法替人類負責，人類才能替人類負責，畢竟 AI 不能坐牢。因此使用 AI 時，你需要誠實、嚴格的審視內容有沒有符合 E-E-A-T 標準。**特別是內容正確性方面，目前 AI 內容生成邏輯主要是依靠類似文字接龍的原理，因此不能保證內容的正確性，而正確性則是我們產生內容時非常重要的標準，必須靠撰寫者嚴格把關。**

以目前的 AI 技術跟資料庫來說，很可能需要你進行人工調教或部分改寫，請不要因此沮喪、認為自己這樣很低效，相對的這代表你願意替讀者負責，也代表你更有機會獲得好排名。

注意版權問題

AI 產生的內容可能有抄襲別人原有內容的嫌疑，而各國都有陸續在針對 AI 工具產生的內容進行規範[1]。而生成式 AI（Generative AI）是否能商用，也是一大考量重點，特別是知名企業更需要注意此點的風險。

公司除了要繼續追蹤相關法律的進展狀況，**我建議一種作法叫做「AI for Reference」，將 AI 作為參考資料、產生大綱的輔助角色，產生內容後再進行大量改寫**，而並非大規模直接使用 AI 內容，能降低版權風險。

符合品牌調性

無論你今天屬於產品型、還是流量型的商業模式，如果你期待的不只是短線生意，而是打造一個長期獲利的生意，那麼你就需要品牌、需要信任感、需要一致性。**因此無論你使用哪個 AI 工具，你都應該注意到文字、圖片、主題上是否有統一性，而不是各種內容拼湊起來的一堆程式碼。**

而且尤其針對產品型商業模式，要如何讓讀者看完文章後，對品牌留下好印象，這是做內容行銷非常重要的一環，而這點需要品牌主自己進行把關。流量沒有辦法直接變現，需要品牌主精心設計。

推薦閱讀：《1-9 SEO 獲利：SEO 如何與商業模式搭配？》

保護品牌隱私

在使用 AI 工具時，要避免把公司機密資訊輸入到當中，因為很有可能此資料會流入共用資料庫中，導致公司機密被競爭對手竊取[2]。

---

[1] 使用 AI 工具產出的內容也有著作權嗎？專業律師來解惑
https://www.nccu.edu.tw/p/406-1000-14022,r17.php?Lang=zh-tw
[2] 生成式 AI 的隱私保護風險
https://www.ctee.com.tw/news/20230420700894-431307

9-3 | SEO 會因為 AI 而不再被需要嗎？

　　「SEO 已死？」、「Is SEO Dead in 202X?」如果你做 SEO 超過一年，大概每年都會聽到幾次 SEO 已死，許多老前輩更是聽了十幾年了。隨著 AI 的發展，生成式 AI、生成式搜尋引擎（Search Generative Experience，SGE）的猛烈發展，似乎這次有點不一樣？我認為值得聊聊這個主題。

　　我是做 SEO 的，我靠 SEO 吃飯，但我更是個行銷人，我在意且關心品牌的生存與發展，我想提供自己對這個命題的想法，不能代表行業看法，僅是我個人的想法。

一、沒人用 Google 了？

　　第一個常見的討論是沒人用 Google 搜尋了，大家都去 YouTube、IG 做搜尋。面對這樣的討論，我們需要看數據說話，描述一個這麼大產業的趨勢，只用「大家都去 XX」是不夠精準的。

　　在 Similarweb[1] 或 Statcounter[2]，可以發現 Google 還是最輾壓的流量通路；或許特定情境下 Google 不是首選，**但更多情況下 Google 還是有高流量。只要 Google 還這麼強大，那麼 Google SEO 就有操作價值。**

二、關鍵字研究會告訴你實話

　　另一方面，做 SEO 時我們都會做關鍵字研究；如果你使用付費版的 Google Ads，你就能看到每個關鍵字的流量變化，目前多數的關鍵字的五

年趨勢都是持續上升的，**只要關鍵字有搜尋量，那就代表 Google 確實有人用，不用怕。**

但是如果你發現你所屬產業的關鍵字搜尋量持續性下降，那這個就需要你多加留意。

三、看流量跟轉換狀況

如果你已經十分認真了解 SEO 操作的方法，看過書、上過課，但還是都沒辦法獲得流量跟轉換。那無論大家口中的 SEO 好不好，或許這就不是適合你的方法，沒有必要硬是選 SEO 來操作。同時你也可以多觀察一下同行的動靜，他們是否都繼續做 SEO，還是都放棄了？

綜合自己的經營回饋與競爭對手狀態這兩點，也能幫助你評估是否要繼續做 SEO。

四、別的平台也有 SEO 機會

如同我們最一開始提到的，SEO 是 Search Engine Optimization，因此 YouTube、IG、Tiktok 也會有操作的空間。每個平台規則一定不相同，但最後的目標也很相近，就是提供使用者需要的資訊，而 Google 就是遊戲規則最複雜的搜尋引擎之一，**培養好這邊的 sense，別的平台你也有機會破解遊戲規則。**

五、人類總有搜尋需求

在可見的未來，資訊只會越來越多，**人們會需要有篩選、分辨的需求，而這正是 SEO 的核心價值：按照使用者需要進行排序。**

就算 Google Search 哪一天死掉了，我認為不會是搜尋行為的死亡，而

是我們有一種更好的搜尋技術、篩選資訊的方法。而 SEO 就會加入這個新的遊戲，從中找到遊戲規則，把牌玩好。

六、SEO 真的活很久

儘管每年大家都說 SEO 會死，但相較於各種平台的起起落落，SEO 真是不可思議的平穩，依舊持續替網站主貢獻流量與營收；因此 SEO 還是很值得企業主納入行銷組合中的一環。

結語：SEO 死不死不重要，但你要活下來

SEO 只是企業生存的行銷方法「之一」，很重要但不會是必要，有效就可以做，如果沒效當然就拋棄。企業的未來要掌握在自己手上，**而當下的狀況就是 SEO 依然有效，這個機會是確定性存在的，就看你要不要做。**

對於 Google 來說，SEO 從業者的未來並不是他在意的事情，SEO 人並不是 Google 的核心利害關係人。如同品牌要探索更多的行銷方式、獲取流量的方法，**我認為 SEO 從業者除了 SEO 以外，延伸更多的行銷技能、商業技能，也是非常必要的**——技多不壓身。許多知名的 SEO 大師跟前輩也不會自我侷限在 SEO 上，SEO 可以繼續鑽研，但不妨礙我們探索更多能幫助品牌拓展生意的方式。

「弱小和無知不是生存的障礙，傲慢才是」——《三體》。

沒有人能保證我們的存亡，命運要掌握在自己手中，與所有夥伴共勉。

---

[1] Similarweb Google.com
　　https://www.similarweb.com/website/google.com/#overview
[2] Search Engine Market Share Worldwide
　　https://gs.statcounter.com/search-engine-market-share

9-4 | SEO 如何應對 語音搜尋趨勢?

語音搜尋(Voice Search)是 SEO 的現在進行式,也是未來式。所謂的語音搜尋就是利用聲音進行搜尋,像是利用 Google 智慧助理、利用 Google Search 的語音輸入來進行搜尋。

語音搜尋的現況

根據 Oberlo 2023 的數據[1] 指出:

- 50% 的美國人每天使用語音搜尋功能
- 71% 的消費者喜歡透過語音而不是打字來查詢
- 到 2022 年,超過三分之一的美國消費者擁有智慧音箱

從這段論述,我們就可以發現:

- 語音搜尋在某些情境下很方便
- 語音搜尋與智慧音箱(Alexa、Google Home)等有很高關聯

不過目前台灣智慧音箱普及率還不太高[2],但智慧音箱、智慧居家與語音搜尋,這兩者關係非常密切,且在未來有高度成長的趨勢。

語音搜尋的特點

語音搜尋的特點,就是人們會使用更加口語的關鍵字進行搜尋。

- 案例一

  文字搜尋:「台北牛肉麵推薦」

  語音搜尋:「台北有哪些好吃的牛肉麵」

- 案例二

  文字搜尋:「台北天氣」

  語音搜尋:「今天台北的天氣如何?」

- 案例三

  文字搜尋:「頭痛原因」

  語音搜尋:「為什麼我睡覺後頭會痛?」

  因應這點,我們可以做出一些調整。

語音搜尋調整方向

一、文章口語化

語音搜尋的關鍵字會更口語化,因此將撰寫文章的用詞口語化會是個不錯的方法;**而口語化的文章,對於讀者來說也會較容易閱讀,比較少冷僻生硬的感覺;消費者讀得進去也容易產生轉換。**

二、SEO 基本功不變

語音的內容被轉換成關鍵字後,就代表著一個比較長、比較口語的關鍵字,接下來一樣是搜尋引擎的運作邏輯,輸入關鍵字,產生結果;**所以每一個 SEO 的基本功都跑不掉:爬取、索引、排名,通通要做好。**

三、SEO 長尾字可以更留意

在語音搜尋中，由於消費者搜尋的關鍵字會沒那麼工整，也會更零碎，所以網站的內容量要夠，才能涵蓋消費者零碎的需求。**特別是針對消費者的長尾字需求，網站要多做內容布局，就更有機會被語音搜尋曝光。**

四、在地化要做好

由於語音搜尋許多都是在地需求，像是附近的店家、附近的加油站等等，因此 Google 商家檔案（Google Business Profile）[3] 一定要做好。

透過以上做法，能讓你的網站更容易涵蓋到語音搜尋，同時這些調整對於網站本身也是加分。

[1] 10 VOICE SEARCH STATISTICS YOU NEED TO KNOW IN 2023
https://www.oberlo.com/blog/voice-search-statistics
[2] 國外智慧音箱超普及…台灣為何還跟不上「出一張嘴」市場？
https://cnews.com.tw/134190509a04/
[3] Google 商家檔案
https://www.google.com/intl/zh-TW_tw/business/

9-5 ｜ 本書總結：
SEO 人的道德觀？

感謝你看完這本厚厚的著作，你現在已經不再是個 SEO 小白，而是有許多 SEO 常識的高手。在本書最後，我不想談如何獲得排名的方式，我想聊聊做 SEO 這件事情，究竟代表著什麼樣的社會責任。

你能影響人們理解世界的方式

身為 SEO 從業者，我做過非常多的產業，包含母嬰、美妝、醫美、醫療、健身、貸款、家具、金融、影視、行銷 ......。在這些產業的關鍵字，我有很多做到第一頁、甚至前三名的結果，換句話說，每天都有無數的人看到我經手過的文章。

針對像是家具、影視、行銷產業，內容如果有錯，那或許人們只是學到了錯誤的概念，或買錯了某個產品，這通常不會造成太嚴重的後果。但如果是健康的資訊呢？癌症的治療資訊？如果是影響某個人一生的財務決策呢？錯誤的代價就會非常嚴重[1]。

SEO 人專精於搜尋引擎的規則，透過這些技術，能讓他們想操作的內容、想表達的觀點，更容易出現在使用者面前。

儘管 Google 對於生命安全財產的內容會特別謹慎、也有部分的人工審查，但以中文市場來說，我認為訓練有素的 SEO 專家都有很高的機率在 YMYL[2] 領域獲得成果，並且只要他願意也能在文章置入「特殊的觀點」。

在諸多行銷工具之中，我幾乎沒有看過單一個體，可以如此低成本地

發揮這麼大的影響力。

正直的品牌必須要有能力與人競爭

因此，我覺得搜尋引擎需要更多的良性競爭。只有當專業、有原則、正直的品牌，也跟某些壞人獲得同樣武器，才有機會一較高下。這麼說有點天真，但我相信世界上好人遠遠比壞人多，**因此只要更多優秀的品牌學好 SEO，搜尋引擎第一頁的 10 個版位，優質內容就會比居心不良的內容佔比更多。**

只要消費者願意多看幾個搜尋結果，就有機會發現正確的資訊，而非惡意的操弄。

我在 Hahow 的線上課程《SEO 白話文：不懂程式也能學會的 SEO 秘密》有將近 2,000 名學生參加，撰寫這本書，也是希望能讓 SEO 這項技術被更多善良的品牌知道，讓你的專業跟正確知識，可以被更多消費者了解，更讓你的品牌成長茁壯。

結語：「自殺方法」這個關鍵字，你會寫什麼？

今天如果你想要獲得「自殺方法」這個關鍵字，你會寫什麼內容？

如果以 SEO 人符合「使用者需求」、「符合搜尋意圖」的出發點，我們要很老實講自殺方法一、自殺方法二，甚至「最推薦的五個自殺方法」。而我之前因為專案緣故，搜尋「自殺方法」的時候，發現當時高排名的文章，名稱是《自殺不痛苦方法研究，一個尋短者的心路歷程，結束生命前的 7 問題》[3]。

這篇文章很詳細討論各種自殺方法的迷思跟盲點，很多你以為好的自殺方式，其實並不舒服，並且在文章中也對自殺這個意圖更多的反思跟

詢問，給讀者另一種思考方向。

　我當時看完後大受震撼，我教 SEO 許久、教過很多技巧、很多與商業模式的串聯，但我可能漏掉了很重要的事情——除了商業目標，SEO 還能做得更好、做得更多。

　SEO 是強大的兵器，兵器都沒有善惡，有善惡的是人。

　最後，我要再次感謝你的耐心閱讀，本書雖然已經盡力查閱、校正相關資料，但難免有疏漏，也有部分內容因為篇幅無法詳細討論。若你有發現錯誤或需要改正的地方，歡迎寄信到「frankchiu.info@gmail.com」，我會非常感謝你。

　期許我們都能保持善良，期待在搜尋引擎看到你的優質作品，幫助更多使用者解決難題。

　也歡迎讀者朋友來臉書與我交流，臉書網址「https://www.facebook.com/OwlFrank」，請私訊備註本書讀者，謝謝。

祝福順利。

---

[1] 陸男大生之死 掀百度醫療廣告競價爭議
　　https://www.chinatimes.com/realtimenews/20160502002179-260409?chdtv
[2] YMYL 規範
　　https://developers.google.com/search/docs/fundamentals/creating-helpful-content?hl=zh-tw
[3] 自殺不痛苦方法研究，一個尋短者的心路歷程，結束生命前的 7 問題
　　https://vocus.cc/article/5ef008d0fd897800011feb55

附錄：
SEO 延伸學習資料

以下是 SEO 的相關學習資源，包含書籍、老師前輩、各網站、社團，幫助你後續可以持續獲得最新的 SEO 資訊跟趨勢。

由於我個人所知有限，下方表單必定有遺珠之憾，後續我會持續在我的網站進行更新此表單（Frank Chiu 網站：https://frankchiu.io/）。

SEO 相關書籍：

- SEO 白話文：贏得免費流量，創造長期營收的「SEO 行銷指南」
- 「新」SEO 超入門！打敗 AI、征服搜尋引擎，洞悉使用者需求的必備指南
- 實戰 SEO 第四版｜ 60 天讓網站流量增加 20 倍
- 最親切的 SEO 入門教室：關鍵字編輯 x 內容行銷 x 網站分析
- HTML&CSS：網站設計建置優化之道

行銷延伸讀物：

- 定位：在眾聲喧嘩的市場裡，進駐消費者心靈的最佳方法
- 為什麼粉絲都不理我？不花廣告費的內容行銷實戰手冊
- 峰值體驗：洞察隱而未知的需求，掌握關鍵時刻影響顧客決策
- 品牌的技術和藝術：向廣告鬼才葉明桂學洞察力與故事力
- 電商人妻社群圈粉思維：單月從 0 到萬，讓流量變現的品牌爆紅經營心法

SEO 相關線上課程：

- SEO 白話文：不懂程式也能學會的 SEO 秘密
- Harris 老師 SEO 課程

- 連啟佑老師 SEO 課程
- 客戶主動找上門！全面佈局的搜尋引擎行銷策略
- BTB 電商結構學｜掌握商品熱賣心法

SEO 相關 Facebook 專頁：

- **邱韜誠**
- SEO 研究院
- 邱煜庭
- 黃道育
- 連啟佑
- Harris
- 數位引擎
- SEO 分解茶
- Jemmy
- Gene Hong
- 孟令強
- SEO 搜尋引擎優化實務（社團）
- SEO 達人（社團）
- WordPress & SEO 資源分享交流討論（社團）
- 【社群 x 內容】數位行銷討論交流區：品牌粉絲專頁社團 IG youtube line SEO 部落客（社團）

SEO 相關網站：

- Google 官方
- Google 官方問答社群
- Frank Chiu
- 數位引擎
- awoo
- backlinko
- Harris
- Moz
- Neil Patel
- SEO 研究院
- Search Engine Journal
- Search Engine Land
- Ranking SEO
- Ringo
- MAX 行銷誌
- Welly

SEO想要的流量，是「可以帶來商業機會的流量」

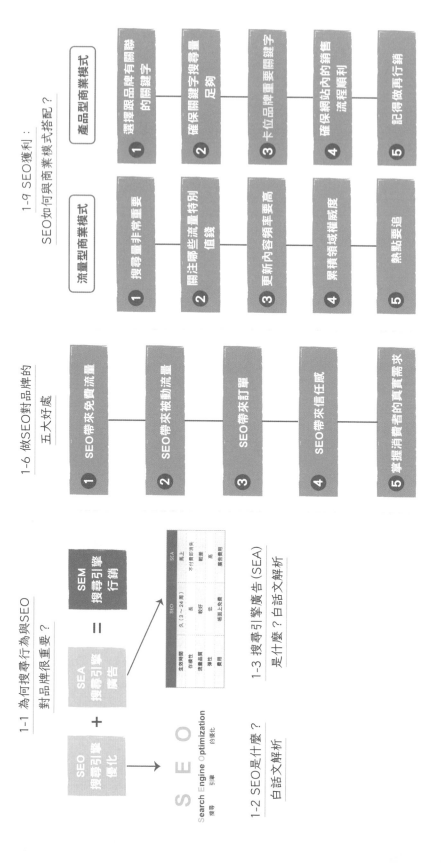

1-1 為何搜尋行為與SEO 對品牌很重要？

SEO 搜尋引擎 優化	+	SEA 搜尋引擎 廣告	=	SEM 搜尋引擎 行銷

S E O
Search Engine Optimization
搜尋　引擎　的優化

	SEO	SEA
生效時期	久（3～24 個月）	馬上
存續性	長	不付費即消失
流量品質	較好	較差
彈性	低	高
費用	唱面上免費	廣告費用

1-2 SEO是什麼？
白話文解析

1-3 搜尋引擎廣告 (SEA)
是什麼？白話文解析

1-6 做SEO對品牌的
五大好處

1. SEO帶來免費流量
2. SEO帶來被動流量
3. SEO帶來訂單
4. SEO帶來信任感
5. 掌握消費者的真實需求

1-9 SEO獲利：
SEO如何與商業模式搭配？

流量型商業模式

1. 搜尋量非常重要
2. 關注哪些流量特別值錢
3. 更新內容頻率要高
4. 累積領域權威度
5. 熱點要追

產品型商業模式

1. 選擇跟品牌有關聯的關鍵字
2. 確保關鍵字搜尋量足夠
3. 卡位品牌重要關鍵字
4. 確保網站內的銷售流程順利
5. 記得做再行銷

選擇搜尋量最高的字詞，盡可能做到最高的排名

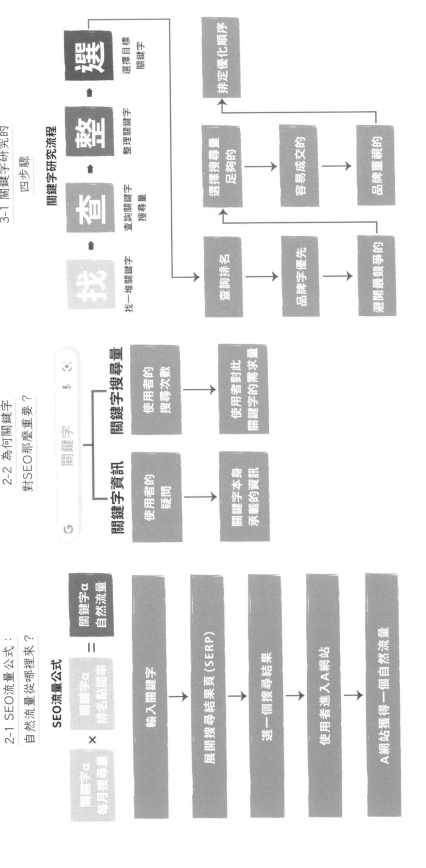

2-1 SEO流量公式：
自然流量從哪裡來？

SEO流量公式

$$\begin{array}{c} 關鍵字\alpha \\ 每月搜尋量 \end{array} \times \begin{array}{c} 關鍵字\alpha \\ 排名點擊率 \end{array} = \begin{array}{c} 關鍵字\alpha \\ 自然流量 \end{array}$$

輸入關鍵字 → 展開搜尋結果頁（SERP） → 選一個搜尋結果 → 使用者進入A網站 → A網站獲得一個自然流量

2-2 為何關鍵字
對SEO那麼重要？

關鍵字

關鍵字資訊
- 使用者的疑問 → 關鍵字本身承載的資訊

關鍵字搜尋量
- 使用者的搜尋次數 → 使用者對此關鍵字的需求量

3-1 關鍵字研究的
四步驟

關鍵字研究流程

找 → 查 → 整 → 選

- 找：找一堆關鍵字
- 查：查詢關鍵字搜尋量
- 整：整理關鍵字
- 選：選擇目標關鍵字

查詢排名 → 品牌字優先 → 避開最競爭的

選擇搜尋量足夠的 → 容易成交的 → 品牌重視的 → 排定優化順序

SEO是信任感的基礎，信任是行銷的基礎

4-2 SERPO技巧：
用SEO替品牌帶來信任感

SERPO
Search Engine Results Page Optimization
搜尋結果頁優化

購買連結

官方網站

課程影片

學員推薦

4-9 怎麼撰寫好的
網址命名與網址結構？

使用「-」而非「_」

一律英文小寫

使用有意義目規律的命名

網址層數越少越好

避免使用中文

成為能夠跟工程師溝通的SEO人員，並且判讀網站的基本技術狀況

5-1 超好懂的搜尋引擎運作原理：
爬取、索引、排名

搜尋引擎運作3階段

① 爬取網頁 → 篩選、歸納 → ② 索引網頁 → 分析、排序 → ③ 排序結果

6-3 網站架構最佳化
｜優化爬取

① 從使用者角度出發

② 點擊次數越少越好

③ 越扁越好

④ 善用內部連結

⑤ 越重要頁面要越接近首頁

6-7 網站使用體驗核心指標
｜優化爬取

	良好	需要改善	不良
LCP	2.5 秒以下	4 秒以下	超過 4 秒
FID	100 毫秒以下	300 毫秒以下	超過 300 毫秒
CLS	0.1 以下	0.25 以下	超過 0.25
INP	200 毫秒以下	500 毫秒以下	超過 500 毫秒

改進網站使用體驗注意事項

優化項目需靠網站工程師密切討論

不宜過度優化，此僅為排名要素之一

確保索引是新網站的當務之急

7-5 重複內容與Canonical
|優化索引|

重複內容

同網域
重複內容

- 非技術性失誤重複內容
- 技術性失誤重複內容

跨網域
重複內容

- 跨網站轉載內容
- 多平台經營內容
- 被別人抄襲

7-7 如何提升索引效率？
|優化索引|

❶ 主動要求Google建立索引

❷ 利用內外部連結幫助索引

❸ 自動更新XML Sitemap

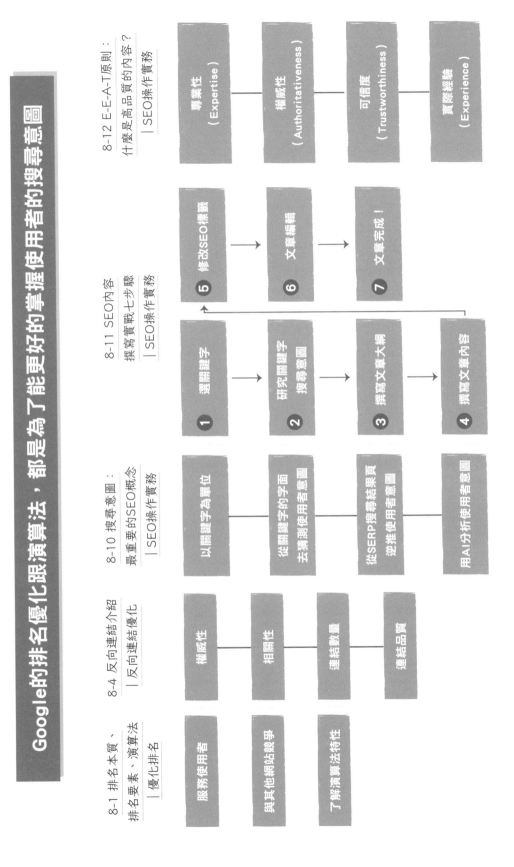

Google的排名優化跟演算法，都是為了能更好的掌握使用者的搜尋意圖圖

8-1 排名本質、排名要素、演算法
｜優化排名

- 服務使用者
- 與其他網站競爭
- 了解演算法特性

8-4 反向連結介紹
｜反向連結優化

- 權威性
- 相關性
- 連結數量
- 連結品質

8-10 搜尋意圖：
最重要的SEO概念
｜SEO操作實務

- 以關鍵字為單位
- 從關鍵字的字面去猜測使用者意圖
- 從SERP搜尋結果頁逆推使用者意圖
- 用AI分析使用者意圖

8-11 SEO內容
撰寫實戰七步驟
｜SEO操作實務

1. 選關鍵字
2. 研究關鍵字搜尋意圖
3. 撰寫文章大綱
4. 撰寫文章內容
5. 修改SEO標籤
6. 文章編輯
7. 文章完成！

8-12 E-E-A-T原則：
什麼是高品質的內容？
｜SEO操作實務

- 專業性（Expertise）
- 權威性（Authoritativeness）
- 可信度（Trustworthiness）
- 實際經驗（Experience）

感謝名單

本書撰寫了將近 18 個月，撰寫過程中很感謝諸多朋友的幫忙，本書接受了太多的厚愛，請容我一一感謝。

感謝編輯 Esor 提供本書最多的幫助，並且在本書篇幅及定位大幅變更時提供全力支持；也要十分感謝本書的設計師，我才充分認識到原來排版與重新設計，真的能讓內容煥然一新。

感謝好友資深工程師林大中、數位轉型顧問張耿瑭、awoo SEO 副理李元魁，提供許多技術上的支援及協助審稿。

感謝願意掛名推薦的前輩與朋友：嚴家成博士、邱煜庭（邱小黑）、Audrey 電商人妻、原詩涵（喊涵）、黃泓勳 Darren Huang、蘇宣齊 Max Su，非常謝謝各位願意相信這本書的品質，能獲得各位的推薦真是我的榮幸。

感謝嚴家成老師、連啟佑老師、Harris 老師、小黑老師、Zac 老師、awoo，在我學習 SEO 路上提供大量幫助；感謝 Calaf Huang、Tina Hsieh 讓我有機會開始 SEO 工作生涯。

我也要感謝實習生 Vanessa，是妳開啟了我的 SEO 教學起點，讓我見識到好的慧根搭配好的教材，學習 SEO 竟能如此之快。

感謝好友林熙哲替我架設部落格，讓我真正開始發展起了我的品牌，被更多人看見。

感謝 Hahow 讓我開設《SEO 白話文：不懂程式也能學會的 SEO 秘密》線上課程，大大改變我的人生軌跡；也很感謝林育聖老師當初鼓勵我出來開課，讓我更有信心展開後續的事業。

感謝 Hahow、OnlyTalk 上的 2,000 多名學生、所有我有幸服務過的客戶、所有提問的學生，讓我有機會幫助各位感受 SEO 的美好。

感謝在社群上支持本書的每一位朋友，每一則留言都是對我的鼓勵。

感謝我的父母、兄弟在過程中的支援與包容，讓我能無後顧之憂的撰寫本書。

最後我要感謝閱讀此書的你。

希望這本書能讓你值回票價，對於 SEO 能有不同的看法，獲得更好的結果。

【 View 職場力 】2AB967

SEO 白話文：
贏得免費流量，創造長期營收的「SEO 行銷指南」

作　　者　邱韜誠 Frank Chiu
責任編輯　黃鐘毅
版面構成　江麗姿
封面設計　任宥騰
行銷企劃　辛政遠、楊惠潔

總 編 輯　姚蜀芸
副 社 長　黃錫鉉
總 經 理　吳濱伶
發 行 人　何飛鵬
出　　版　創意市集
發　　行　城邦文化事業股份有限公司
　　　　　歡迎光臨城邦讀書花園
　　　　　網址：www.cite.com.tw

印　　刷　凱林彩印股份有限公司
　　　　　2023 年 11 月 初版一刷
　　　　　2024 年 5 月 初版四刷
　　　　　Printed in Taiwan.
定　　價　499 元

香港發行所　城邦（香港）出版集團有限公司
　　　　　　九龍九龍城土瓜灣道 86 號
　　　　　　順聯工業大廈 6 樓 A 室
　　　　　　電話：（852）25086231
　　　　　　傳真：（852）25789337
　　　　　　E-mail：hkcite@biznetvgator.com

馬新發行所　城邦（馬新）出版集團
　　　　　　Cite (M) Sdn Bhd
　　　　　　41, Jalan Radin Anum, Bandar Baru
　　　　　　Sri Petaling, 57000 Kuala Lumpur,
　　　　　　Malaysia.
　　　　　　電話：（603）90563833
　　　　　　傳真：（603）90576622
　　　　　　E-mail：services@cite.my

客戶服務中心

地址：115 台北市南港區昆陽街 16 號 8 樓
服務電話：（02）2500-7718、（02）2500-7719
服務時間：周一至周五 9：30 ～ 18：00
24 小時傳真專線：（02）2500-1990 ～ 3
E-mail：service@readingclub.com.tw

若書籍外觀有破損、缺頁、裝釘錯誤等不完整現象，想
要換書、退書，或您有大量購書的需求服務，都請與客
服中心聯繫。

* 詢問書籍問題前，請註明您所購買的書名及書號，
  以及在哪一頁有問題，以便我們能加快處理速度為
  您服務。

* 我們的回答範圍，恕僅限書籍本身問題及內容撰寫
  不清楚的地方，關於軟體、硬體本身的問題及衍生
  的操作狀況，請向原廠商洽詢處理。

* 廠商合作、作者投稿、讀者意見回饋，請至：
  FB 粉絲團 http://www.facebook.com /InnoFair
  E-mail 信箱 ifbook@hmg.com.tw

國家圖書館出版品預行編目（CIP）資料

SEO 白話文：贏得免費流量，創造長期營收的「SEO
行銷指南」/ 邱韜誠 著 .-- 初版 . -- 臺北市：創意市
集出版；城邦文化發行，2023.11
面；　公分

　ISBN 978-626-7149-68-3（平裝）

　1.CST: 網路行銷 2.CST: 搜尋引擎 3.CST: 網站

496　　　　　　　　　　　　　　　　112002109